智能制造领域应用型人才培养"十四五"规划精品教材

PLC 与工业机器人系统应用

主　编 ◎ 熊伟斌　王　伟　梅志敏

副主编 ◎ 杜露露　彭晓宇　康永泽　朱　俊

华中科技大学出版社

http://press.hust.edu.cn

中国·武汉

内 容 简 介

本书系统介绍了西门子S7-1200 PLC编程知识在工业机器人系统中的应用。全书共分为八个项目:项目1"可编程序控制器(PLC)基础"主要介绍了PLC的特点、应用场合及性能指标;项目2"PLC的开发环境设置"介绍了西门子S7-1200 PLC的开发环境设置,包含硬件、硬件接线及组态;项目3"PLC程序设计基础"以仓储指示灯系统为例,讲解了PLC基本编程指令(如位逻辑指令、计数器指令、定时器指令等)以及程序调试方法;项目4"通信与现场总线"介绍了各类通信协议、通信标准,并详细介绍了S7-1200 PLC之间的ISO-on-TCP和TCP通信、S7通信及其应用、Modbus通信及其应用;项目5"PLC通过开关量控制机器人"介绍了S7-1200 PLC的移动值、循环移位及比较指令,并通过PLC和机器人程序的编写,完成了PLC通过开关量对机器人的控制;项目6"运动控制技术"通过三相异步电机及变频器、步进电机与步进电机驱动器、伺服电机及伺服驱动器三个模块来实现S7-1200 PLC对各类电机的控制;项目7"数据处理"介绍了PLC的数值处理指令、西门子人机界面组态与应用、工业相机软件配置及其数据处理;项目8"仓储工作站设计"是一个综合任务,内容为仓储工作站设计的典型案例,介绍了仓储工作站机构及其组成、仓储工作站程序编写、仓储工作站调试及优化。

本书内容丰富,强调知识的实用性,配有大量实际案例,实例均有详细的软硬件配置方法,以及程序编写示例。本书可作为工业机器人技术、机电一体化技术、电气自动技术等机电类相关专业的教材,也可供高等院校相关比赛参赛人员、机器人技术领域的科研工作者和工程技术人员参考。

图书在版编目(CIP)数据

PLC与工业机器人系统应用/熊伟斌,王伟,梅志敏主编.—武汉:华中科技大学出版社,2023.6
ISBN 978-7-5680-9637-9

Ⅰ.①P… Ⅱ.①熊… ②王… ③梅… Ⅲ.①PLC技术-高等学校-教材 ②工业机器人-高等学校-教材 Ⅳ.①TM571.61 ②TP242.2

中国国家版本馆 CIP 数据核字(2023)第 110743 号

PLC 与工业机器人系统应用 　　　　　　　　　　　　熊伟斌　王　伟　梅志敏　主编
PLC yu Gongye Jiqiren Xitong Yingyong

策划编辑:袁　冲
责任编辑:刘　静
封面设计:孢　子
责任监印:朱　玢
出版发行:华中科技大学出版社(中国·武汉)　　　　电话:(027)81321913
　　　　　武汉市东湖新技术开发区华工科技园　　　　邮编:430223
录　　排:武汉正风天下文化发展有限公司
印　　刷:武汉科源印刷设计有限公司
开　　本:787mm×1092mm　1/16
印　　张:16.5
字　　数:410千字
版　　次:2023年6月第1版第1次印刷
定　　价:49.00元

"工课帮"简介

  武汉金石兴机器人自动化工程有限公司(简称金石兴)是一家致力于工程项目与工程教育的高新技术企业,"工课帮"是金石兴旗下的高端工科教育品牌。

  "工课帮"成立以来,教学产品研发团队一直致力于打造精品课程资源,充分发挥广泛连接校企的纽带作用,构建符合新时代新经济特征的产学融合培养模式,通过产学研教育资源共享,让教育从产业中来到产业中去;利用自身在产学融合方面的研发、对接、整合,以及运营等核心能力,打破校企合作壁垒,拓展多边协作,将产业的理念、技术、资源整合到高校的课程、实训和师资中,同时将高校培养的学生、科研成果和双创成果带给产业,满足其对人才和创新的需求。"工课帮"有针对性地出版了智能制造系列教材20多种,制作了教学视频数十套,发表了各类技术文章数百篇。

  "工课帮"不仅斥资研发智能制造系列教材,还为高校师生提供配套学习资源与服务。

1.为高校学生提供的配套服务

  (1)针对高校学生在学习过程中存在的压力等问题,"工课帮"面向大学生量身打造了"金妞","金妞"推行快乐学习。同学们可添加QQ2360363974获取资源。

  (2)高校学生也可扫描右方二维码,加入"金妞"粉丝团,获取最新的学习资源,与"金妞"一起快乐学习。

2.为授课教师提供的配套服务

  针对高校教学,"工课帮"为智能制造系列教材精心设计了"课件＋教案＋授课资源＋考试库＋题库＋教学辅助案例"的系列教学资源。高校老师可以关注大牛老师(QQ为289907659)获取教材配套资源,也可以扫描右方二维码,加入专为智能制造专业群教师打造的师资服务平台,获取"工课帮"最新教师教学辅助资源相关动态。

工课帮

2023年5月

中共中央、国务院颁布的《关于新时代推动中部地区高质量发展的意见》明确将"坚持创新发展,构建以先进制造业为支撑的现代产业体系"摆在首位。湖北作为制造业大省,在省委十一届九次全会上提出了构建"51020"现代产业体系,打造以先进制造业为主导的现代产业体系,赋能制造"主力集群"。

机器人是先进制造业的关键支撑装备和未来生活方式的重要切入点,对促进我国先进制造业的崛起,有着十分重要的意义。《"机器人+"应用行动实施方案》(后称《方案》)强调,到 2025 年制造业机器人密度较 2020 年实现翻番,服务机器人、特种机器人行业应用深度和广度显著提升。在人才培养方面,《方案》明确提出要强化机器人工程相关专业建设,加强人才培养,鼓励机器人企业、用人单位与普通高等院校、科研院所、职业院校等合作,共建人才实习实训基地,联合开展机器人应用人才培养,提供更多就业渠道。

工业机器人已在越来越多的领域得到了应用。在制造业中,工业机器人在装配、喷涂、焊接、码垛、搬运、抛光打磨等领域得到了广泛应用,机器人产业对熟练掌握机器人应用的高素质技术技能人才的需求也越来越迫切。为了满足岗位人才需求和产业升级、技术进步的要求,部分应用型本科院校相继开设了机器人相关课程。在教材方面,偏向理论研究的较多,不能满足工业机器人实际应用技术学习的需要,适合应用型本科机器人应用工程的教材更少。目前,企业的机器人应用人才培养主要依靠机器人生产企业的培训或产品手册,缺乏系统学习和相关理论指导,严重制约了我国机器人技术的推广和智能制造业的发展。武汉金石兴机器人自动化工程有限公司依托华中科技大学在机器人方向的研究实力,顺应时代需要,产、学、研、用相结合,组织企业专家和一线科研人员开展了一系列调研,面向企业需求,联合高校教师共同编写了"机器人工程专业规划教材"系列图书。

该系列图书具有以下特点:

(1)活页式。图书内容坚持以应用为主要目的,整个教学活动体现"以学生为中心"的教学理念,力求适应课程的综合化和模块化,突出职业岗位技能训练功能。

(2)信息化。教材内容的表达适合学生的心理特点和认知习惯,信息源丰富,图文并茂,有利于教学情景的创设。培养学生的信息获取、分析和加工能力,有利于个性化教学和因材施教。

(3)任务驱动。将传统课程的知识点和技能点进行解构和重构,打破了原有的教与学的逻辑顺序,形成了以工单任务为导向的符合学生认知规律的逻辑顺序,为实现有效教学构建了新的知识、技能体系和职业素养。

(4)实战实用。图书编写力求所有实训任务能满足企业生产实际需求。实训任务能体现工业机器人相关的实际工作经验和技能水平,顺应国内机器人产业人才发展需要,符合制造业人才发展规划。

（5）校企深度融合。学校和企业共同制订人才培养方案，共建实训基地，校企深度融合，充分利用企业先进设备和产业导师，在企业真实的工业场景下进行实践操作技能培训，有利于学生在培训结束后即顶岗工作，具有较强的职业岗位能力培养针对性。

智能制造系列图书集成工程实际应用，将产、学、研、用有机结合，有助于读者系统学习工业机器人技术和强化职业岗位能力提升。本系列图书的发行，有助于推进我国工业机器人技术人才的培养和发展，助力中国智造。

2023 年 5 月于天津

随着我国智能制造业的发展,工业机器人成为现代化工业生产中不可或缺的重要技术支撑。大力发展工业机器人技术是推动我国智能制造业发展的核心要素,而优化工业机器人控制系统是工业机器人技术发展的核心。因此,将 PLC 技术应用到工业机器人控制系统中是工业机器人发展的关键。

PLC 技术已在工业机器人控制系统中得到了广泛的应用,主要用于开关量、模拟量和运动控制。在工业领域中,通过对 PLC 技术的合理有效应用来进行工业机器人系统的控制,有利于实现机电管理的一体化,推动工业机器人技术的发展。因此,对熟练掌握 PLC 与工业机器人技术的技能型人才的需求也越来越迫切。为了满足这种需求,许多职业院校已经开始开设相关的课程,但是适合职业教育和技能培训的教材却尚未完全满足实际应用的需求。

为了解决这个问题,武汉信息传播职业技术学院、武汉船舶职业技术学院与武汉金石兴机器人自动化工程有限公司一起联合研发了这本书。本书以西门子 S7-1200 PLC 为例,通过介绍其开发环境设置和程序设计基础,帮助读者掌握 PLC 编程技巧。同时,本书还介绍了通信协议和现场总线技术,使读者能够理解不同设备之间的数据交换方式,实现设备之间的数据共享和交互操作。在机器人控制和运动控制技术方面,本书介绍了各种类型的电机和控制器,包括三相异步电机、变频器、步进电机、伺服电机和驱动器等,使读者能够全面掌握工业机器人的控制和运动控制技术。在数据处理方面,本书介绍了 PLC 的数值处理指令和人机界面组态技术,以及工业相机软件配置及其数据处理,以期帮助读者更好地实现数据采集和处理。在仓储工作站设计方面,本书提供了一个典型案例,包括仓储工作站的机构和组成及程序编写、调试和优化等,以期帮助读者全面了解工业机器人在实际生产中的应用。

本书的项目安排和内容安排非常系统和完整,每个项目的安排由浅入深、循序渐进。工作任务的完成基于工作过程,注重学生职业能力、职业素养、团队协作等综合素质的培养。我们力求将所用到的技术以通俗易懂的方式呈现给读者,同时通过实践操作,帮助读者更好地理解和掌握所学知识。

编写本书的宗旨是:

(1)通用性:本书采用普遍使用的 S7-1200 PLC 作为主要讲解对象,S7-1200 PLC 是目前市场上较为流行的 PLC 之一,广泛应用于机器人控制、自动化生产线、工业机械等领域,已成为工业控制领域中不可或缺的一部分,广大科研院所及职业院校均采用该型号 PLC。

(2)实用性:本书力求以实践教学为主导,通过实际案例和实训项目的讲解,一步一步地让读者掌握软硬件配置方法和程序编写技巧,同时讲解一些常用的编程规范和电气术语,培养读者的工程实践能力和工程素养。

（3）综合性：本书不仅包括 PLC 控制系统的基础知识和技能，还涉及机器人控制系统的基础概念和操作方法，通过对机器人控制系统的介绍，让读者了解机器人控制系统的组成和工作原理，同时也为读者提供了一个综合性的学习平台。

（4）可操作性：本书通过任务驱动的教学方式，引导读者按照实际应用需求进行学习，让读者在学习过程中能够进行实际操作和实践，提高学习效果和质量。

综上所述，本书旨在通过通俗易懂的语言和丰富的实例，帮助读者深入了解 PLC 以及机器人控制系统，并培养读者的工程实践能力和工程素养，以满足应用型、技能型人才的培养需求。但书中肯定还存在不尽如人意之处，我们热忱欢迎读者提出宝贵的意见和建议。

如有问题请给我们发邮件：2360363974@qq.com。

编　者

2023 年 6 月

项目 1
可编程序控制器（PLC）基础

◀ **工作任务**

   初步了解可编程序控制器，为后续内容的学习打好理论基础。

◀ **知识目标**

   （1）了解 PLC 的发展历史；

   （2）了解 PLC 的特点；

   （3）了解 PLC 的应用；

   （4）掌握 PLC 的分类与性能指标。

◀ **能力目标**

   （1）能够对 PLC 进行分类；

   （2）能够识读 PLC 的性能指标。

◀ **素养目标**

   （1）提升学生思维的全面性；

   （2）培养学生的图示化、可视化能力。

◀ 1.1 学习任务：PLC 概述 ▶

可编程序控制器（programmable logic controller）简称 PLC，国际电工委员会（International Electrotechnical Committee）在 1987 年颁布的 PLC 标准草案中对 PLC 作了如下定义：PLC 是一种专门为在工业环境中应用而设计的数字运算操作的电子装置。它采用可以编制程序的存储器，用以存储执行逻辑运算、顺序运算、定时、计数和算术运算等操作的指令，并通过数字式或模拟式的输入和输出控制各种类型的机械或生产过程。PLC 及与 PLC 有关的外部设备都应按照易于与工业控制系统形成一个整体、易于扩展功能的原则设计。PLC 是一种工业计算机，种类繁多，不同厂家的产品各有特色，但作为工业标准设备，PLC 又有一定的共性。

一、PLC 的发展历史

20 世纪 60 年代以前，汽车生产线的自动控制系统基本上都是由继电器控制装置构成的。当时每次改型都直接导致继电器控制装置的重新设计和安装，美国福特汽车公司创始人亨利·福特曾说过："不管顾客需要什么颜色的汽车，我们生产的汽车一律是黑色的。"这句话从侧面反映出汽车改型和升级换代比较困难。为了改变这一现状，1968 年，美国通用汽车公司（GM）公开招标，要求用新的装置取代继电器控制装置，并提出十项招标指标，要求编程方便、现场可修改程序、维修方便、采用模块化设计、体积小及可与计算机通信等。1969 年，美国数字设备公司（DEC）研制出了世界上第一台 PLC PDP-14，并在美国通用汽车公司的生产线上试用成功，取得了满意的效果，PLC 从此诞生。当时的 PLC 由于只能取代继电器、接触器实施控制，功能仅限于逻辑运算、计时及计数等，因此被称为可编程逻辑控心器。伴随着微电子技术、控制技术与信息技术的不断发展，PLC 的功能不断增强。美国电气制造商协会（NEMA）于 1980 年正式将这一电子装置命名为可编程序控制器，简称 PC。由于这个名称和个人计算机的简称相同，容易混淆，因此在我国，很多人仍然习惯将可编程序控制器称为 PLC。

PLC 由于具有易学易用、操作方便、可靠性高、体积小、通用灵活和使用寿命长等一系列优点，很快就在工业中得到了广泛应用。同时，这一新技术受到其他国家的重视。1971 年日本引进这项技术，并很快研制出日本第一台 PLC；欧洲于 1973 年研制出第一台 PLC；我国于 1974 年开始研制 PLC，1977 年国产 PLC 正式投入工业应用。

二、PLC 的特点

（一）可靠性高，抗干扰能力强

可靠性是电气控制设备的关键性能。PLC 采用大规模集成电路技术，内部电路采用了先进的抗干扰技术，具有很高的可靠性。

使用冗余 CPU 的 PLC，平均无故障工作时间较长。从 PLC 的机外电路角度来说，用 PLC 构成的控制系统，与同等规模的继电器-接触器控制系统相比，电气接线及开关接点大大减少，故障率随之大大降低。此外，PLC 具有硬件故障的自我检测功能，发生故障后可及时发出报警信息。

在应用软件中,用户还可以编写外围器件的故障自诊断程序,使系统中除 PLC 以外的电路及设备也获得故障自诊断保护。这样,整个系统具有极高的可靠性。

（二）配套齐全,功能完善,适用性强

发展到今天,PLC 已经形成了大、中、小各种规模的系列化产品,可用于各种规模的工业控制场合。除了逻辑处理功能外,现代 PLC 大多具有完善的数据运算能力,可用于各种数字控制领域。近年来,PLC 的功能模块大量涌现,使 PLC 渗透到了位置控制、温度控制、计算机数控（CNC）等各种工业控制中。随着 PLC 通信能力的增强及人机界面技术的发展,使用 PLC 组成各种控制系统变得非常容易。

（三）易学易用,深受工程技术人员欢迎

PLC 作为通用工业控制计算机,是面向工矿企业的工控设备,编程语言易于为工程技术人员所接受。PLC 梯形图语言的图形符号和表达方式与继电器电路图非常接近,只用 PLC 的少量开关逻辑控制指令就可以方便地实现各种电气控制电路的功能。

（四）系统设计周期短,维护方便,改造容易

PLC 用存储逻辑代替接线逻辑,可以大大减少外部的接线,使控制系统的设计周期大大缩短。同时,控制系统的维护也变得更加容易。更重要的是,使得同一设备通过改变程序来改变生产过程成为可能。这非常适用于多品种、小批量的生产场合。

（五）体积小,重量轻,能耗低

超小型 PLC 的底部尺寸小于 100 mm 见方,重量小于 150 g,功耗仅数瓦。另外,将 PLC 装入机械内部也比较方便,PLC 是实现机电一体化的理想控制设备。

三、PLC 的应用

目前,PLC 已广泛应用于钢铁、石油、化工、电力、建材、机械制造、汽车、轻纺、交通运输、环保及文化娱乐等各个行业,具体使用情况可归纳如下。

（一）开关量的逻辑控制

开关量的逻辑控制是 PLC 最基本、最广泛的应用领域,可用 PLC 取代传统的继电器控制电路,实现逻辑控制、顺序控制。PLC 既可用于单台设备的控制,又可用于多机控制及自动化流水线控制。

（二）模拟量控制

在工业生产过程中,为了使 PLC 能处理如温度、压力、流量、液位和速度等模拟量信号,PLC 厂家都为 PLC 配置了 A/D、D/A 转换模块,使 PLC 能够用于模拟量控制。

（三）运动控制

PLC 可以用于圆周运动或直线运动的控制。世界上各主要 PLC 厂家几乎都为 PLC 配置了运动控制功能专用模块,如可驱动步进电机或伺服电机的单轴或多轴位置控制模块,使得 PLC 广泛地用于各种机械、机床、机器人、电梯等场合。

（四）过程控制

过程控制是指对温度、压力、流量等模拟量的闭环控制。PLC 能编制各种各样的控制算

法程序,完成闭环控制。例如,PID 调节就是一般闭环控制系统中常用的调节方法,大中型 PLC 都有 PID 调节功能模块,目前许多小型 PLC 也具有此功能模块,PID 调节一般是运行专用的 PID 调节子程序。过程控制在冶金、化工、热处理、锅炉控制等场合有非常广泛的应用。

（五）数据处理

现代 PLC 具有数学运算(含矩阵运算、逻辑运算)、数据传送、数据转换、排序、查表、位操作等功能,可以完成数据的采集、分析及处理。PLC 可以将这些数据与存储在存储器中的参考值进行比较,从而完成一定的控制操作;也可以利用通信功能将这些数据传送到别的智能装置;还可以打印这些数据,或利用这些数据制表。数据处理一般用于大型控制系统,如无人控制的柔性制造系统;也可用于过程控制系统,如造纸、冶金、食品工业中的一些大型控制系统。

（六）通信及联网

PLC 通信包含 PLC 之间的通信以及 PLC 与其他智能设备间的通信。随着计算机控制技术的发展,工厂自动化网络的发展加快。各 PLC 厂家都十分重视 PLC 的通信功能,纷纷推出各自的网络系统。最新生产的 PLC 都具有通信接口,实现通信非常方便。

四、PLC 的分类与性能指标

（一）PLC 的分类

（1）按组成结构形式分类。

按组成结构形式分类,可以将 PLC 分为两类:一类是整体式 PLC(也称单元式 PLC),它的特点是电源、中央处理器单元和 I/O 接口都集中在一个机壳内;另一类是标准模块式结构化的 PLC(也称组合式 PLC),它的特点电源模块、中央处理单元模块和 I/O 模块等在结构上是相互独立的,可根据具体的应用要求,选择合适的模块安装在固定的机架和导轨上,构成一个完整的 PLC 应用系统。

（2）按输入/输出(I/O)点数分类。

① 小型 PLC。小型 PLC 的 I/O 点数一般在 128 点以下。

② 中型 PLC。中型 PLC 采用模块化结构,它的 I/O 点数一般在 256～1024 点之间。

③ 大型 PLC。一般 I/O 点数在 1024 点以上的 PLC 称为大型 PLC。

（二）PLC 的性能指标

各厂家生产的 PLC 虽然各有特色,但主要性能指标是相同的。

（1）I/O 点数。

I/O 点数是最重要的一项技术指标,是指 PLC 面板上连接外部输入、输出的端子数,常简称为点数,用输入与输出点数的和表示。I/O 点数越多表示 PLC 可接入的输入器件和输出器件越多,控制规模越大。I/O 点数是 PLC 选型时最重要的指标之一。

（2）扫描速度。

扫描速度是指 PLC 执行程序的速度,一般以 PLC 扫描 1 KB 用户程序所需的时间来衡量。

（3）存储容量。

存储容量通常用 KW、KB、Kb 来表示，这里 1 K＝1024。有的 PLC 用"步"来衡量存储容量，1 步占用 1 个地址单元。存储容量表示 PLC 能存放多少用户程序。例如，三菱型号为 FX$_{2N}$-48MR 的 PLC 存储容量为 8000 步。有的 PLC 的存储容量可以根据需要配置，有的 PLC 的存储器可以扩展。

（4）指令系统。

指令系统表示 PLC 软件功能的强弱。指令越多，PLC 编程功能就越强。

（5）内部寄存器（继电器）。

PLC 内部有许多用来存放变量、中间结果、数据等的寄存器，还有许多可供用户使用的辅助寄存器。因此，寄存器的配置也是衡量 PLC 功能的一项指标。

（6）扩展能力。

扩展能力是反映 PLC 性能的重要指标之一。除了主控模块外，PLC 还可配置实现各种特殊功能的功能模块，如 A/D 模块、D/A 模块、高速计数模块和远程通信模块等。

五、PLC 的组成和各部分的功能

世界各国生产的 PLC 的外观各异，但作为工业控制计算机，它们的硬件结构都大体相同。PLC 主要由中央处理器（CPU）、存储器（RAM、ROM）、输入/输出器件（I/O 接口）、电源等构成。PLC 的硬件结构框图如图 1-1-1 所示。

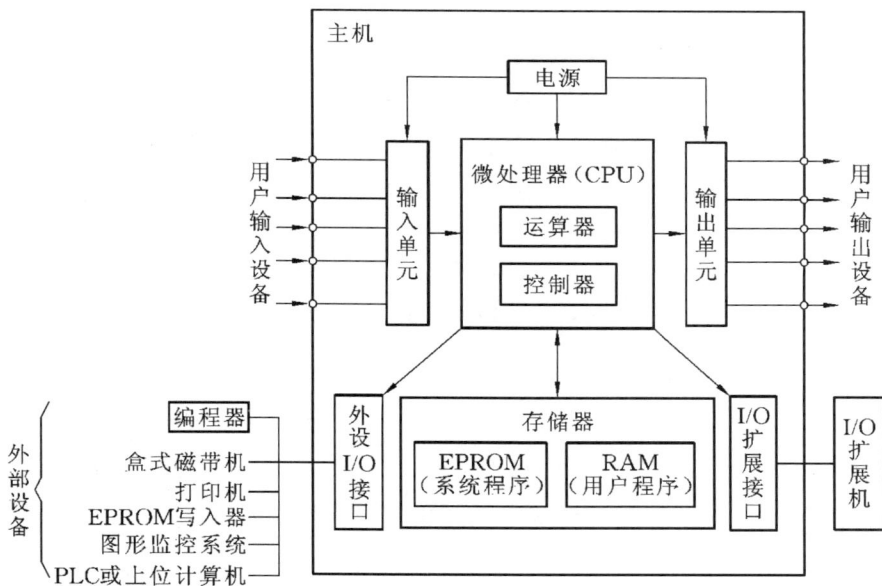

图 1-1-1　PLC 的硬件结构框图

（一）中央处理器

中央处理器是 PLC 的核心，它在系统程序的控制下完成逻辑运算、数学运算、协调系统内部各部分的工作等任务。

一般来说，PLC 的档次越高，CPU 的位数也就越多，运算速度也就越快，指令功能也就越强。为了提高自身的性能，有的 PLC 采用了多个 CPU。

（二）存储器

存储器是 PLC 存放系统程序、用户程序及运算数据的单元。和计算机一样，PLC 的存储器可分为只读存储器（ROM）和随机存储器（RAM）两大类。其中，ROM 用来存放永久保存的系统程序，RAM 一般用来存放用户程序及系统运行中产生的临时数据。为了使用户程序及某些运算数据在 PLC 脱离外界电源后也能保持，PLC 机内 RAM 均配备了电池或电容等掉电保持装置。

按用途不同，PLC 的存储器区域又可分为程序区和数据区。程序区是用来存放用户程序的区域，存储容量一般为数千字节。数据区是用来存放用户数据的区域，存储容量一般较小。在数据区，各类数据存放的位置有严格的划分。

PLC 的数据单元也叫作继电器，如输入继电器、时间继电器、计数继电器等。不同用途的继电器在存储区中占据不同的区域。每个存储单元有不同的地址编号。

（三）输入/输出接口

输入/输出接口是 PLC 和工业控制现场各类信号连接的部分。输入接口用来接收生产过程中的各种参数。输出接口用来送出 PLC 经运算得出的控制信息，使得机外的执行机构完成工业现场的各类控制。

生产现场对 PLC 接口的要求是：要有较好的抗干扰能力；能满足工业现场各类信号的匹配要求。因此，PLC 厂家为 PLC 设计了不同的接口单元。PLC 的接口单元主要有以下几种。

（1）开关量输入接口。

开关量输入接口的作用是把现场的开关量信号变成适合 PLC 内部处理的标准信号。按可接收的外部信号电源的类型不同，开关量输入接口分为直流输入接口、交流/直流输入接口和交流输入接口，内部参考电路如图 1-1-2、图 1-1-3、图 1-1-4 所示。

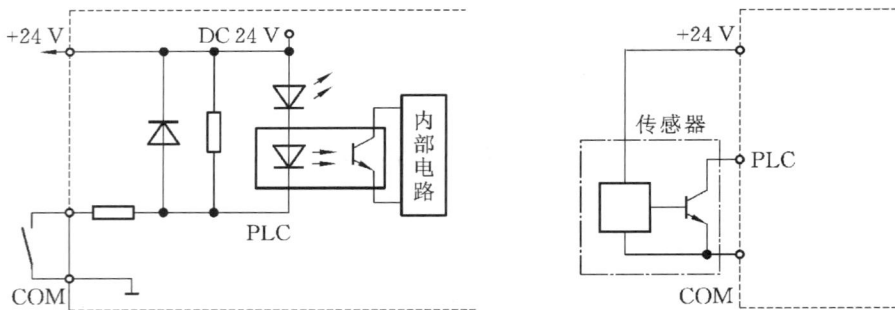

图 1-1-2　直流输入接口内部参考电路

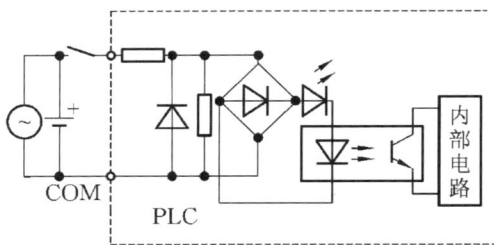

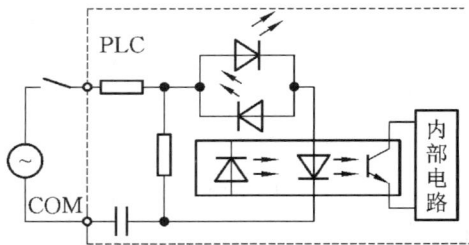

图 1-1-3　交流/直流输入接口内部参考电路　　　　图 1-1-4　交流输入接口内部参考电路

输入接口中都有滤波电路及耦合隔离电路,具有抗干扰及产生标准信号的作用。图1-1-2~图1-1-4中输入接口的电源部分都画在了输入接口外(虚线框外),这是组合式PLC输入接口的画法。在一般单元式PLC中输入接口都使用PLC本身的直流电源供电,不需要外接电源。

（2）开关量输出接口。

开关量输出接口的作用是把PLC内部的标准信号转换成现场执行机构所需要的开关量信号。开关量输出接口分为继电器输出接口、晶体管输出接口、晶闸管输出接口三种,内部参考电路如图1-1-5所示。各类输出接口中也都有光电耦合电路。

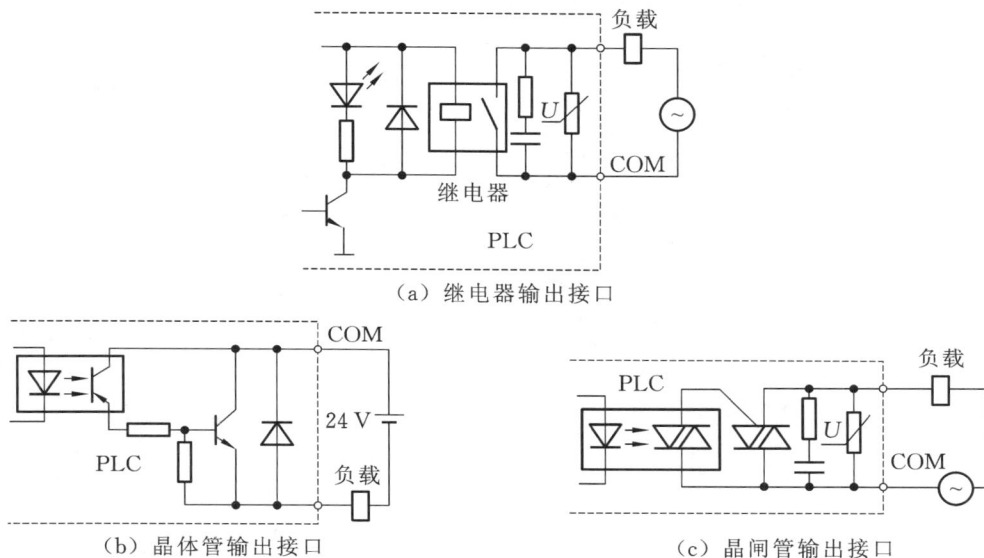

（a）继电器输出接口

（b）晶体管输出接口

（c）晶闸管输出接口

图 1-1-5 开关量输出接口内部参考电路

需要特别指出的是,输出接口本身不带电源。在考虑外驱动电源时,还需考虑输出器件的类型。继电器式的输出接口可用交、直流两种电源,但通断频率低;晶体管式的输出接口有较高的通断频率,但只适用于直流驱动的场合;可控硅式的输出接口仅适用于交流驱动场合。

（3）模拟量输入接口。

模拟量输入接口的作用是把现场连续变化的模拟量标准电压或电流信号转换成适合PLC内部处理的二进制数字信号。标准信号是指符合国际标准的通用交互用电压、电流信号,如 $4\sim20$ mA 的直流电流信号,$1\sim10$ V 的直流电压信号等。

工业现场中模拟量信号的变化范围一般是不标准的,在送入模拟量输入接口后一般都需经过变送处理才能使用。图1-1-6所示是模拟量输入接口的内部电路框图。模拟量信号输入后一般经运算放大器放大后进行 A/D 转换,再经光电耦合后成为适合PLC内部处理的具有一定位数的数字量信号。

（4）模拟量输出接口。

模拟量输出接口的作用是将经PLC运算处理后的若干位数字量信号转换为相应的模拟量信号并输出,以满足生产过程现场连续控制信号的需要。模拟量输出接口一般由光电隔离、D/A转换和信号驱动等环节组成。它的工作原理图如图1-1-7所示。

模拟量输入/输出接口一般安装在专门的模拟量工作单元上。

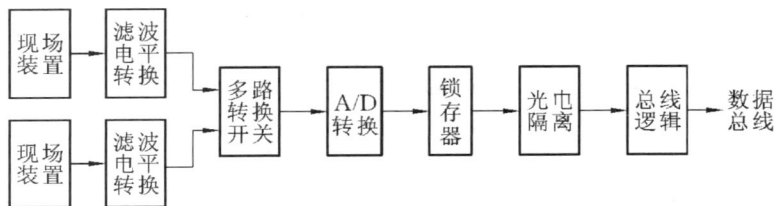

图 1-1-6 模拟量输入接口的内部电路框图

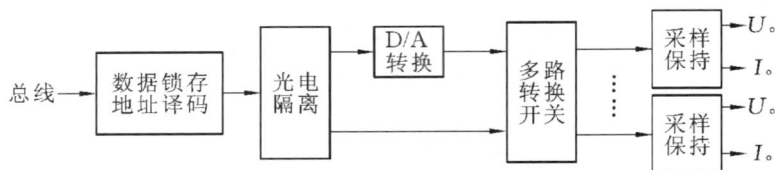

图 1-1-7 模拟量输出接口工作原理图

（5）智能输入/输出接口。

为了适应较复杂的控制需要，PLC 还有一些智能控制单元，如 PID 调节工作单元、高速计数器工作单元、温度控制单元等。这类单元大多是独立的工作单元。它们和普通输入/输出接口的区别在于它们一般带有单独的 CPU，具备专门的处理能力。在具体的工作中，每个扫描周期智能控制单元和主机的 CPU 交换一次信息，二者共同完成控制任务。从目前的发展来看，不少新型的 PLC 本身也带有 PID 调节功能及高速计数器接口，但它们的功能一般比专用单元的功能要弱。

（四）电源

PLC 的电源包括为 PLC 各工作单元供电的开关电源以及为掉电保护电路供电的后备电源。其中，后备电源一般为电池。

（五）外部设备

（1）编程器。

除了编程以外，编程器还具有一定的调试及监控功能，能实现人机对话操作。

PLC 的编程器一般分为两类。一类是专用的编程器。这类编程器又可细分为手持式和台式两种。其中，手持式编程器具有携带方便的优点。另外，还有的 PLC 机身上自带编程器。另一类是个人计算机。在个人计算机上运行与 PLC 相关的编程软件，即可完成编程任务。借助软件编程比较容易，一般是编好程序以后将程序下载到 PLC 中去。

（2）其他外部设备。

PLC 还配有其他一些外部设备，具体如下。

① 盒式磁带机，用以记录程序或信息。

② 打印机，用以打印程序或制表。

③ EPROM 写入器，用以将程序写入用户 EPROM 中。

④ 高分辨率大屏幕彩色图形监控系统，用以显示或监视有关部分的运行状态。

⑤ PLC 或上位计算机。

1.2 学习任务：PLC 在机器人系统中的应用概述

PLC 是采用微电脑技术制造的自动控制设备。它以顺序控制为主，以回路调节为辅，能完成逻辑判断、定时、记忆和算术运算等功能。随着 PLC 技术的不断发展，PLC 的功能越来越多，集成度越来越高，功能也日趋完善。PLC 与上位个人计算机联网形成的 PLC 及其网络技术广泛地应用于工业自动化控制中，具有良好的控制精度和较高的可靠性，使得 PLC 成为现代工业自动化的支柱。本书以西门子 S7-1200 PLC 为例，在通信的基础上，设计 PLC 在机器人控制系统中的应用。

本书涉及的 PLC 应用主要体现在以下两个方面：

（1）数据处理；

（2）逻辑控制。

近年来，随着科技的进步和工业自动化程度的不断提高，仓储系统的自动化程度越来越高，机器人技术在该领域的应用范围也在逐渐扩大。工业搬运机器人属于典型的机电一体化高科技产品，它的应用不仅可以提高生产效率、降低人力资源成本，还可以改善工人的工作条件。工业搬运机器人应用的数量和质量标志着企业生产自动化的水平。

本书主要介绍基于西门子 PLC 的控制系统在机器人集成应用平台中的应用。该应用平台采用模块化设计，由各单元拼接而成。

本书部分案例主要用到以下单元模块。

一、执行单元

执行单元（见图 1-2-1）是产品在各个单元间转换和定制加工的执行终端，是应用平台的核心单元，由工作台、工业机器人、平移滑台、快换模块法兰端、远程 I/O 模块等组件构成。

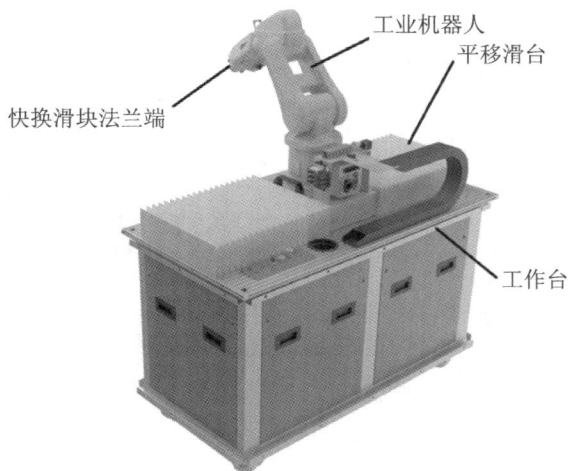

图 1-2-1 执行单元

工业机器人可在工作空间内自由活动，完成以不同姿态拾取零件或加工功能。平移滑台作为工业机器人扩展轴,扩大了工业机器人的可达工作空间,可以配合更多的功能单元完成复杂的工艺流程。平移滑台的运动参数信息,如速度、位置等,由工业机器人控制器通过现场 I/O 模块传输给 PLC,从而控制伺服电机实现线性运动。快换模块法兰端安装在工业机器人末端法兰上,可与快换模块工具端相匹配,实现工业机器人工具的自动更换。执行单元的流程控制信号由远程 I/O 模块通过工业以太网与总控单元实现交互。

二、仓储单元

仓储单元(见图 1-2-2)用于临时存放零件,是应用平台的功能单元,由工作台、立体仓库、远程 I/O 模块等组件构成。立体仓库为双层六仓位结构,每个仓位可存放一个零件;仓位托板可推出,方便工业机器人以不用方式取放零件;每个仓位均设置有传感器和指示灯,可检测当前仓位是否存放有零件并将状态显示出来。仓储单元所有的气缸动作和传感器信号均由远程 I/O 模块通过工业以太网传输到总控单元。

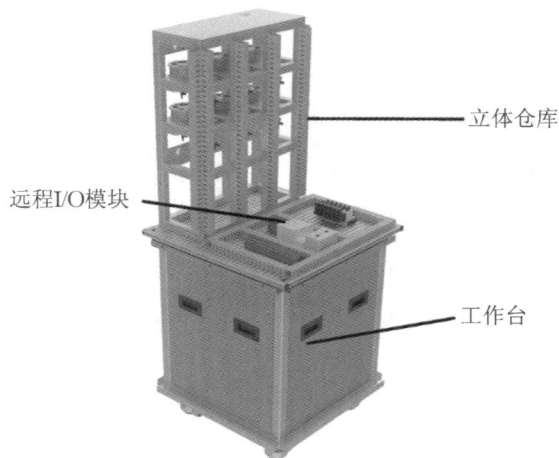

图 1-2-2　仓储单元

PLC 与工控机相结合,构成上下位机控制系统。该控制系统既能及时采集、存储数据,又可处理和使用好数据,并直观地显示出来,从而实现工业生产过程的实时监控。

三、检测单元

检测单元(见图 1-2-3)可根据不同需求完成对零件进行检测、识别功能,是应用平台的功能单元,由工作台、智能视觉、光源、结果显示器等组件构成。智能视觉可根据不同的程序设置,实现条码识别、形状匹配、颜色检测、尺寸测量等功能,操作过程和结果通过结果显示器显示。检测单元的程序选择、检测执行和结果输出信息通过工业以太网传输到执行单元的工业机器人,并由其将结果信息传递到总控单元,从而决定后续工作流程。

四、分拣单元

分拣单元(见图 1-2-4)可根据程序实现对不同零件的分拣动作,是应用平台的功能单元,由工作台、传输带、分拣机构、分拣工位、远程 I/O 模块等组件构成。传输带可将放置到起始位的零件传输到分拣机构前;分拣机构根据程序要求在不同位置拦截传输带上的零件,

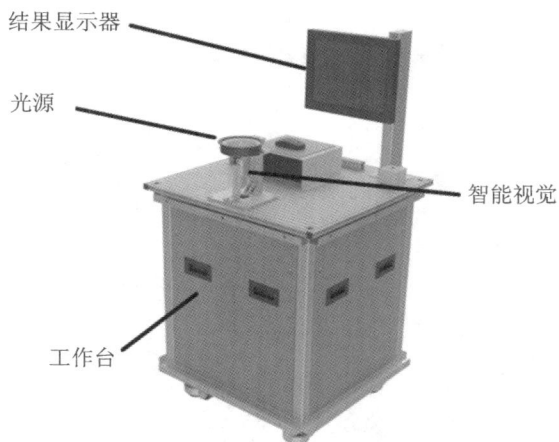

图 1-2-3　检测单元

并将其推入指定的分拣工位;分拣工位可通过定位机构实现对滑入零件准确定位,并设置有传感器,用以检测当前工位是否存有零件。分拣单元共有三个分拣工位,每个工位可存放一个零件。分拣单元所有的气缸动作和传感器信号均由远程 I/O 模块通过工业以太网传输到总控单元。

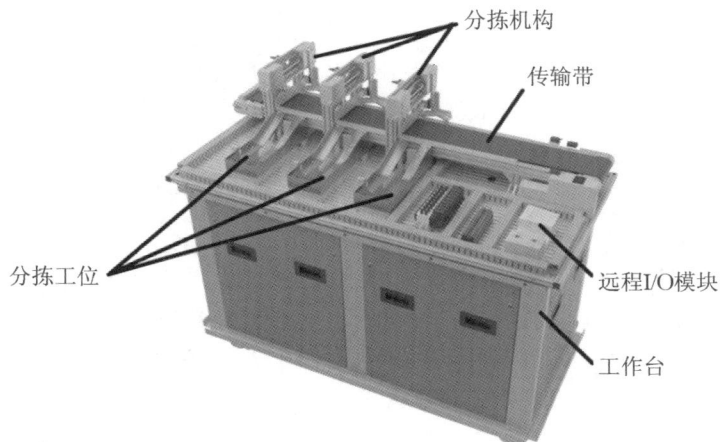

图 1-2-4　分拣单元

五、总控单元

总控单元(见图 1-2-5)是各单元程序执行和动作流程的总控制端,是应用平台的核心单元,由工作台、控制模块、操作面板、电源模块、气源模块、显示终端、移动终端等组件构成。控制模块由 PLC 和工业交换机构成,PLC 通过工业以太网与各单元控制器和远程 I/O 模块实现信息交互,用户可根据需求自行编制程序实现流程功能;操作面板提供了电源开关、急停开关和自定义按钮;应用平台其他单元的电、气均由总控单元提供,通过所提供的线缆实现快速连接;显示终端用于 MES 系统的运行展示,可对应用平台实现信息监控、流程控制、订单管理等功能；移动终端中运行有远程监控程序，MES 系统会实时将应用平台信息传输到云数据服务器。移动终端可利用移动互联网对云数据服务器中的数据进行图形化、表格化显示，实现远程监控。

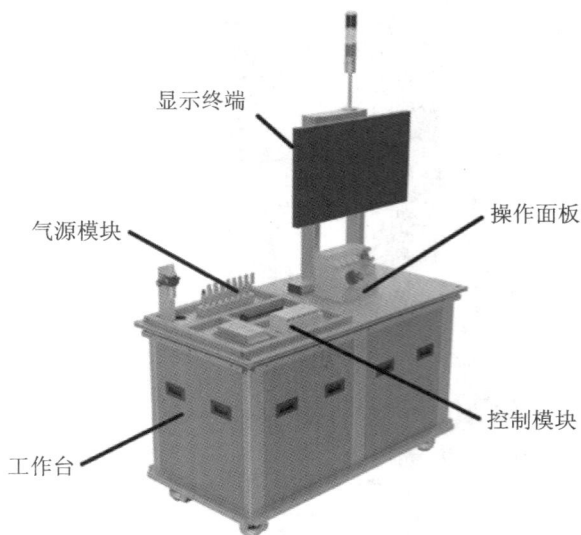

图 1-2-5　总控单元

控制系统的核心控制逻辑是通过 PLC 来实现的。为了能对该应用平台进行比较全面和可靠的自动控制，同时考虑到控制系统的灵活性、方便性、可靠性和易维护性等因素，该应用平台各个单元采用德国西门子生产的 PLC 进行控制。

PLC 控制器主要完成以下功能：

（1）接收仓储位产品到位信号，并控制相应仓储位气缸动作以及仓储信号灯；

（2）接收产品到位信号，通知上位机进行条码扫描；

（3）与机器人进行通信，调用机器人相关程序；

（4）与上位机进行通信，对上述信号进行综合逻辑判断、控制。

关于通信，在机器人搬运系统中，主要涉及 PLC 与上位机以及 PLC 与机器人之间的通信。其中，PLC 与机器人之间通过 I/O 方式进行通信，这里不赘述。西门子 S7-1200 PLC 支持多种通信协议，如 PPI 协议、MPI 协议、PROFIBUS 协议、S7 协议及自由接口通信协议等。其中，PPI 协议、MPI 协议与 S7 协议属公司内部协议，不公开，上下位机之间的通信可通过使用 PLC 开发商提供的系统协议和网络适配器来实现，且必须使用 PLC 开发商提供的上位机组态软件，并配以支持相应协议的外设。这样一来，给用户自主开发带来一定的困难，难以满足不同用户的实际需求。上下位机之间的通信也可以使用专业的工控组态软件，如组态王、InTouch、WinCC、力控等来实现。

本书介绍了基于 PLC 的控制系统在机器人搬运中的应用，包括系统组成、PLC 程序设计以及 PLC 与上位机之间的通信。上位机主要负责指令控制、数据信息管理等，下位机主要负责系统运行中的逻辑控制。对于上下位机之间的数据通信，用户可以自定义通信协议。这使得系统控制更加灵活和方便。实际应用表明，该控制系统可以实现智能仓储管理，运行可靠、稳定。

项目 2
PLC 的开发环境设置

◀【工作任务】

(1) 对 PLC 与输入、输出点进行简单接线；

(2) 使用 TIA 博途软件进行简单的组态及编程，并进行网络连接；

(3) 使用实训室现有设备的按钮控制设备上的三色灯。

◀【知识目标】

(1) 认识 PLC 的 CPU 模块、信号模块、通信模块；

(2) 了解 PLC 的工作原理。

◀【能力目标】

(1) 初步了解 TIA 博途软件界面，掌握 TIA 博途软件的基本操作；

(2) 通过自主查阅手册了解 PLC 各模块的具体参数；

(3) 能够大胆表达自己的观点。

◀【素养目标】

(1) 遵循标准，规范操作；

(2) 工作细致，态度认真；

(3) 团队协作，有创新精神；

(4) 勇于表达自己的观点；

(5) 培养并提高通过自主查阅资料解决问题的能力。

◀ 2.1 知识任务:PLC 的硬件 ▶

【任务描述】

　　基于学校实训室设备,说明学校 PLC 实训设备的各个模块及其型号和订货号,研究实训室设备的接线,画出实训室设备的接线简图。

【任务目标】

　　(1) 认识 PLC 的 CPU 模块、信号模块、通信模块;
　　(2) 了解 PLC 的工作原理;
　　(3) 能够根据需求,合理选择 PLC 的各模块;
　　(4) 通过查阅手册了解 PLC 各模块的具体参数。

【小组讨论】

　　本小组为第＿＿＿＿组,具体情况如表 2-1-1 所示。

表 2-1-1　小组具体情况

序号	姓名	学号	备注	序号	姓名	学号	备注
1				4			
2				5			
3				6			

【计划准备】

　　(1) 思维导图软件;
　　(2) 纸、笔记本;
　　(3) 已安装 TIA 博途软件且可供查阅资料的互联网电脑 1 台;
　　(4) S7-1200 PLC 产品样本。

【相关知识】

　　在硬件方面,S7-1200 PLC 主要由 CPU 模块、信号板、信号模块、通信模块等组成,如图 2-1-1 所示。

一、CPU 模块

（一）CPU 模块介绍

　　S7-1200 PLC 的 CPU 模块(见图 2-1-2～图 2-1-4)将微处理器、电源、数字量输入/输出电路、模拟量输入/输出电路、PROFINET 以太网接口电路、高速运动控制电路等组合到了一起。每一个 CPU 模块可以安装一块信号板,安装信号板以后,CPU 的外形和体积不会改变。

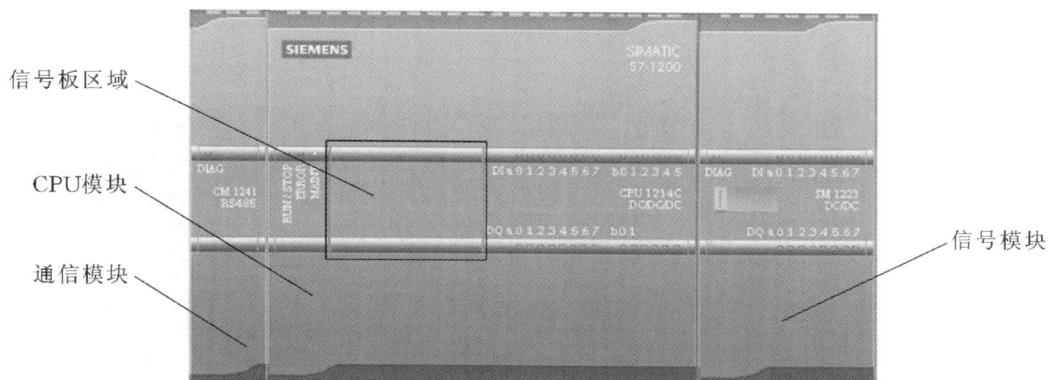

图 2-1-1　S7-1200 PLC 的硬件模块

信号板区域

CPU模块

通信模块

信号模块

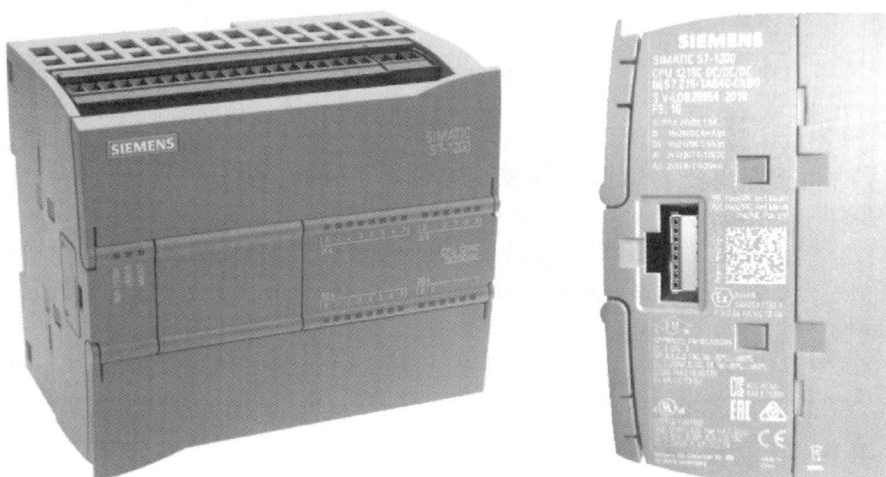

图 2-1-2　S7-1200 PLC CPU 模块的外形及侧边型号标识

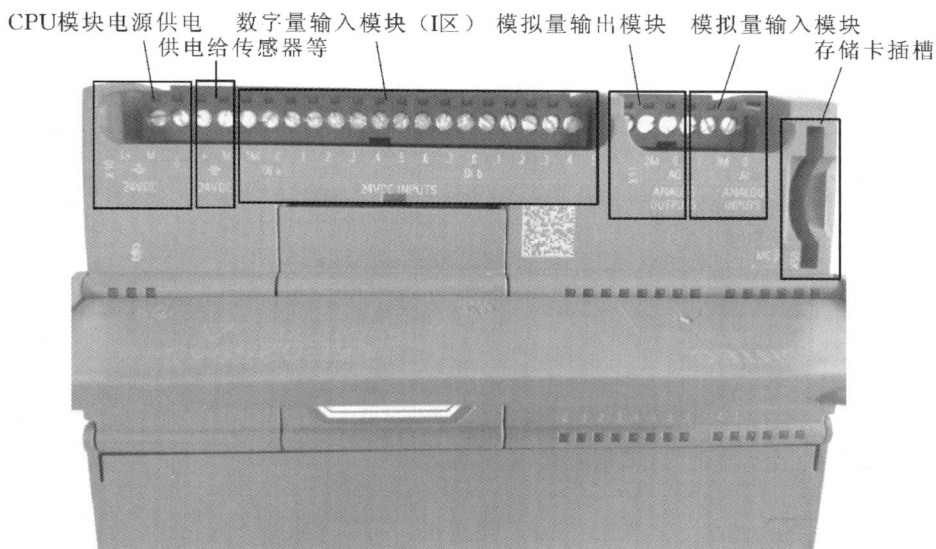

CPU模块电源供电　数字量输入模块（I区）　模拟量输出模块　模拟量输入模块

供电给传感器等　　　　　　　　　　　　　　　　　　　　存储卡插槽

图 2-1-3　S7-1200 PLC CPU 模块的电源及输入/输出模块

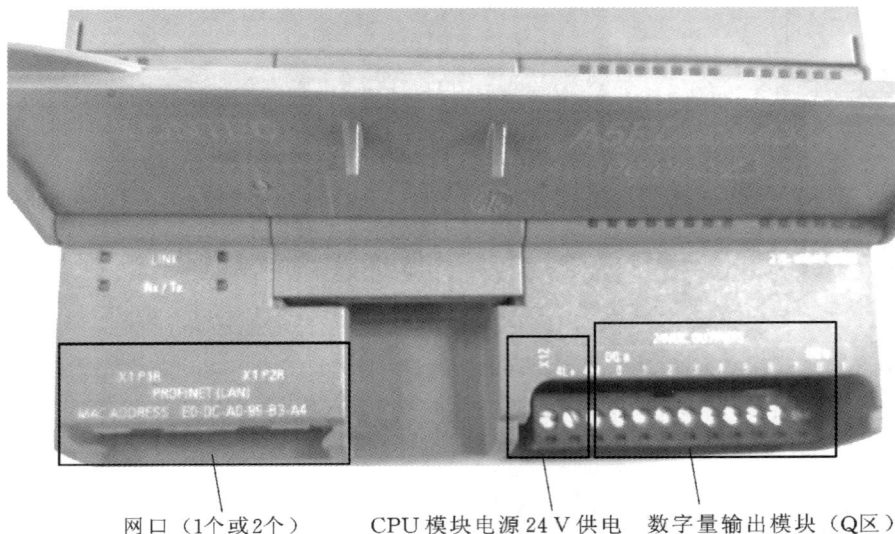

网口（1个或2个）　　CPU 模块电源 24 V 供电　数字量输出模块（Q区）

图 2-1-4　S7-1200 PLC CPU 模块的电源及输出/输出模块

CPU 模块相当于人的大脑，可以不断地采集输入信号、输出信号，执行用户程序，刷新系统的输出，并通过内部存储器存储程序和数据。

在 S7-1200 PLC 中，CPU 模块还集成有 PROFINET 接口（即 RJ45 网口），如图 2-1-4 所示，以便和计算机、交换机等其他设备通信。此外，S7-1200 PLC 的 CPU 模块还可以通过开放的以太网协议与第三方设备通信。

S7-1200 PLC 可以使用梯形图（LAD）、函数块图（FDB）和结构化控制语言（SCL）这 3 种语言编程。S7-1200 PLC 的 CPU 模块集成了最大 150 KB 的工作存储器、最大 4 MB 的装载存储器和 10 KB 的保持性存储器。它所集成的数字量输入电路的输入类型为漏型/源型，工作电压为 DC 24 V，工作电流为 4 mA；继电器输出的电压范围为 DC 5～30 V 或 AC 5～250 V，最大电流为 2 A；场效应管输出的电压为 DC 24 V，电流为 0.5 A。它最多支持 4 路脉冲输出（pulse1～pulse4）。

S7-1200 PLC CPU 模块的技术规范详见表 2-1-2。

表 2-1-2　S7-1200 PLC CPU 模块的技术规范

特征	CPU 1211C	CPU 1212C	CPU 1214C	CPU 1215C	CPU 1217C
本机 DI/DO 点	6 DI/4 DO	8 DI/6 DO	14 DI/10 DO		
本机 AI/AO 点	2 AI			2 AI/2 AO	
工作存储器/装载存储器	50 KB/1 MB	75 KB/2 MB	100 KB/4 MB	125 KB/4 MB	150 KB/4 MB
信号模块扩展个数	—	2	8		
最大本地 DI/DO 点数	14	82	284		
最大本地 AI/AO 点数	3	19	67	69	69
以太网接口个数	1		2		
脉冲输出（最多 4 路）	100 kHz	100 kHz 或 20 kHz			1 MHz 或 100 kHz
外形尺寸/(mm×mm×mm)	90×100×75		110×100×75	130×100×75	150×100×75

（二）CPU 模块的接线

S7-1200 PLC CPU 模块的型号可以说明它的电源供电关系，以 CPU 1215C AC/DC/Relay 为例，各参数的含义如图 2-1-5 所示。

1215C	AC/	DC/	Relay
CPU型号	CPU模块为交流供电	PLC输入模块为直流24 V供电	PLC输出模块为继电器型输出

图 2-1-5 S7-1200 PLC CPU 模块型号中各参数的含义示例

S7-1200 PLC CPU 模块 3 种版本的情况如表 2-1-3 所示。

表 2-1-3 S7-1200 PLC CPU 模块 3 种版本的情况

版本	电源电压	DI 输入电压	DQ 输出电压	DQ 最大输出电流	灯负载
DC/DC/DC	DC 24 V	DC 24 V	DC 20.4～28.8 V	0.5 A，MOSFET	5 W
DC/DC/Relay	DC 24 V	DC 24 V	DC 5～30 V，AC 5～250 V	2 A	DC 30 W/AC 200 W
AC/DC/Relay	AC 85～264 V	DC 24 V	DC 5～30 V，AC 5～250 V	2 A	DC 30 W/AC 200 W

CPU 1214C AC/DC/Relay 的外部接线图如图 2-1-6 所示。

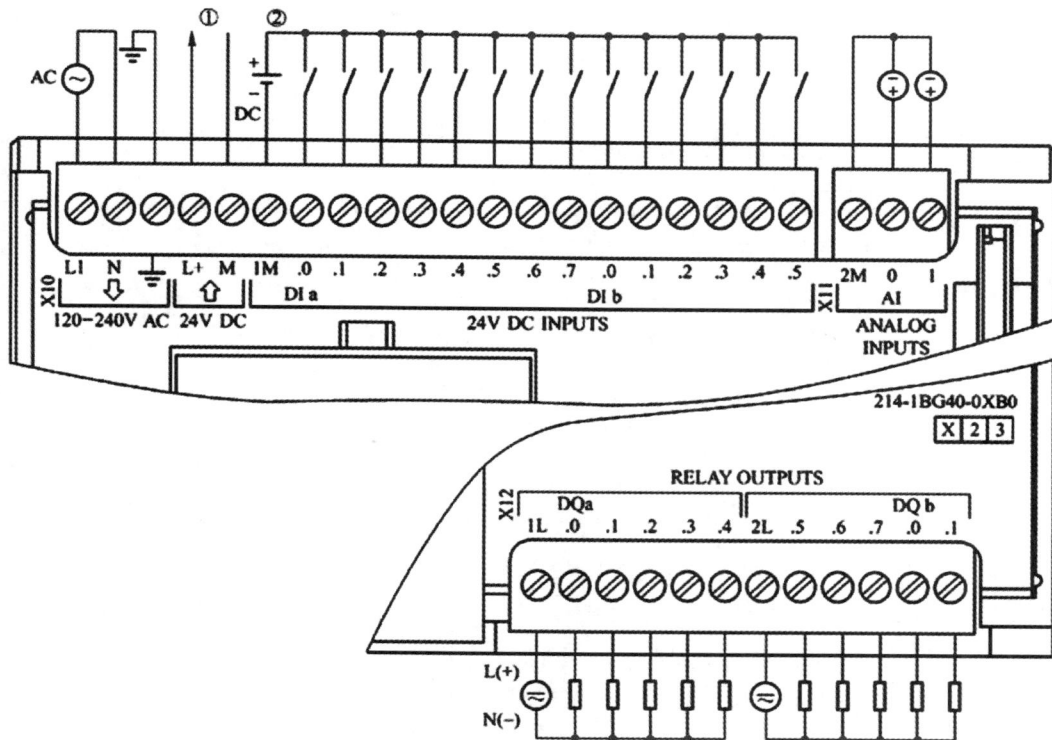

图 2-1-6 CPU 1214C AC/DC/Relay 的外部接线图

CPU 1215C DC/DC/DC 的外部接线图如图 2-1-7 所示。

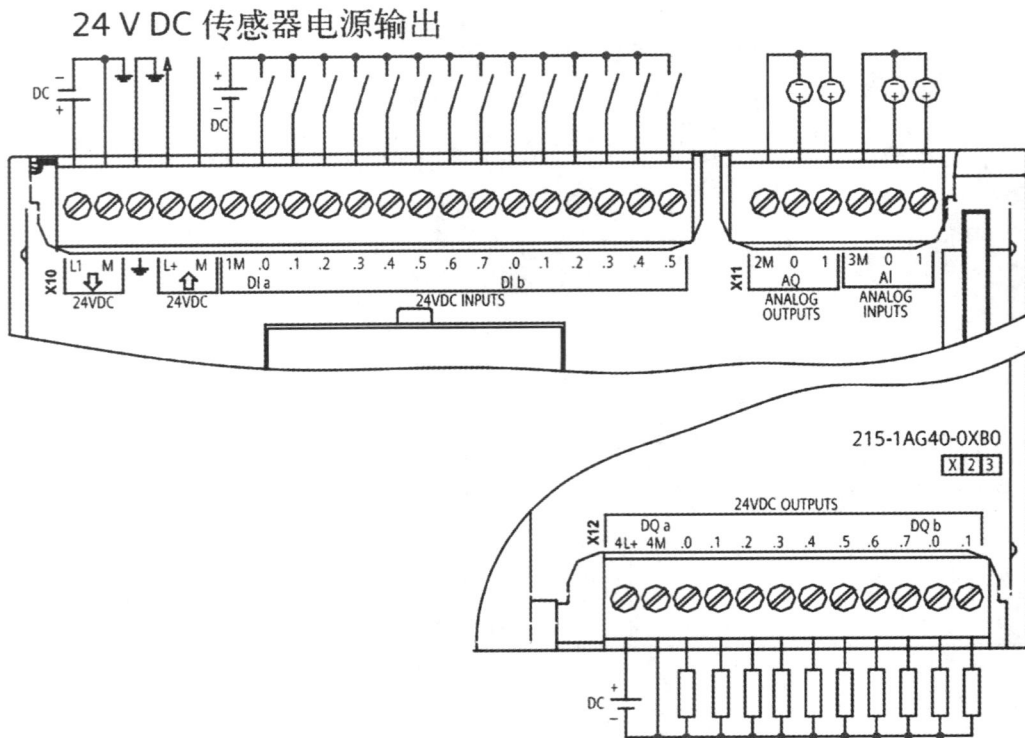

图 2-1-7　CPU 1215C DC/DC/DC 的外部接线图

二、通信接口与通信模块

通信模块安装在 CPU 模块的最左端。S7-1200 PLC 的 CPU 模块最多可以添加 3 个通信模块，可以安装点到点通信模块、FROFIBUS 主站模块和从站模块、工业远程控制通信模块、AS-i 接口模块等。

（一）集成的 PROFINET 接口

PROFINET 是基于工业以太网的现场总线标准。S7-1200 PLC CPU 模块集成的 PROFINET 接口可以与计算机、S7 系列其他 PLC 的 CPU 模块、PROFINET I/O 设备和使用标准的 TCP 协议的设备通信。该接口使用具有自动交叉网线功能的 RJ45 连接器，支持 TCP/IP、ISO-on-TCP、UDP、S7 和 Modbus TCP 通信协议。它的波特率为 10 Mbit/s、100 Mbit/s。

（二）点到点（point-to-point）通信与通信模块

S7-1200 PLC 通过点到点串行通信模块可直接与外部设备通信，可执行 ASCII 协议、USS 协议、Modbus RTU 主站协议和从站协议。点到点通信模块 CM 1241 支持 RS232 通信接口、RS485 通信接口和 RS422/485 通信接口三种通信接口，如图 2-1-8 所示。

（三）PROFIBUS 通信与通信模块

S7-1200 PLC 的 CPU 模块可安装 PROFIBUS-DP 主站模块 CM 1243-5 和 PROFIBUS-DP 从站模块 CM 1242-5（见图 2-1-9）。

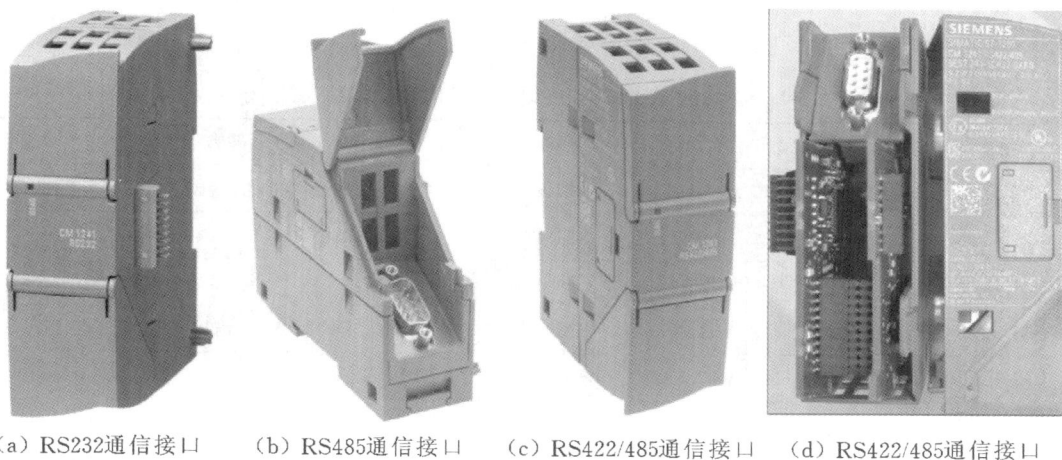

（a）RS232通信接口　　（b）RS485通信接口　　（c）RS422/485通信接口　　（d）RS422/485通信接口

图 2-1-8 点到点通信模块 CM 1241

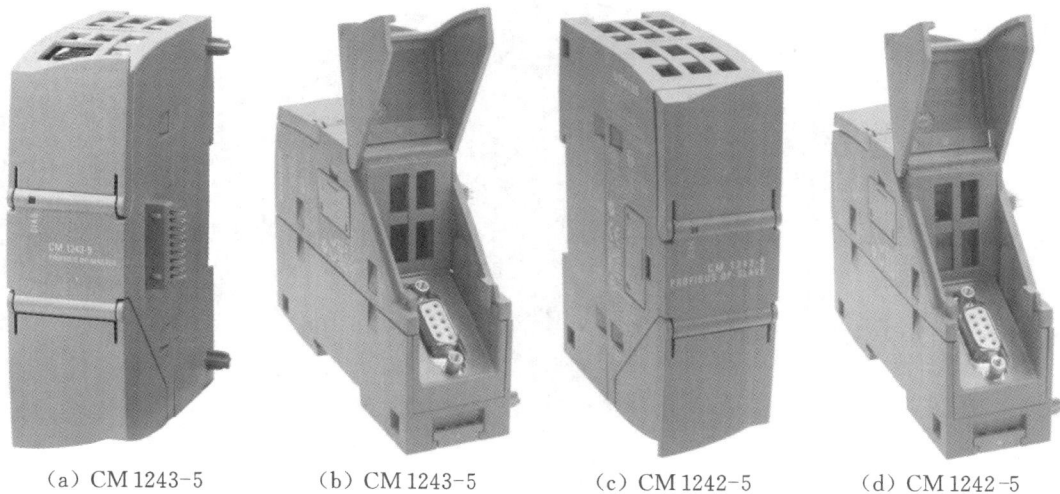

（a）CM 1243-5　　　（b）CM 1243-5　　　（c）CM 1242-5　　　（d）CM 1242-5

图 2-1-9 PROFIBUS 主站模块和从站模块

（四）AS-i 通信与通信模块

AS-i 是执行器传感器接口的缩写，CM 1243-2 AS-i 主站模块用于将 AS-i 设备连接到 CPU 模块。

（五）远程控制通信与通信模块

使用通信处理器 CP 1243-7 LTE，可将 S7-1200 PLC 连接到移动无线网络。

三、信号模块

数字量输入/输出模块和模拟量输入/输出模块统称为信号模块。S7-1200 PLC 的 CPU 模块可以选用 8 个点、16 个点和 32 个点的通信模块来满足不同控制的点位需求，所有的通信模块都可以安装在 35 mm 的 DIN 导轨上。S7-1200 PLC 的所有硬件都配置了可拆卸的端子板，能快速连接或更换组件。

S7-1200 PLC CPU 模块可安装的数字量输入/输出模块如表 2-1-4 所示,其中 SM 1223 16 输入 DC 24 V/16 输出 DC 24 V 的外形如图 2-1-10 所示。

表 2-1-4　S7-1200 PLC CPU 模块可安装的数字量输入/输出模块

型号	参数	型号	参数
SM 1221	8 输入 DC 24 V	SM 1222	8 继电器切换输出,2 A
SM 1221	16 输入 DC 24 V	SM 1223	8 输入 DC 24 V/8 继电器输出,2 A
SM 1222	8 继电器输出,2 A	SM 1223	16 输入 DC 24 V/16 继电器输出,2 A
SM 1222	16 继电器输出,2 A	SM 1223	8 输入 DC 24 V/8 输出 DC 24 V,0.5 A
SM 1222	8 输出,DC 24 V,0.5A	SM 1223	16 输入 DC 24 V/16 输出 DC 24 V,0.5 A
SM 1222	16 输出,DC 24 V,0.5A	SM 1223	16 输入 DC 24 V/16 输出 DC 24 V 漏型,0.5 A
SM 1222	8 输出,DC 24 V,漏型,0.5 A	SM 1223	8 输入 AC 230 V/8 继电器输出,2 A

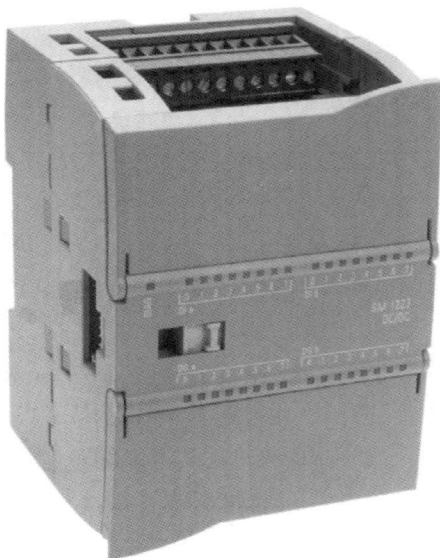

图 2-1-10　SM 1223 16 输入 DC 24 V/16 输出 DC 24 V 外形图

【实践操作】

一、信息搜集

观察学校设备上 PLC 的硬件模块及其型号等,并填表 2-1-5。

表 2-1-5　实训室设备上 PLC 的硬件模块

模块	通信模块	CPU 模块	信号模块
型号			
订货号			
输入/输出 DI/DQ	—		

二、硬件接线

观察实训室设备上的 PLC 及外部设备,在图 2-1-11 中画出 PLC 与灯及按钮的接线(可以自己画端子排及短接片)。4 个输入的点位可以随意设置,4 个输出点位已经指定。

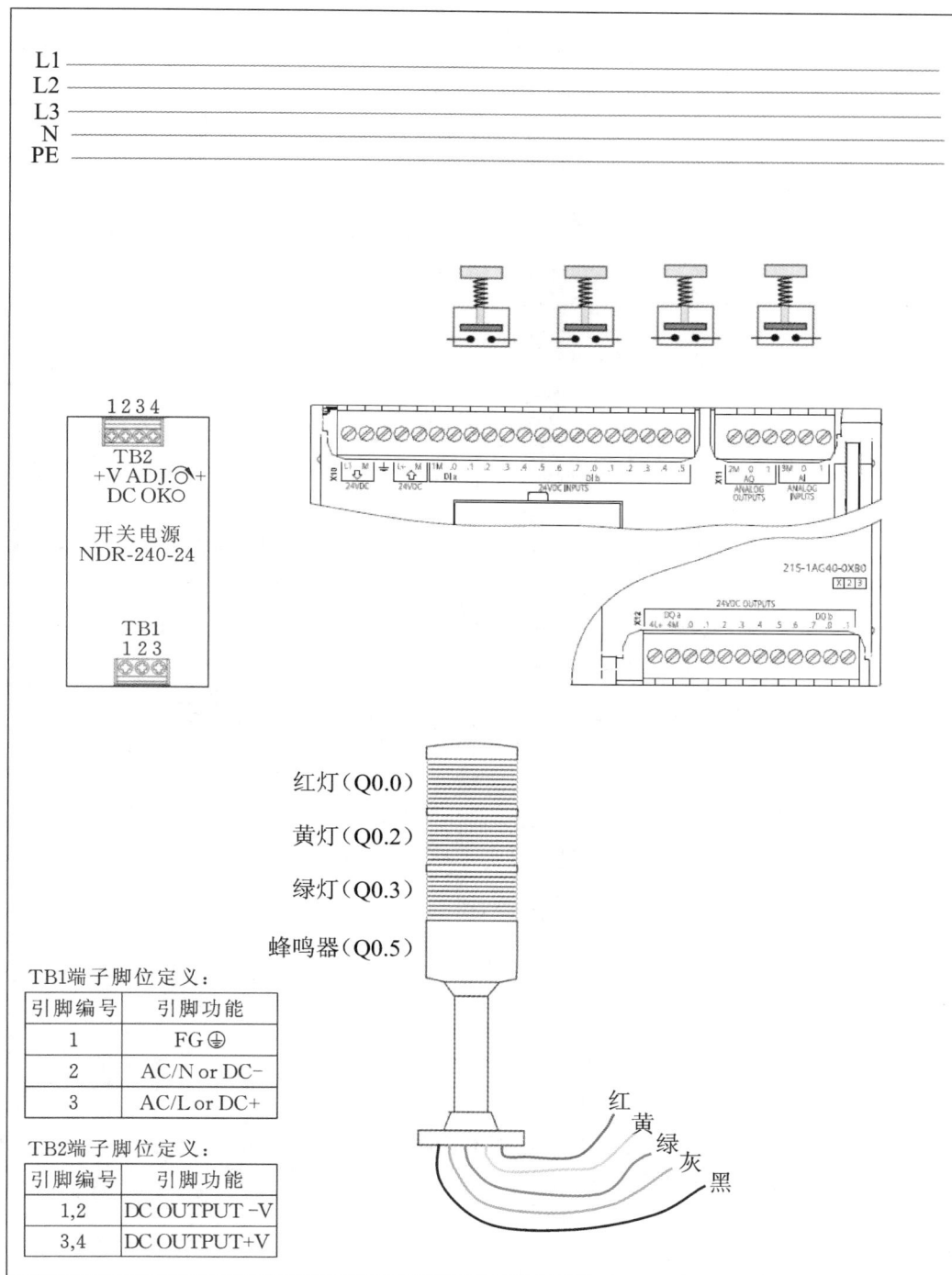

TB1端子脚位定义:

引脚编号	引脚功能
1	FG⏚
2	AC/N or DC-
3	AC/L or DC+

TB2端子脚位定义:

引脚编号	引脚功能
1,2	DC OUTPUT -V
3,4	DC OUTPUT+V

图 2-1-11　PLC 与灯及按钮的接线图

【工作评价】

对学生任务实施情况进行评价,评价表如表 2-1-6 所示。

表 2-1-6　PLC 的硬件及硬件接线评价表

评价项目	评价标准	配分	得分
实训室设备 PLC 硬件模块	参与小组讨论,积极查找资料	5	
	主动代表小组回答相关问题	6	
	铭牌参数记录正确	32	
PLC 硬件接线部分	参与小组讨论,积极查找资料	5	
	主动代表小组回答相关问题	6	
	自己画了端子排	5	
	开关电源接线正确	5	
	PLC CPU 模块电源接线正确	6	
	PLC 输入侧电源连接正确	6	
	PLC 输出侧电源连接正确	6	
	4 个按钮接线正确	8	
	三色灯及蜂鸣器连接正确	10	
汇总		100	

◀ 2.2　知识任务:TIA 博途软件的使用 ▶

【任务描述】

将学校实训室中的 PLC 设备的硬件信息反映到 TIA 博途软件中,对学校实训室中的硬件设备进行选择,并完成组态。

【任务目标】

(1) 能够调节 TIA 博途软件窗口的大小,或隐藏 TIA 博途软件窗口;

(2) 能够在项目视图中对现有硬件进行组态;

(3) 知道如何在 TIA 博途软件中更换已选择的 CPU 硬件及其版本号;

(4) 能够把组态好的程序下载到 PLC 硬件中。

【小组讨论】

本组为第_____组,具体情况如表 2-2-1 所示。

表 2-2-1　小组具体情况

序号	姓名	学号	备注	序号	姓名	学号	备注
1				4			
2				5			
3				6			

【计划准备】

（1）思维导图软件；
（2）纸、笔记本；
（3）已安装 TIA 博途软件且可供查阅资料的互联网电脑 1 台；
（4）S7-1200 PLC 产品样本。

【相关知识】

一、TIA 博途软件的入门

安装好 TIA 博途软件后，双击桌面上的 ⅡⅡ 图标，打开启动画面即 Portal 视图，如图 2-2-1 所示。在 Portal 视图中，可以打开现有项目、创建新项目等，单击左下角的"项目视图"可以切换到项目视图。

图 2-2-1　启动画面（Portal 视图）

如图 2-2-2 所示，项目视图被分为六大区域。其中，①区为项目树。通过该区域，不仅可以访问所有的组件和项目数据、添加新的组件、编辑已有组件、查看和修改现有组件的属性，还可以在线查看已连接的硬件设备信息及对硬件恢复出厂设置等。

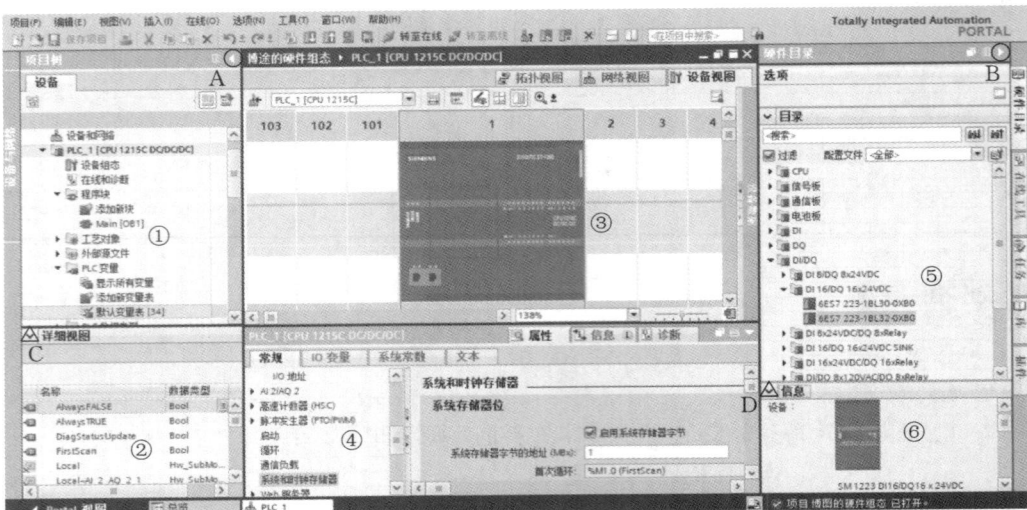

图 2-2-2　项目视图

项目中的各个组成部分在项目树中以树形结构显示。单击项目树右上角 A 处○内的 ◀ 按钮,项目树和下方的②区详细视图被隐藏,如图 2-2-3 所示。用同样的方法,单击图 2-2-2 所示项目视图右上角 B 处○内的 ▶ 按钮,可以隐藏区域⑤和⑥。单击 C 和 D 两处标有△的 ▼ 按钮,可以隐藏区域②和⑥。其余的图标按钮,如 □、□ 等按钮,大家在软件上自行尝试一下。

图 2-2-3　项目树和详细视图折叠后的效果

二、TIA 博途软件的硬件组态

TIA 博途软件的硬件组态一定要与实际的硬件相匹配,否则无法下载到 PLC 中。学校实训室现有 CPU 模块及扩展模块(即数字量输入/输出模块)的型号和订货号如下。

(1) CPU 模块:型号为 CPU 1215C DC/DC/DC,订货号为 6ES7 215-1AG40-0XB0。

（2）数字量输入/输出模块：型号为 SM 1223 DI 16/DQ 16×24VDC，订货号为 6ES7 223-1BL32-0XB0。

（一）添加 CPU 模块

如图 2-2-4 所示，新建好一个项目后，单击"添加新设备"，选择"控制器"，在"SIMATC S7-1200"的"CPU"目录下，找到"CPU 1215C DC/DC/DC"，选择订货号为"6ES7 215-1AG40-0XB0"的 PLC，选择好版本号后，单击"确定"按钮，出现如图 2-2-2 所示的界面。

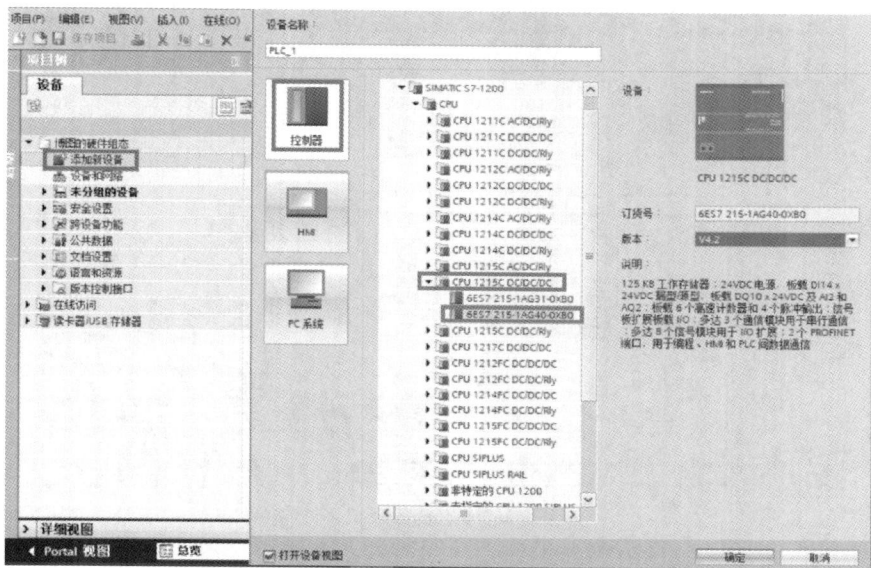

图 2-2-4　添加 CPU 模块

（二）添加扩展模块

接下来，我们添加数字量输入/输出模块。在硬件目录中，选择"DI/DQ"→"DI 16/DQ 16×24 VDC"→"6ES7 223-1BL32-0XB0"，双击这个订货号，出现如图 2-2-5 所示的界面。

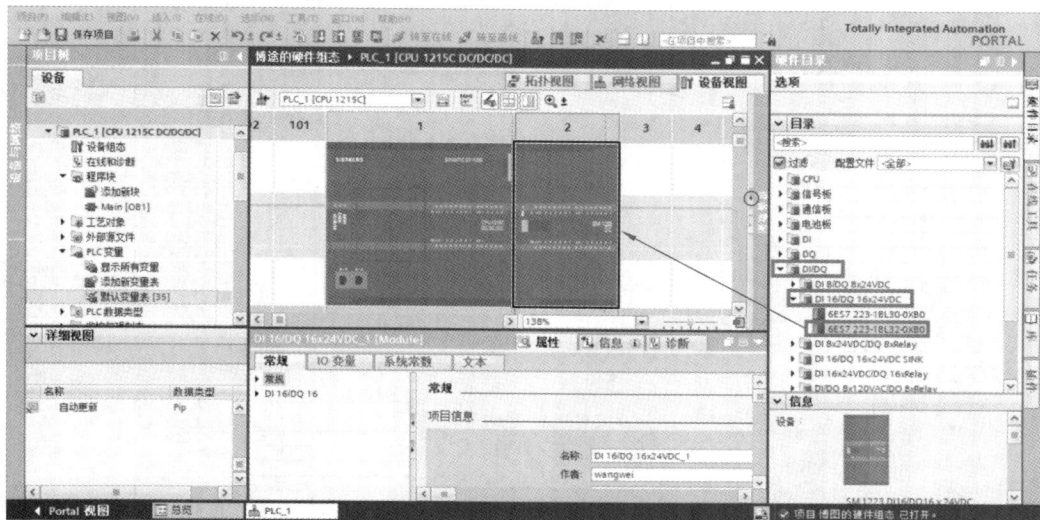

图 2-2-5　添加数字量输入/输出模块

（三）硬件地址分配

单击图 2-2-5 框了○处的 ，打开"设备概览"界面，如图 2-2-6 所示。可以看到，CPU 1215C DC/DC/DC 有 14 个 DI，即 14 个数字量输入，I 区地址为"0…1"，也就是 I0.0～I0.7（8 个点），I1.0～I1.5（6 个点），加起来一共 14 个输入点。务必注意，系统是不存在 I0.8、I0.9 的。还可以看到，有 10 个 DQ，Q 区地址也为"0…1"，也就是 Q0.0～Q0.7（8 个点）、Q1.0～Q1.1（2 个点），加起来一共是 10 个输出点。注意，系统也不存在 Q0.8 和 Q0.9。

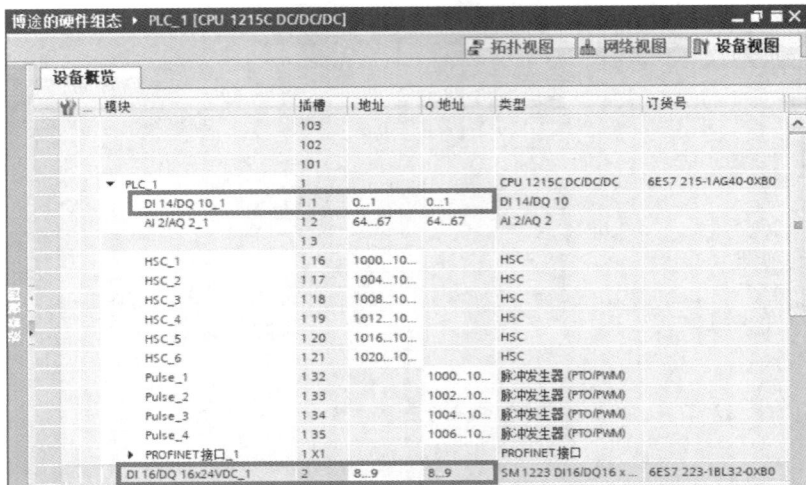

图 2-2-6　设备概览

扩展模块的输入地址及输出地址默认是"8…9"，我们一般希望地址能连续排列，所以可以直接接着 CPU 模块的地址设置扩展模块的输入地址及输出地址。这里将扩展模块的输入地址及输出地址修改为"2…3"，如图 2-2-7 所示。修改完毕后，单击左侧的小箭头 ，回到原来的界面。

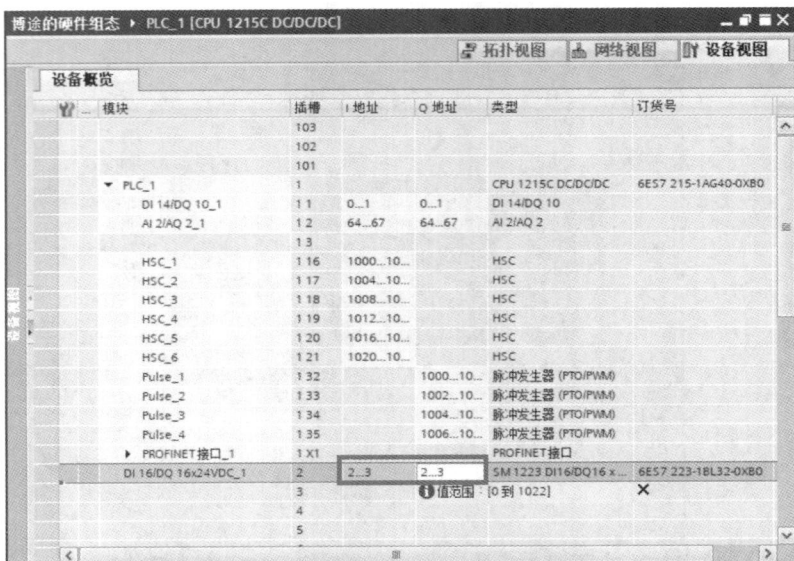

图 2-2-7　修改扩展模块的输入地址及输出地址

（四）修改硬件信息

1. 更改 CPU 模块

如果在选择 PLC 的 CPU 模块时选错了，选成"CPU 1215FC DC/DC/DC"了，怎样更改回来呢？我们可以选择"PLC_1 [CPU 1215FC DC/DC/DC]"，单击鼠标右键，选择"更改设备"，如图 2-2-8 所示。

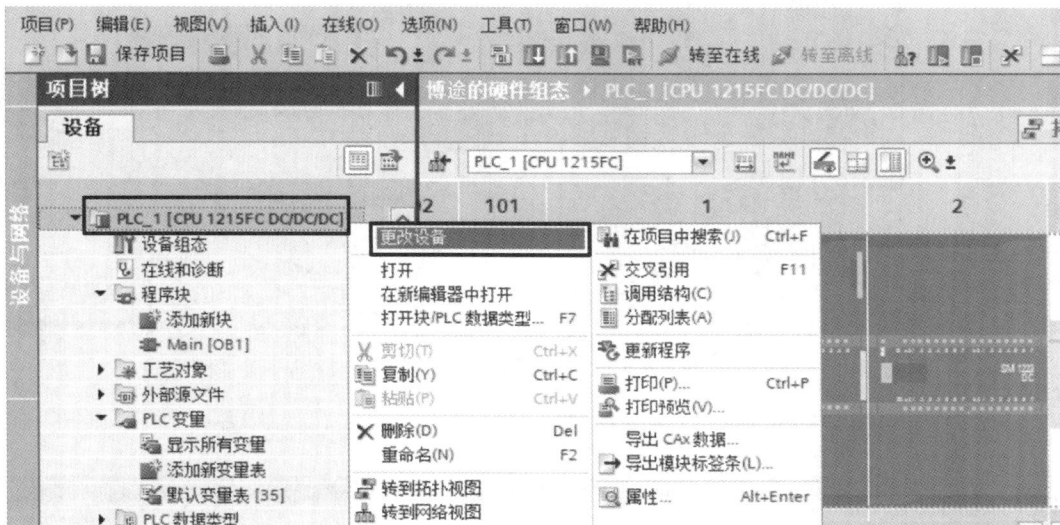

图 2-2-8　更改 CPU 模块操作

接着，在右侧目录树中重新选择新模块即可，如图 2-2-9 所示。

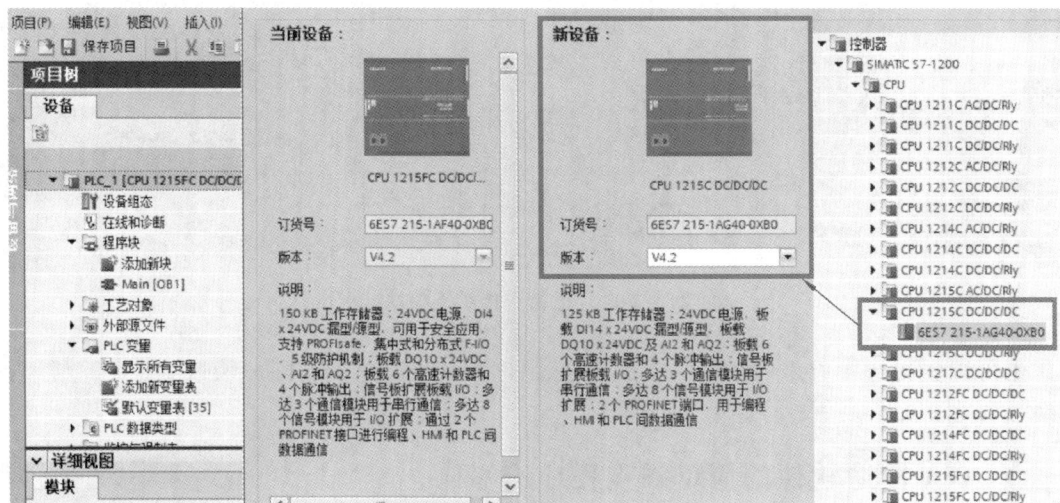

图 2-2-9　重新选择 CPU 模块

2. 更改扩展模块

扩展模块与 CPU 模块一样，也在"博途的硬件组态"里，先用鼠标左键选中要更换的模块，然后单击鼠标右键，选择"更改设备"，如图 2-2-10 所示。

图 2-2-10　扩展模块的更改操作

接下来，在右侧目录树中重新选择新的扩展模块即可，如图 2-2-11 所示。

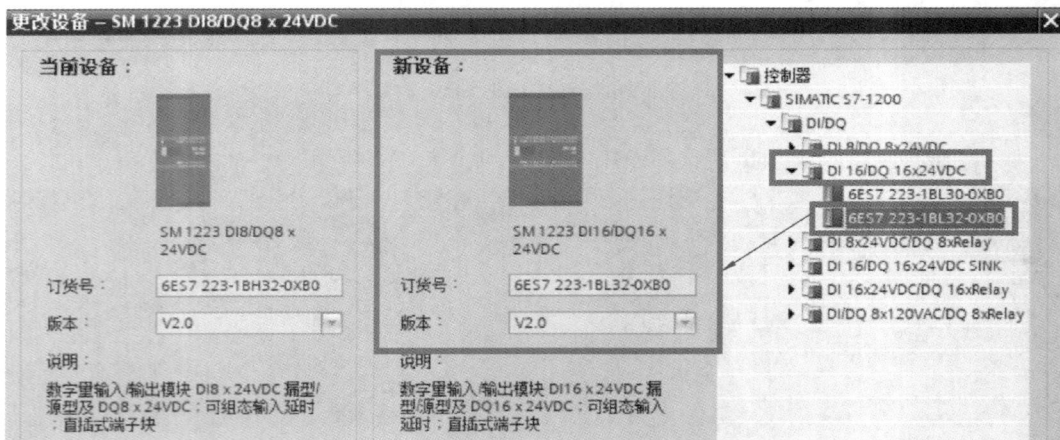

图 2-2-11　重新选择扩展模块

也可以直接选中原来的模块，按键盘上的"Delete"键，直接删除原模块，然后重新添加模块。

三、TIA 博途软件的简单触点程序编写

我们一般在程序块中编写程序，TIA 博途软件的程序编写支持多种方式，LAD（梯形图）方式是常用的方式之一。除此之外，TIA 博途软件还支持 FBD（功能块图）方式、STL（语句表）方式、SCL（结构化控制语言）方式以及 GRAPH 方式等。我们可以在菜单栏选择"选项"→"设置"→"PLC 编程"，如图 2-2-12 所示，对编程方式进行选择。

图 2-2-12 编程方式设定

（一）编程界面

在左侧目录树中选择"PLC_1［CPU 1215C DC/DC/DC］"下的"程序块"，找到"Main
［OB1］"，如图 2-2-13 所示，双击打开"Main［OB1］"，打开后的界面如图 2-2-14 所示。

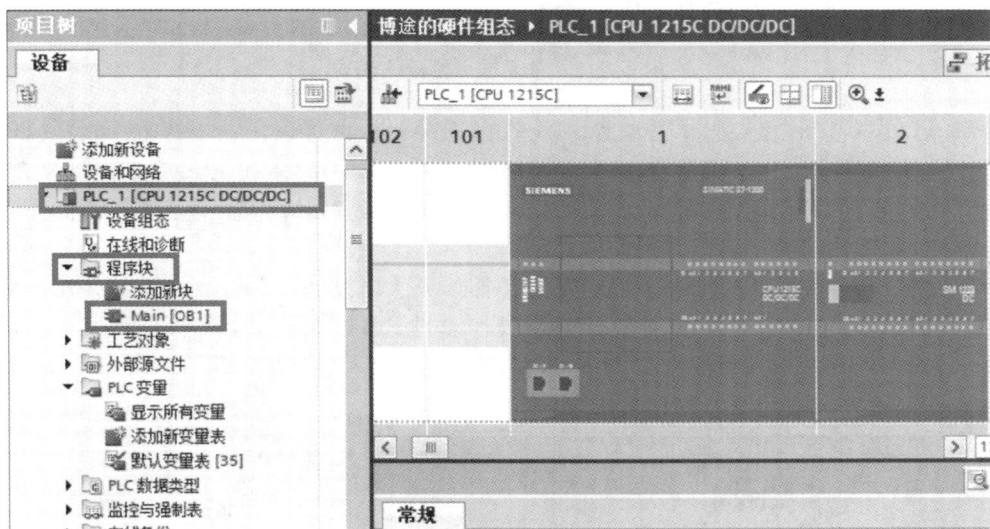

图 2-2-13 程序块所在的位置

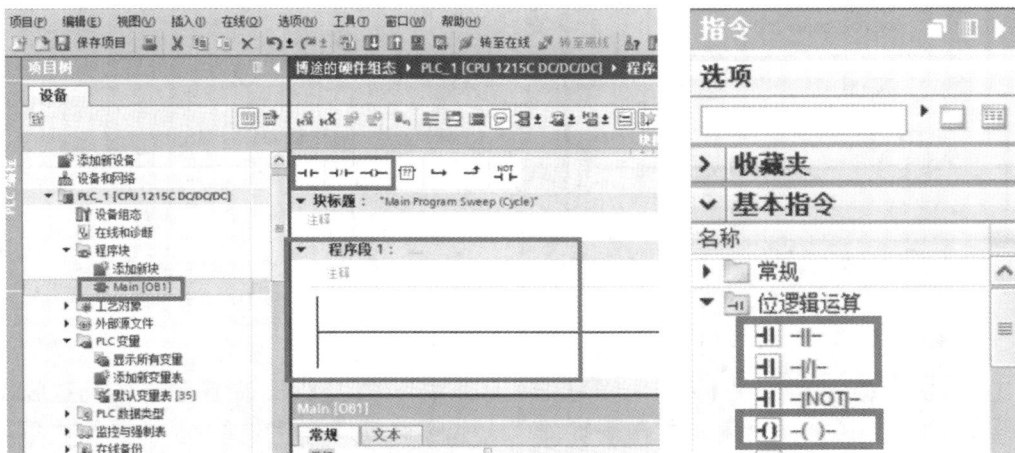

图 2-2-14 编程界面

（二）几个简单的指令

在右侧"基本指令"→"位逻辑运算"下可以看到常开触点"⊣├"、常闭触点"⊣⁄├"、线圈"⟨⟩ ⟨⟩"等指令。下面我们看一下这几个简单的指令。

1. 常开触点 ⊣├

在常态（不通电）的情况下处于断开状态的触点叫作常开触点。常开触点的表达形式如图 2-2-15 所示。其中，常开触点控制按钮、常开触点电路符号我们在学习其他课程时都见到过。在 PLC 程序中，常开触点的符号如图 2-2-15(c) 所示。

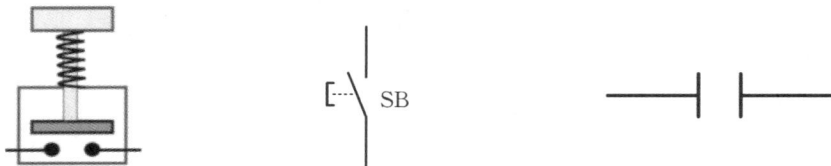

（a）常开触点控制按钮　（b）常开触点电路符号　（c）常开触点在PLC程序中的符号

图 2-2-15　常开触点的表达形式

我们可以参考图 2-2-16，单击编程区域里的 ⊣├ 按钮，也可以单击基本指令区域里的常开触点 ⊣├ 图标，按住鼠标左键不动，将其拖动到程序段 1 的横线上。常开触点上方有个红色的"＜???＞"符号，在此处可以输入 I 区具体点位，如"I0.0"等。注意，实际操作时，输入的点位应与实物接线一致。

在"％I0.0"的下方注有"Tag_1"。它是用来说明这个按钮的作用的，可以对其重命名，具体操作如图 2-2-17、图 2-2-18 所示。先用鼠标左键选中"Tag_1"，再单击鼠标右键，选择"重命名变量(R)…"，在弹出的修改界面的"名称"一栏填入"启动按钮"等名称，单击"更改"按钮，就可以看到修改后的名称出现在"％I0.0"的下方。

图 2-2-16　在程序中添加常开触点

2. 常闭触点 ⊣⁄├

在常态（不通电）的情况下处于接通状态的触点叫作常闭触点。常闭触点的表达形式如图 2-2-19 所示。其中，常闭触点控制按钮、常闭触点电路符号我们在学习其他课程时都见到过。在 PLC 程序中，常闭触点的符号如图 2-2-19(c) 所示。

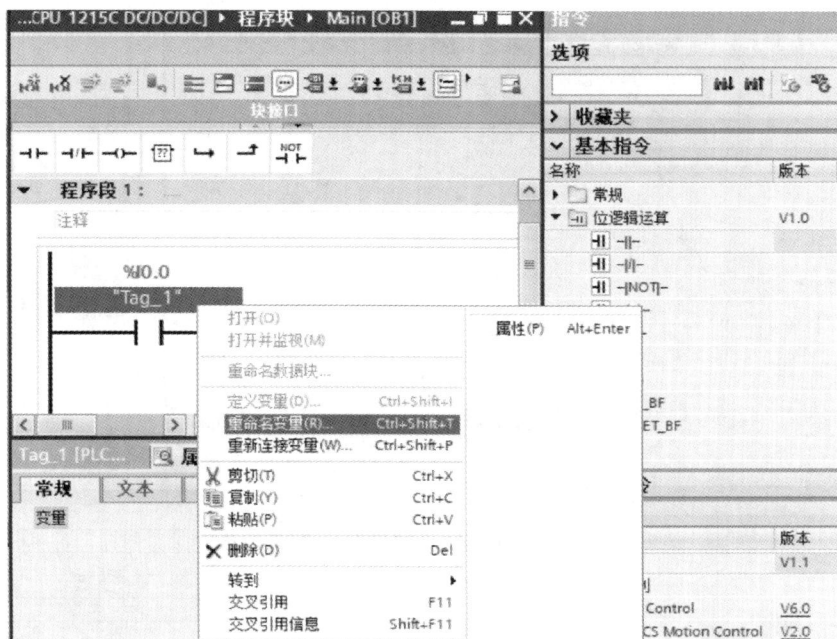

图 2-2-17　修改常开触点变量名称 1

图 2-2-18　修改常开触点变量名称 2

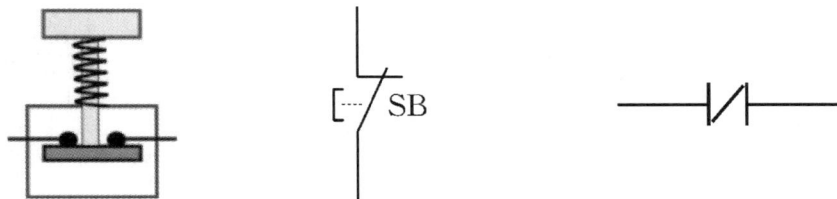

（a）常闭触点控制按钮　　（b）常闭触点电路符号　　（c）常闭触点在PLC程序中的符号

图 2-2-19　常闭触点的表达形式

我们可以在程序中加入常闭触点,方法与添加常开触点一样,此处不再详细展开。添加了常闭触点后的 PLC 程序如图 2-2-20 所示。

3. 线圈 -( )-

在这里,线圈指 PLC 的输出点,即 Q 区,可以与中间继电器的电磁铁线圈做类比。线圈得电为 1 后导通,失电为 0 后断开。线圈的表达形式如图 2-2-21 所示。在 PLC 程序中,线圈用图 2-2-21(c)所示的符号表示。

图 2-2-22 展示了如何用一个常开触点控制一个线圈。当启动按钮按下时,线圈得电,红灯点亮。

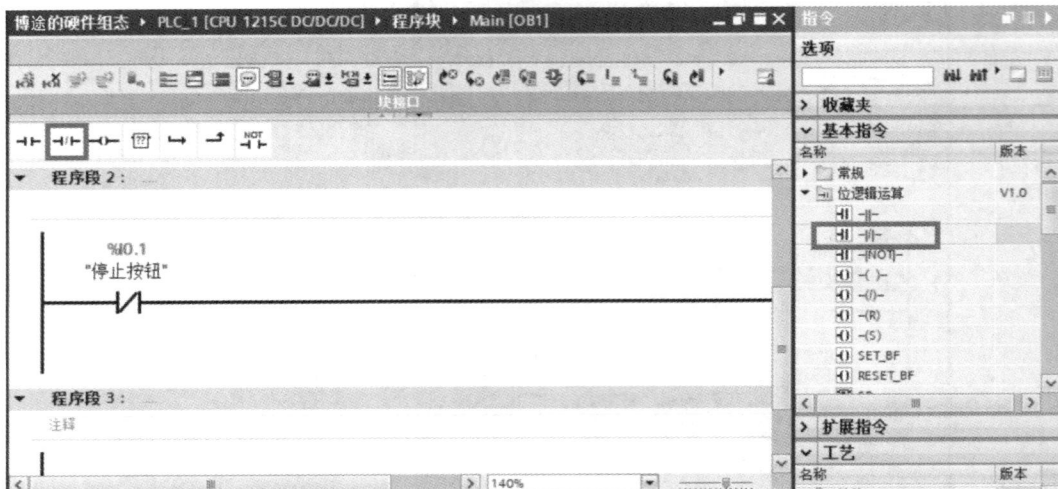

图 2-2-20　在 PLC 程序中添加常闭触点

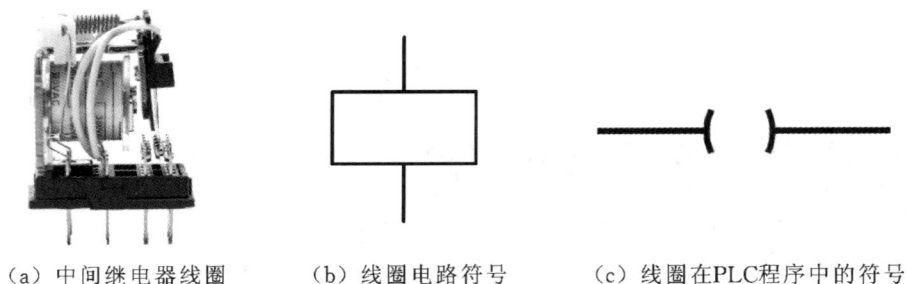

（a）中间继电器线圈　　　（b）线圈电路符号　　　（c）线圈在PLC程序中的符号

图 2-2-21　线圈的表达形式

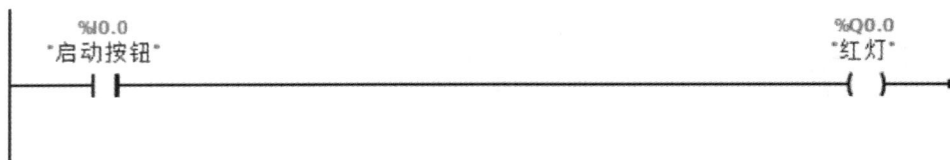

图 2-2-22　用一个常开触点控制一个线圈

【实践操作】

一、组态

某实训室现有一套 PLC 系统,CPU 模块的型号为 CPU 1214C DC/DC/DC,订货号为 6ES7 214-1AG40-0XB0。该系统配有一个通信模块和一个扩展 I/O 模块。通信模块的型号为 CM 1241(RS232),订货号为 6ES7 241-1AH32-0XB0。扩展 I/O 模块有 8 个数字量输入、8 个数字量输出,型号为 SM 1223,订货号为 6ES7 223-1BH32-0XB0。

请在 TIA 博途软件中添加上述 CPU 模块、通信模块以及扩展 I/O 模块,并将扩展 I/O 模块的地址调整至与 CPU 地址连续。

写出在做上述工作中遇到的困难及采取的解决办法。

_____

_____

_____

_____

_____

二、编程

现要求用两个按钮控制两盏灯。两个按钮一个为常开按钮,另一个为常闭按钮,分别接在 CPU 模块的第 1 个触点和第 2 个触点上。两盏灯分别接在扩展 I/O 模块 CM 1223 输出 Q 区的第 3 个触点和第 4 个触点上。接在扩展 I/O 模块 Q 区第 3 个触点上的灯希望能达到按下按钮亮起、松开按钮熄灭的效果,接在扩展 I/O 模块 Q 区第 4 个触点上的灯希望能达到软件一运行就亮起、按下按钮熄灭、松开按钮继续亮起的效果。

请在 TIA 博途软件中编程,记录遇到的问题及所采取的解决方法。

_____

_____

_____

_____

【工作评价】

对学生任务实施情况进行评价,评价表如表 2-2-2 所示。

表 2-2-2   PLC 的简单组态及编程评价表

评价项目	评价标准	配分	得分
PLC 组态	参与小组讨论,积极查找资料	7	
	主动代表小组回答相关问题	7	
	CPU 模块选择正确	10	
	通信模块选择正确	10	
	扩展 I/O 模块选择正确	10	
	扩展 I/O 模块地址设置正确	15	
PLC 编程	参与小组讨论,积极查找资料	5	
	主动代表小组回答相关问题	6	
	I 区地址正确调用	10	
	Q 区地址正确调用	10	
	程序正确	10	
汇总		100	

2.3 实操任务：用三个按钮控制三色灯

【任务描述】

学校实训室现有设备及扩展 I/O 模块如下。

（1）CPU 模块：型号为 CPU 1214C DC/DC/DC，订货号为 6ES7 214-1AG40-0XB0。

（2）数字量输入/输出模块：型号为 SM 1223 DI 16×24VDC/ DO 16×24VDC，订货号为 6ES7 223-1BL32-0XB0。

（3）五线制三色灯：供电电压为 DC 24 V。

S7-1200 PLC CPU 模块输入 I 区接线图如图 2-3-1 所示，CPU 模块输出 Q 区接线图如图 2-3-2 所示，扩展 I/O 模块输出 Q 区接线图如图 2-3-3 所示。

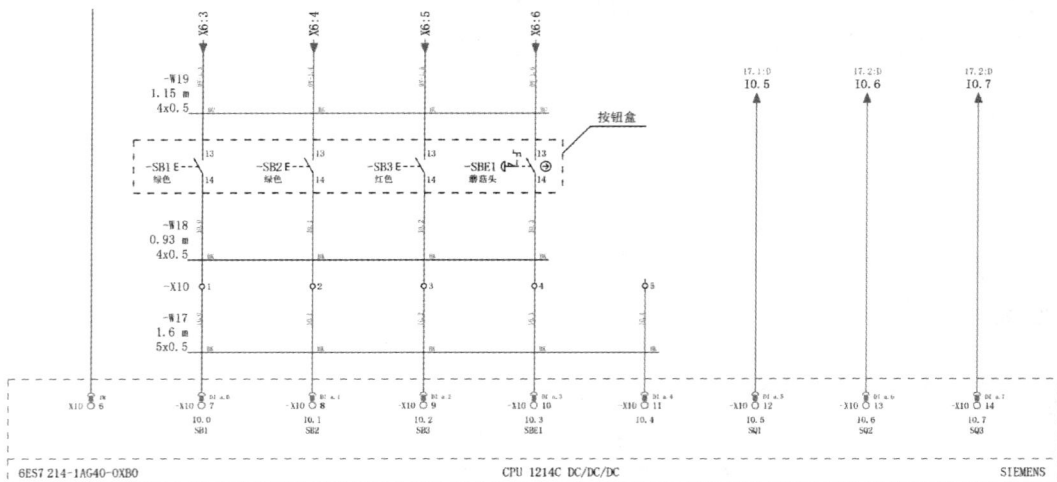

图 2-3-1　S7-1200 PLC CPU 模块输入 I 区接线图

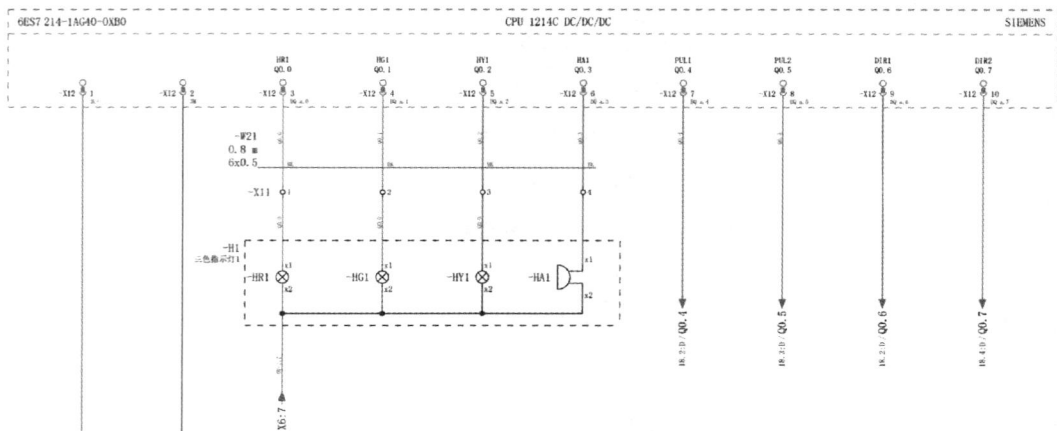

图 2-3-2　S7-1200 PLC CPU 模块输出 Q 区接线图

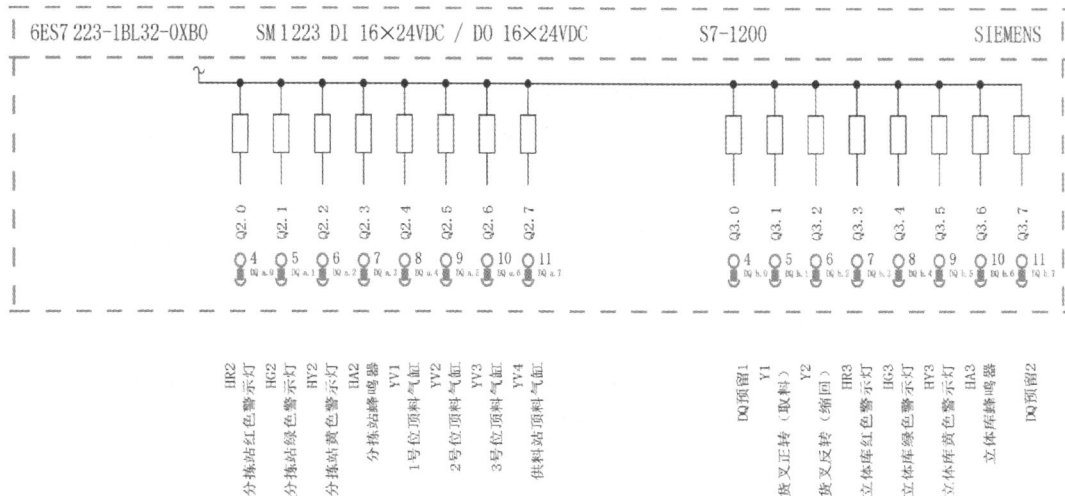

图 2-3-3 S7-1200 PLC 扩展 I/O 模块输出 Q 区接线图

【任务目标】

（1）试读电气图，将电气图与实训室中的实物对应起来；

（2）依据图纸找到各个控制点位，并进行简单编程；

（3）培养并提高自主查找资料、自主学习的能力；

（4）培养并提高主动沟通、主动表达的能力；

（5）培养并提高总结、展示自己劳动成果的能力；

（6）培养并提高团队协作能力。

【小组讨论】

将班级人数按总人数除以 3，分为 3 大组，每个大组再分为 3 个小组，即全班一共分为 9 组。

第 1 大组的同学依据图 2-3-2 控制该图所示的三色灯。

第 2 大组的同学依据图 2-3-3 控制该图左侧分拣站的三色灯。

第 3 大组的同学依据图 2-3-3 控制该图右侧立体库平台的三色灯。

本小组为第_____小组，具体情况如表 2-3-1 所示。

表 2-3-1 小组具体情况

序号	姓名	学号	备注	序号	姓名	学号	备注
1				4			
2				5			
3				6			

三色灯和蜂鸣器一共有 5 根不同颜色的线，这 5 根线分别用于控制什么？公共端接什么颜色的线？公共端是接正极还是接负极？

_____

_____

【计划准备】

（1）编程电脑一台（已安装 TIA 博途软件）；

（2）S7-1200 PLC 产品样本文件一份（PDF 版）；

（3）实训室设备电气图纸一份；

（4）笔记本、笔。

【相关知识】

相关知识详见本项目 2.1"知识任务：PLC 的硬件"、2.2"知识任务：TIA 博途软件的使用"，此处不再赘述，部分知识点如怎样把程序从 TIA 博途软件下载到 PLC 实物中，请大家自行查找资料学习。

小提示：

（1）注意电脑 IP 地址与 PLC IP 地址的设置。

（2）充分利用网络资源，如中国大学 MOOC 平台（https://www.icourse163.org）、超星泛雅平台（http://fanya.chaoxing.com/portal）、智慧职教平台（https://www.icve.com.cn）、哔哩哔哩（https://www.bilibili.com），自主学习如何把程序从电脑上的 TIA 博途软件下载到 PLC 实物中。

【实践操作】

（1）各小组针对所分配到的模块的三色灯进行编程。

（2）在按钮盒上有两种颜色的按钮，如图 2-3-4 所示。

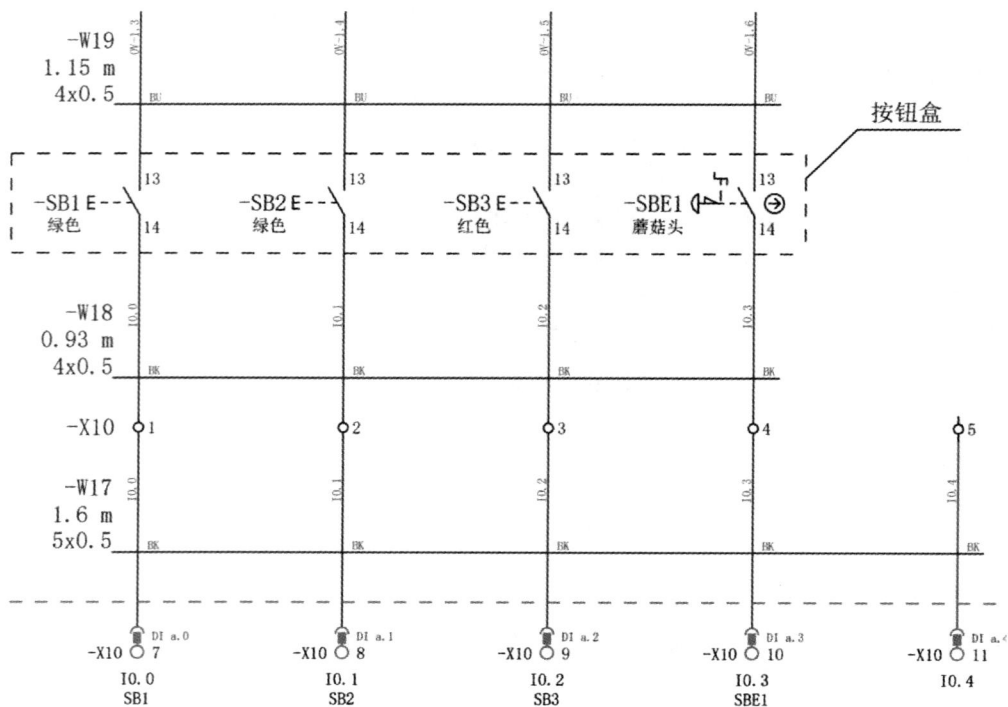

图 2-3-4　S7-1200 PLC I 区及按钮盒的局部放大图

SB1 按钮的颜色为绿色,控制三色灯上的红灯。

SB2 按钮的颜色为绿色,控制三色灯上的绿灯。

SB3 按钮的颜色为红色,控制三色灯上的黄灯。

(3) 按下按钮后,三色灯上对应颜色的灯能亮起;松开按钮后,三色灯上对应颜色的灯熄灭。

(4) 自行按照图纸对 PLC 进行组态及编程。

【工作评价】

对学生任务实施情况进行评价,评价表如表 2-3-2 所示。

表 2-3-2　三色灯控制评价表

评价项目	评价标准	配分	得分
三色灯模块	参与小组讨论,积极查找资料	5	
	主动代表小组回答相关问题	5	
	能够看懂所负责模块三色灯部分的图纸	5	
	知道三色灯公共端是如何接线的	5	
按钮模块	参与小组讨论,积极查找资料	5	
	主动代表小组回答相关问题	5	
	能够看懂按钮部分的接线图	5	
	知道按钮一端的线连接 PLC,另一端连接哪里	5	
TIA 博途软件编程	参与小组讨论,积极查找资料	5	
	主动代表小组回答相关问题	5	
	电脑 IP 地址与 PLC IP 地址在同一网段	5	
	CPU 模块组态正确	5	
	扩展 I/O 模块组态正确	5	
	扩展 I/O 模块输入地址及输出地址设置正确	5	
	按钮 SB1 按下,红灯亮起	5	
	按钮 SB2 按下,红灯亮起	5	
	按钮 SB3 按下,黄灯亮起	5	
	遵循现场 5S 管理原则,主动整理工位	5	
	主动帮助小组其他人员	5	
	积极参与,"不摸鱼","不打酱油"	5	
汇总		100	

项目 3
PLC 程序设计基础

3

◀【工作任务】

（1）掌握基本位逻辑指令的编程及应用，并制作思维导图；

（2）正确对程序进行调试；

（3）正确编写仓储指示灯系统程序并调试。

◀【知识目标】

（1）掌握基本位逻辑指令的编程及应用；

（2）掌握定时器指令、计数器指令的编程及应用。

◀【能力目标】

（1）会使用位逻辑指令、基本指令编写梯形图并下载到 CPU；

（2）能进行程序的仿真和在线调试。

◀【素养目标】

（1）通过基本指令的学习及程序的编写，培养脚踏实地、善于思考的学习精神；

（2）在任务实施过程中，逐步培养遵守安全规范、爱岗敬业、团结协作的职业素养。

◀ 3.1 学习任务：S7-1200 PLC 编程基础 ▶

【任务描述】

制作"编程基础"思维导图，条理化展示数据类型、数据块、存储区等基本知识。

【任务目标】

（1）掌握 PLC 的存储器和寻址方式知识；

（2）掌握数制和数据类型知识；

（3）掌握系统存储区基本知识。

【小组讨论】

制作思维导图时，需要如何进行分类？分类的依据是什么？

_____

_____

_____

【计划准备】

（1）思维导图软件；

（2）纸、笔记本；

（3）可供查阅资料的互联网电脑 1 台。

【相关知识】

一、S7-1200 PLC 的存储器

S7-1200 PLC 提供了用于存储用户程序、数据和组态的存储器——装载存储器、工作存储器及系统存储器，如表 3-1-1 所示。

表 3-1-1　S7-1200 PLC 的存储器

存储器	存储区划分
装载存储器	动态装载存储器 RAM
	可保持装载存储器 E^2PROM
工作存储器（RAM）	用户程序，如逻辑块、数据块存储区
系统存储器（RAM）	过程映像 I/O 表存储区
	位存储器
	局部数据堆栈、块堆栈区
	中断堆栈、中断缓冲区

1. 装载存储器

装载存储器用于非易失性地存储用户程序、数据和组态。项目被下载到CPU后，首先存储在装载存储器中。每个CPU都具有内部装载存储器。该内部装载存储器的大小取决于所使用的CPU。该内部装载存储器可以用外部存储卡替代。如果未插入存储卡，CPU将使用内部装载存储器；如果插入了存储卡，CPU将使用该存储卡作为装载存储器。

2. 工作存储器

工作存储器是易失性存储器，用于在执行用户程序时存储用户项目的某些内容。CPU会将一些项目内容从装载存储器复制到工作存储器中。该易失性存储器将在断电后丢失所有信息，而在恢复供电时由CPU恢复工作。

3. 系统存储器

系统存储器是CPU为用户程序提供的存储器组件，被划分为若干个地址区域，如表3-1-2所示。一般使用指令在相应的地址区域内对数据直接进行寻址。

表 3-1-2　系统存储器的存储区

存储区名称	描述	强制	保持
过程映像输入（I）	在扫描周期开始时从物理输入复制	无	无
物理输入（I_:P）	立即读取 CPU、SB 和 SM 上的物理输入点	有	无
过程映像输出（Q）	在扫描周期开始时复制到物理输出	无	无
物理输出（Q_:P）	立即写入 CPU、SB 和 SM 上的物理输出点	有	无
位存储器（M）	用于存储用户程序的中间运算结果或标志位	无	支持（可选）
临时存储器（L）	存储块的临时数据，这些数据仅在该块的本地范围内有效	无	无

二、S7-1200 PLC 的寻址

S7-1200 PLC 的 CPU 可以按照位、字节、字和双字对存储单元进行寻址。

位数据的数据类型为 Bool（布尔）型。8 位二进制数组成 1 个字节（byte，B），其中第 0 位为最低位（LSB）、第 7 位为最高位（MSB）。2 个字节组成 1 个字（word，W），其中第 0 位为最低位，第 15 位为最高位。2 个字组成 1 个双字（double word，DW），其中第 0 位为最低位，第 31 位为最高位。位、字节、字、双字构成如图 3-1-1 所示。

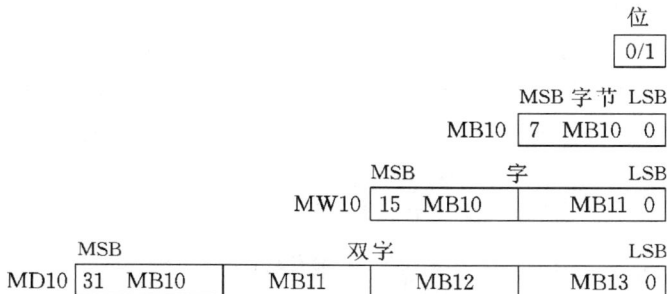

图 3-1-1　位、字节、字和双字构成示意图

S7-1200 PLC CPU 的存储单元都以字节为单位，示意图如图 3-1-2 所示。

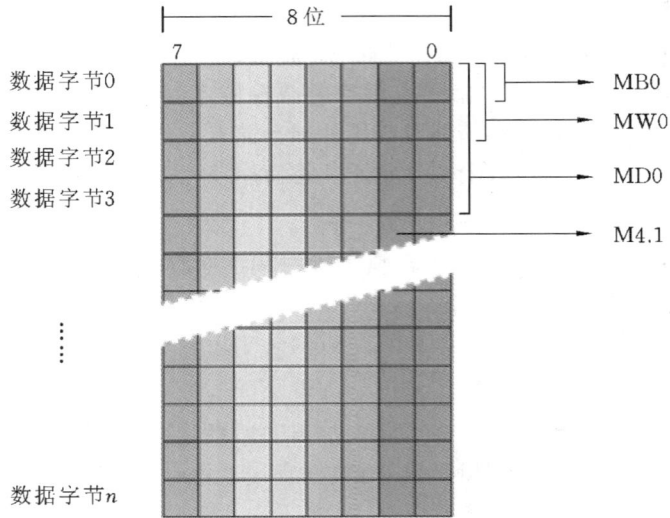

图 3-1-2　S7-1200 PLC CPU 的存储单元示意图

位存储单元的地址由字节地址和位地址组成。例如"I1.3"(见图 3-1-3),存储区域标识符"I"表示输入(input)映像区,字节地址为 1,位地址为 3,"."为字节地址与位地址之间的分隔符。这种存取方式称为按位寻址方式。

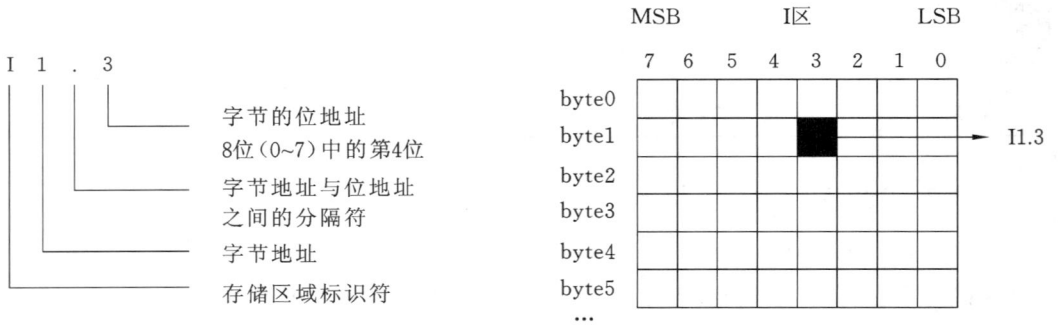

图 3-1-3　按位寻址示例

对字节、字和双字数据的寻址需要指明存储器的标识符、数据类型和存储区域内的首字节地址。例如,字节"MB10"表示由 M10.7~M10.0 这 8 位(高位地址在前,低位地址在后)构成的 1 个字节,"M"为存储器的标识符,"B"表示字节,"10"为字节地址,即寻址位存储区域的第 11 个字节。相邻的 2 个字节构成 1 个字,如"MW10"表示由 MB10 和 MB11 组成,"M"为位存储区域标识符,"W"表示寻址长度为 1 个字(2 个字节),10 为起始字节的地址。"MD10"表示由 MB10~MB13 组成的双字,"M"为位存储区域标识符,"D"表示寻址长度为 1 个双字(2 个字,4 个字节),"10"表示寻址单位的起始字节地址。

三、过程映像输入(I)和过程映像输出(Q)

1. 过程映像输入(I)

过程映像输入是 S7-1200 PLC 的 CPU 为输入端信号设置的一个存储区。过程映像输入的标识符为 I。在每个扫描周期开始时,CPU 会对每个物理输入点进行集中采样,并将采样值写入过程映像输入中。这一过程可以形象地将过程映像输入比作输入继电器来理解,如图 3-1-4 所示。

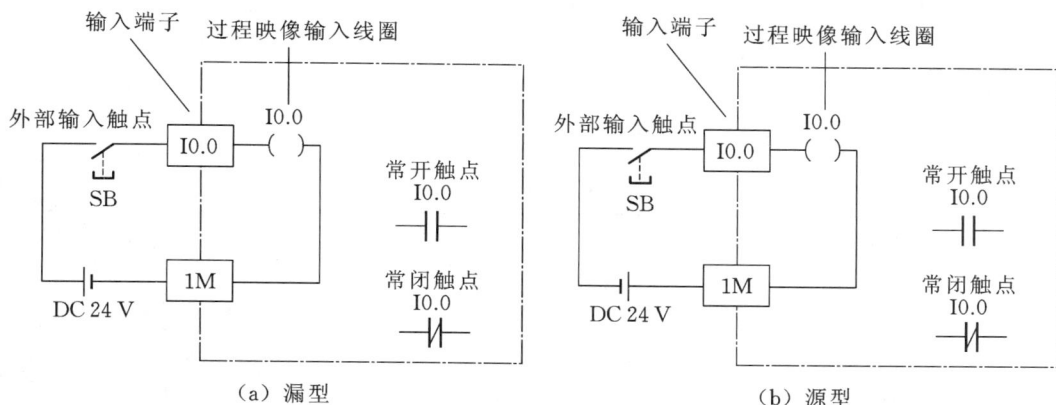

（a）漏型　　　　　　　　　　　　　（b）源型

图 3-1-4　过程映像输入等效电路

需要说明的是,过程映像输入中的数值只能由外部信号驱动,不能由内部指令改写;过程映像输入有无数个常开触点、常闭触点供编程时使用,且在编写程序时,只能出现过程映像输入的触点,不能出现过程映像输入的线圈。

过程映像输入是 PLC 接收外部输入的开关量信号的窗口,可以按位、字节、字或双字四种方式来存取信息。

2. 过程映像输出（Q）

过程映像输出是 S7-1200 PLC 的 CPU 为输出端信号设置的一个存储区。过程映像输出的标识符为 Q。在每个扫描周期结束时,CPU 会将过程映像输出中的数据传输 PLC 的物理输出点,再由硬触点驱动外部负载。这一过程可以形象地将过程映像输出比作输出继电器,如图 3-1-5 所示。

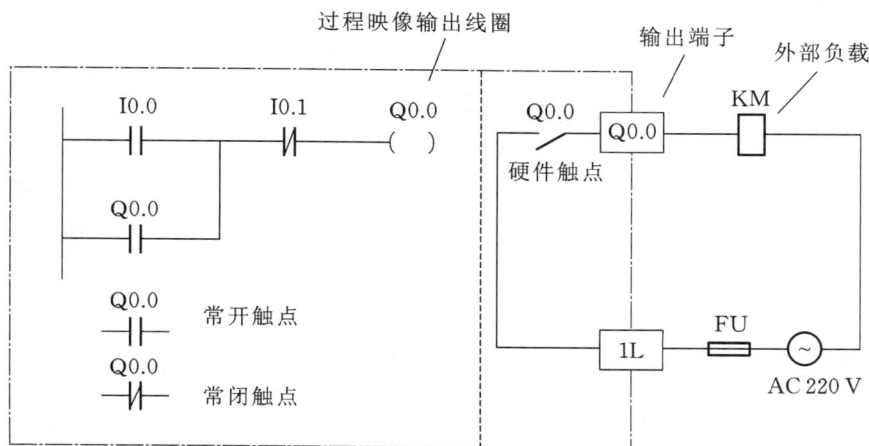

图 3-1-5　过程映像输出等效电路

需要指出的是,过程映像输出的线圈只能由内部指令驱动,即过程映像输出的数值只能由内部指令写入;过程映像输出有无数个常开触点、常闭触点供编程时使用,在编写程序时,过程映像输出的线圈、触点均能出现,且线圈的通断状态表示程序的最终运算结果。

过程映像输出可以按位、字节、字或双字四种方式来存取信息。

【实践操作】

一、信息搜集

搜集信息并填表 3-1-3。

表 3-1-3　信息搜集工作表

序号	信息搜集渠道	关键词	笔记记录	记录员姓名
1	互联网			
2				
3				
4				
5				
6				
1	教材			
2				
3				
4				
5				
6				

二、思维导图制作

制作思维导图并张贴在指定的区域。

请在此框内张贴小组讨论后的思维导图:

【工作评价】

对学生任务实施情况进行评价,评价表如表 3-1-4 所示。

表 3-1-4　编程基础评价表

过程	评价内容	评价标准	配分	得分
信息搜集	小组讨论情况	主动参与小组讨论,积极查阅资料,给出合理的答案	10	
	信息查找	积极搜集信息,信息来源广泛	20	
内容准备	分支确定	根据查阅的资料合理确定分支	10	
	信息来源	对分支标注不同信息的来源	10	
	内容填充	正确进行内容填充	10	
思维导图制作	过程记录	正确、及时记录思维导图制作过程	10	
	文字信息录入	熟练使用思维导图软件	10	
	小组成员活动	小组成员根据当前进度合理进行分工	10	
思维导图修改	分析修改	斟酌思维导图的合理性,进行相应的修改	10	
	汇总		100	

◀ 3.2　学习任务:S7-1200 PLC 基本指令(一) ▶

【任务描述】

制作"基本指令"思维导图,条理化展示各基本指令及其应用。

【任务目标】

(1) 掌握 PLC 的存储器和寻址方式知识;

(2) 掌握数制和数据类型知识;

(3) 掌握系统存储区基本知识。

【小组讨论】

制作思维导图时,需要如何进行分类? 分类的依据是什么?

_____

_____

【计划准备】

(1) 思维导图软件;

(2) 纸、笔记本;

(3) 可供查阅资料的互联网电脑 1 台。

【相关知识】

一、位逻辑指令

位逻辑指令用于二进制数的逻辑运算,位逻辑运算的结果简称为 RLO。S7-1200 PLC 的位逻辑指令主要包括触点和线圈指令、置位输出和复位输出指令及边沿检测指令,详见表 3-2-1。

表 3-2-1　S7-1200 PLC 的位逻辑指令

梯形图符号	功能描述	梯形图符号	功能描述
┤├	常开触点	RS R　　Q …—S1	置位优先型 RS 触发器 (复位/置位触发器)
┤/├	常闭触点		
┤NOT├	取反 RLO	SR S　　Q …—R1	复位优先型 SR 触发器 (置位/复位触发器)
─( )─	赋值		
─(/)─	赋值取反	P_TRIG CLK　　Q	扫描 RLO 的信号上升沿
─(S)─	置位输出		
─(R)─	复位输出	N_TRIG CLK　　Q	扫描 RLO 的信号下降沿
─(SET_BF)─	置位位域		
─(RESET_BF)─	复位位域	%DB1 R_TRIG EN　ENO CLK　　Q	检测信号上升沿
┤P├	扫描操作数的信号上升沿		
┤N├	扫描操作数的信号下降沿	%DB2 F_TRIG EN　ENO CLK　　Q	检测信号下降沿
─(P)─	在信号上升沿置位操作数		
─(N)─	在信号下降沿置位操作数		

1. 常开触点与常闭触点指令

触点分为常开触点和常闭触点。常开触点在指定的位为"1"状态(true)时闭合,为"0"状态(false)时断开。常闭触点在指定的位为"1"状态(true)时断开,为"0"状态(false)时闭合。常开触点符号中间加"/"表示常闭。触点指令中变量的数据类型为位(Bool)型。在编程时,触点可以串联使用,也可以并联使用,但不能放在梯形图逻辑行的最后。两个触点串联将进行与运算,两个触点并联将进行或运算。触点指令的应用如图 3-2-1 所示。

2. 线圈输出与取反线圈输出指令

线圈输出指令又称为赋值指令,作用是将输入的逻辑运算结果(RLO)的信号状态即线圈状态写入指定的操作数地址。

（a）与运算

（b）或运算

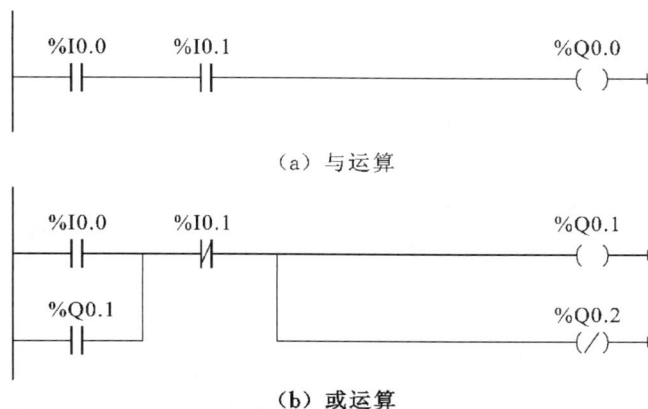

图 3-2-1　触点指令及线圈指令的应用

取反线圈输出指令又称为赋值取反指令,赋值取反线圈中间有"/"符号。

线圈输出与取反线圈输出指令可以放在梯形图的任意位置,变量类型为 Bool 型。

线圈指令的应用如图 3-2-1 所示。

二、定时器指令

S7-1200 PLC 提供了 4 种 IEC 定时器。

（1）脉冲定时器(TP)。脉冲定时器可生成具有预设宽度时间的脉冲。

（2）接通延时定时器(TON)。接通延时定时器的输出端 Q 在预设的延时时间到时被设置为 ON。

（3）关断延时定时器(TOF)。关断延时定时器的输出端 Q 在预设的延时时间到时被设置为 OFF。

（4）保持型接通延时定时器(TONR)。保持型接通延时定时器的输出端 Q 在预设的延时时间到时被设置为 ON。

1. 脉冲定时器指令

脉冲定时器的梯形图和时序图如图 3-2-2 所示。在图 3-2-2(a)中,"%DB1"表示定时器的背景数据块(此处只显示了绝对地址,也可以设置显示符号地址),"TP"表示脉冲定时器,"PT"(preset time)为预设时间值,"ET"(elapsed time)为定时开始后经过的时间,称为当前时间值。PT 和 ET 的数据类型为 32 位的 TIME,单位为 ms,最大定时时间为 T#24D_20H_31M_23S_647MS,D、H、M、S、MS 分别为日、小时、分、秒和毫秒。另外,使用脉冲定时器时,可以不给输出 Q 和 ET 指定地址。

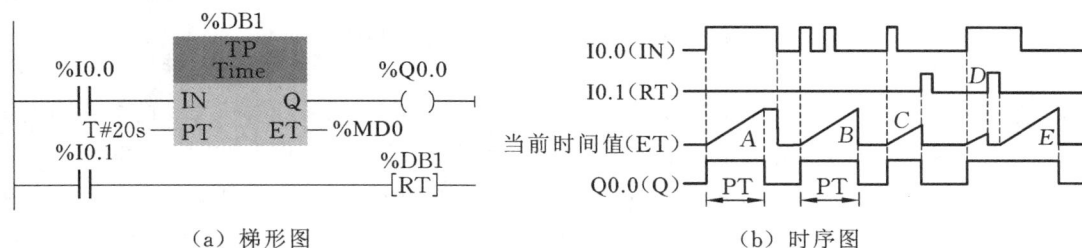

（a）梯形图　　　　　　　　　（b）时序图

图 3-2-2　脉冲定时器的梯形图和时序图

IEC 定时器没有编号,在使用对定时器复位的 RT(reset time)指令时,可以用背景数据块的编号或符号名来指定欲复位的定时器。如果没有必要,不用对定时器使用 RT 指令。

例 3-2-1 按下启动按钮 SB1(I0.0),三相异步电动机直接启动并运行,工作 2.5 h 后自动停止。若在三相异步电动机运行过程中按下停止按钮 SB2(I0.1),或三相异步电动机发生故障(如过载)(I0.2),三相异步电动机立即停止,程序如图 3-2-3 所示。

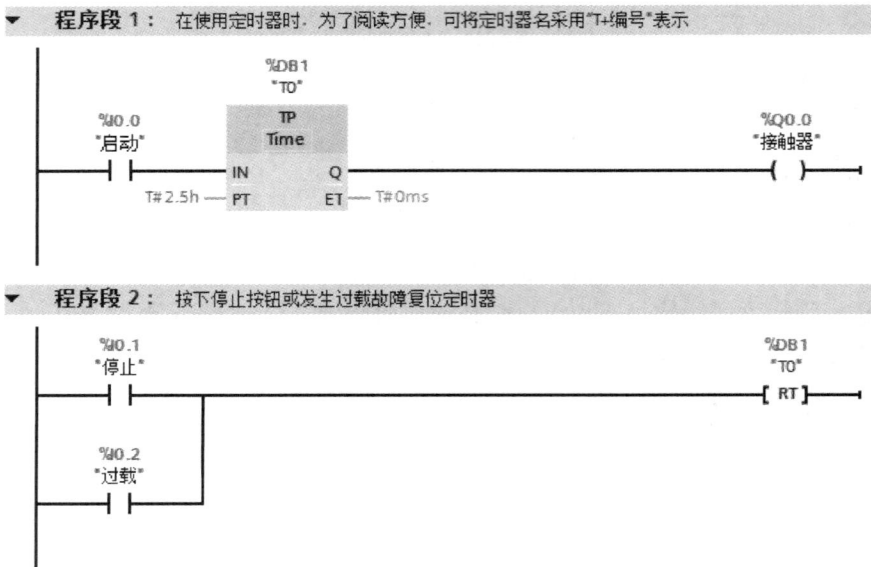

图 3-2-3 脉冲定时器的应用

2. 接通延时定时器指令

接通延时定时器用于将输出端 Q 的置位操作延时 PT 指定的一段时间。接通延时定时器的梯形图和时序图如图 3-2-4 所示。在图 3-2-4(a)中,"TON"表示接通延时定时器,"%DB2"为接通延时定时器的背景数据块。

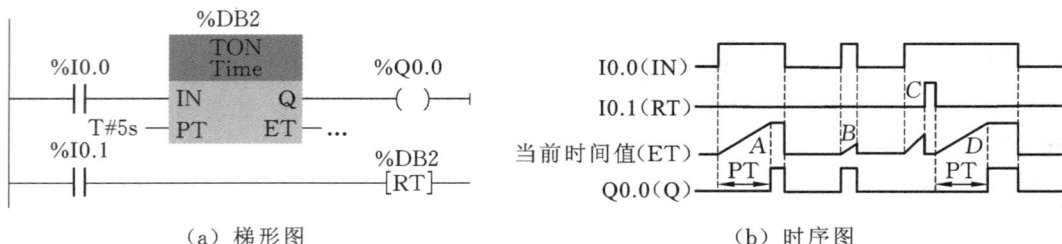

(a) 梯形图　　　　　　　　(b) 时序图

图 3-2-4 接通延时定时器的梯形图和时序图

例 3-2-2 按下启动按钮 SB(I0.0),信号灯 HL(Q0.0)按亮 3 s 灭 2 s 的规律闪烁。若在信号灯闪烁过程中按下停止按钮 SB2(I0.1),信号灯立即熄灭,程序如图 3-2-5 所示。

应当指出的是,如果闪烁电路的通断时间相等,如周期为 1 s 或 2 s,可以启用 PLC 时钟存储器字节 MB0,这样就可以在程序中直接使用 M0.5(周期 1 s)、M0.7(周期 2 s)的常开触点产生周期是 1 s 或 2 s 的闪烁效果。

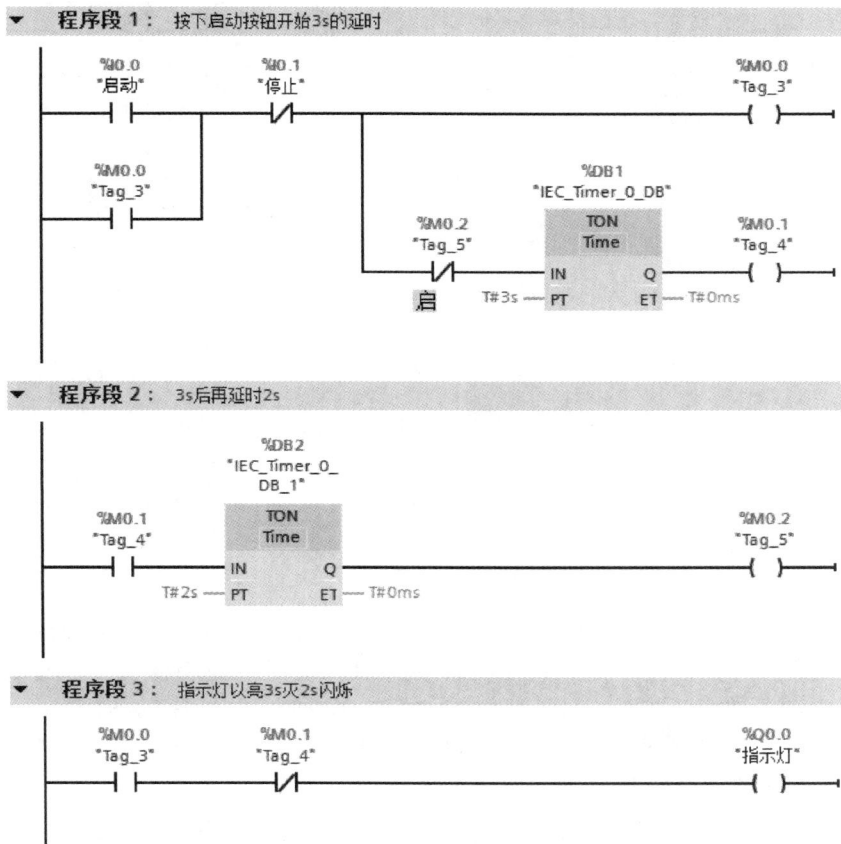

图 3-2-5　信号灯闪烁程序

3. 关断延时定时器指令

关断延时定时器用于将输出端 Q 的复位操作延时 PT 指定的一段时间。关断延时定时器的梯形图和时序图如图 3-2-6 所示。在图 3-2-6(a)中,"TOF"表示关断延时定时器,"%DB3"为关断延时定时器的背景数据块。

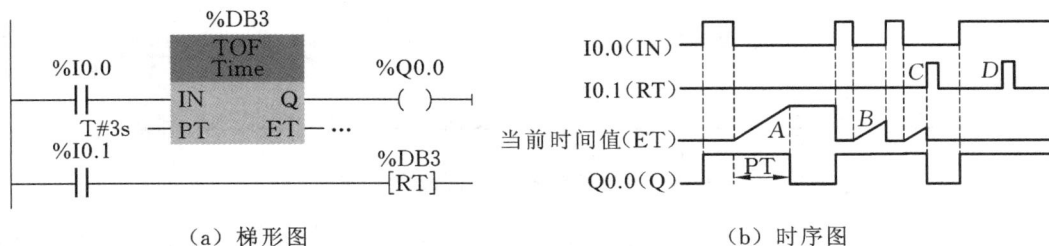

(a) 梯形图　　　　　　　　　　　　(b) 时序图

图 3-2-6　关断延时定时器的梯形图和时序图

4. 保持型接通延时定时器指令

保持型接通延时定时器的梯形图和时序图如图 3-2-7(a)所示。在图 3-2-7(a)中,"TONR"表示保持型接通延时定时器,"%DB4"为保持型接通延时定时器的背景数据块,"R"表示复位输入端。

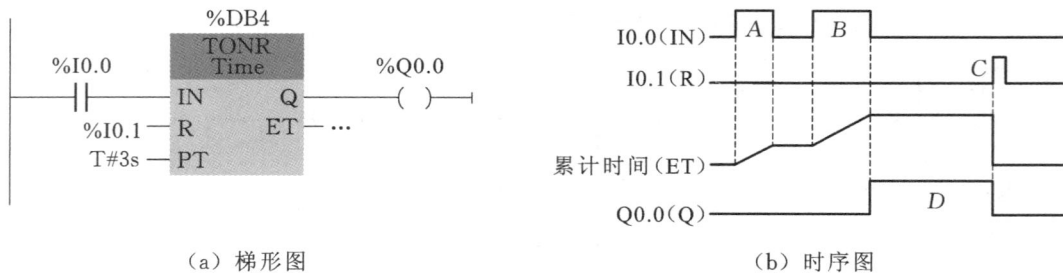

（a）梯形图 　　　　　　　　　（b）时序图

图 3-2-7　保持型接通延时定时器的梯形图和时序图

5. 定时器直接启动指令

IEC 定时器有 4 种简单的直接启动指令，即启动脉冲定时器指令（⊣ TP Time ⊢）、启动接通延时定时器指令（⊣ TON Time ⊢）、启动关断延时定时器指令（⊣ TOF Time ⊢）和启动保持型接通延时定时器指令（⊣ TOF Time ⊢）。

需要注意的是，定时器线圈指令必须是梯形图（LAD）网络中的最后一条指令。由于系统没有为定时器直接启动指令配置数据块，因此在使用定时器直接启动指令编程时，首先需要在程序块中新建类型为"IEC_TIMER"的数据块，数据块可以用默认的名称，用户也可以自行按名称 T0、T1 等来命名，否则，不能编程使用定时器直接启动指令。启动接通延时定时器指令的应用如图 3-2-8 所示。

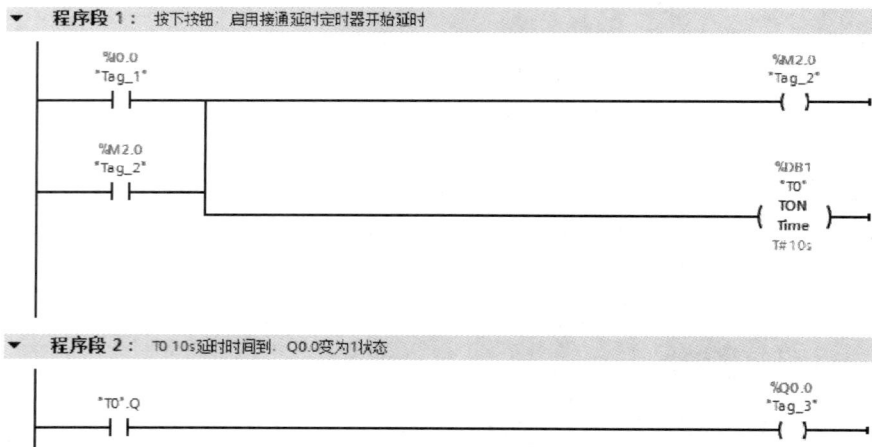

图 3-2-8　启动接通延时定时器指令的应用

在图 3-2-8 中，新建的"IEC_TIMER"数据块的名称为"T0"。程序中最下面的常开触点的设置操作如下：在输入地址时，单击触点上面的"〈???〉"，再单击出现的小方框右边的 ▣ 图标，单击出现的地址列表中的"T0"，地址域出现"'T0'."，单击地址列表中的"Q"，地址列表消失，地址域出现"T0".Q。

6. 定时器复位及加载持续时间指令

S7-1200 PLC 有专用的定时器复位指令 RT 和加载持续时间指令 PT，应用示例如

图 3-2-9 所示。在图 3-2-9 中,当 I0.2 为"1"时,执行 RT 指令,通过清除存储在指定定时器背景数据块中的时间数据来重置定时器。当 I0.3 为"1"时,执行 PT 指令,为定时器设定时间,将接通延时定时器的预设时间值设定为 30 s。如果该指令输入逻辑运算结果(RLO)的信号状态为"1",则每个扫描周期都执行该指令。该指令将指定时间写入指定定时器的结构中。如果在指令执行时所指定的定时器正在计时,指令将覆盖该指定定时器的当前值,从而改变该指定定时器的状态。

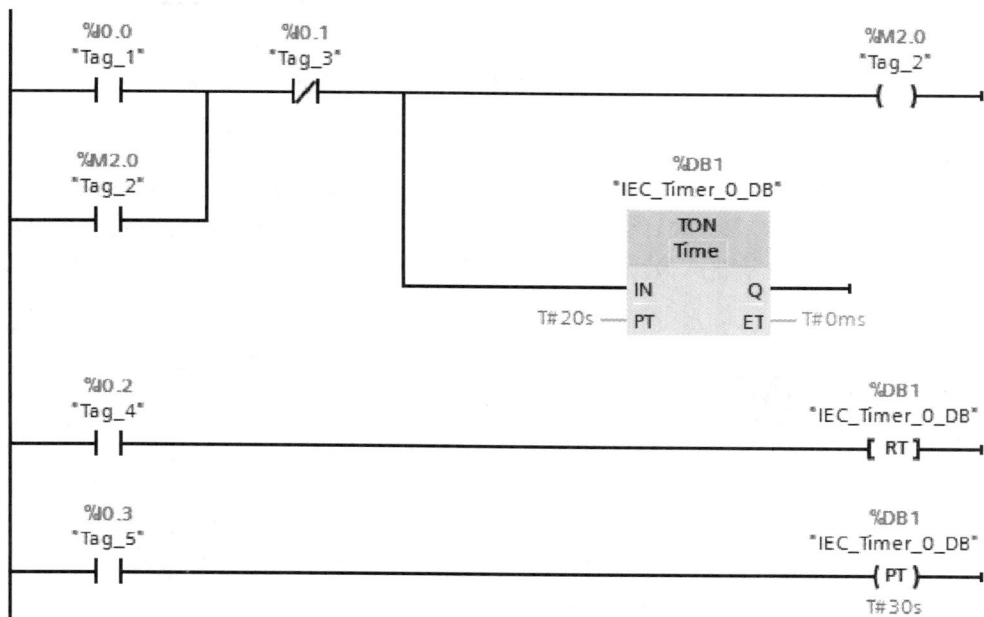

图 3-2-9　定时器复位及加载持续时间指令的应用

三、计数器指令

S7-1200 PLC 有三种 IEC 计数器:加计数器(CTU)、减计数器(CTD)和加减计数器(CTUD)。它们属于软件计数器,最大计数频率受到 OB1 的扫描周期的限制。如果需要使用频率更高的计数器,可以使用 CPU 内置的高速计数器。

1. 加计数器指令

当加计数器输入端 CU(count up)输入脉冲上升沿时,加计数器当前值就会增加 1。当加计数器当前值大于或等于预设值 PV(preset value)时,加计数器状态位置 1。当加计数器复位端(R)闭合时,加计数器状态位复位,加计数器当前值清零。当加计数器当前值 CV(count value)达到指定数据类型的上限值(+32 767)时,加计数器停止计数。

加计数器的梯形图和时序图如图 3-2-10 所示。在图 3-2-10(a)中,"%DB1"表示加计数器的背景数据块,"CTU"表示加计数器。图 3-2-10 中,加计数器的数据类型是整数,预设值 PV 为 3。

2. 减计数器指令

从预设值开始,在输入端 CD(count down)输入脉冲上升沿时,减计数器当前值就会减 1。当减计数器当前值等于 0 时,减计数器状态位置 1。此后,减计数器输入端 CD 每输入一个脉冲上升沿,减计数器当前值均减 1,直到 CV 达到指定的数据类型的下限值(−32 768),减计数器停止计数。当装载信号输入端 LD 闭合时,减计数器复位,减计数器状态位置 0,预

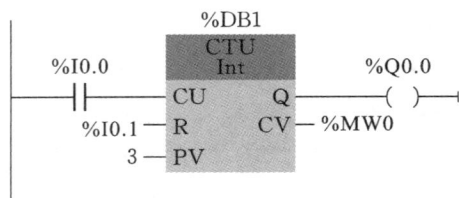
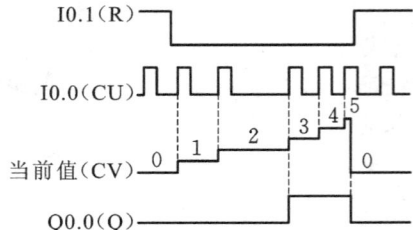

（a）梯形图 （b）时序图

图 3-2-10 加计数器的梯形图和时序图

设值 PV 被装载到减计数器当前值寄存器中。

减计数器的梯形图和时序图如图 3-2-11 所示。在图 3-2-11(a)中，"％DB2"表示减计数器的背景数据块，"CTD"表示减计数器。图 3-2-11 中，减计数器的数据类型是整数，预设值 PV 为 3，LD(LOAD)表示装载信号输入端，CV 为当前计数值。

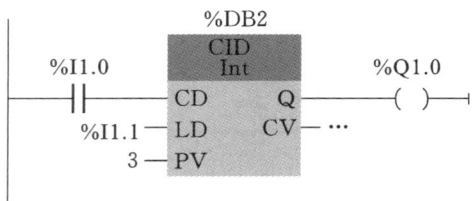
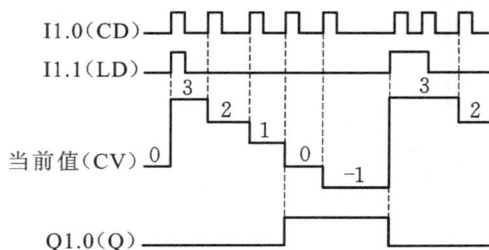

（a）梯形图 （b）时序图

图 3-2-11 减计数器的梯形图和时序图

3. 加减计数器指令

加减计数器的梯形图和时序图如图 3-2-12 所示。在图 3-2-12(a)中，"％DB3"表示加减计数器的背景数据块，"CTUD"表示加减计数器。图 3-2-12 中，加减计数器的数据类型是整数，预设值 PV 为 3。

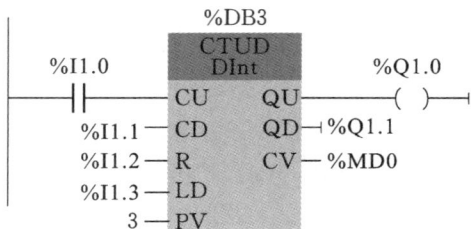
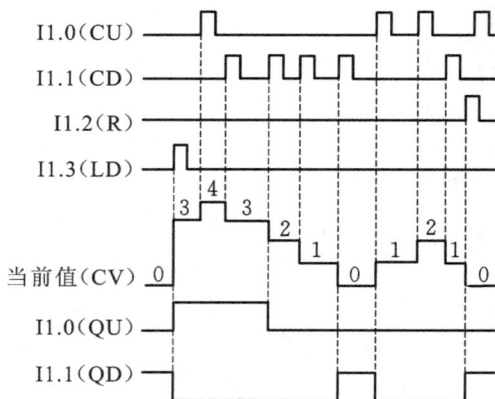

（a）梯形图 （b）时序图

图 3-2-12 加减计数器的梯形图和时序图

在加减计数器输入端 CU 输入脉冲上升沿时,加减计数器的当前值 CV 加 1,直到 CV 达到指定的数据类型的上限值(＋2 147 483 647)。此时,加减计数器停止计数,CV 的值不再增加。

在加减计数器输入端 CD 输入脉冲上升沿时,加减计数器的当前值 CV 减 1,直到 CV 达到指定的数据类型的下限值(－2 147 483 648)。此时,加减计数器停止计数,CV 的值不再减小。

如果同时出现计数脉冲 CU 和 CD 的上升沿,CV 值保持不变。CV 大于或等于预设值 PV 时,输出端 QU 处于"1"状态,反之处于"0"状态。CV 小于或等于 0 时,输出端 QD 处于"1"状态,反之处于"0"状态。

装载信号输入端 LD 处于"1"状态,当前值 CV 等于预设值 PV,输入端 QU 变为"1"状态,QD 被复位为"0"状态。

复位端 R 处于"1"状态时,加减计数器被复位,CU、CD、LD 不起作用,同时当前值 CV 被清零,输出端 QU 变为"0"状态,QD 被复位为"1"状态。

【实践操作】

一、信息搜集

搜集信息并填表 3-2-2。

表 3-2-2　信息搜集工作表

序号	信息搜集渠道	关键词	笔记记录	记录员姓名
1	互联网			
2				
3				
4				
5				
6				
1	教材			
2				
3				
4				
5				
6				

二、思维导图制作

制作思维导图并张贴在指定的区域。

请在此框内张贴小组讨论后的思维导图：

【工作评价】

对学生任务实施情况进行评价，评价表如表 3-2-3 所示。

表 3-2-3　基本指令评价表

过程	评价内容	评价标准	配分	得分
信息搜集	小组讨论情况	主动参与小组讨论，积极查阅资料，给出合理的答案	10	
	信息查找	积极搜集信息，信息来源广泛	20	
内容准备	分支确定	根据查阅的资料合理确定分支	10	
	信息来源	对分支标注不同信息的来源	10	
	内容填充	正确进行内容填充	10	
思维导图制作	过程记录	正确、及时记录思维导图制作过程	10	
	文字信息录入	熟练使用思维导图软件	10	
	小组成员活动	小组成员根据当前进度合理进行分工	10	
思维导图修改	分析修改	斟酌思维导图的合理性，进行相应的修改	10	
汇总			100	

3.3　学习任务：S7-1200 PLC 程序调试

【任务描述】

制作"程序调试方法和步骤"思维导图，条理化展示程序调试的方法和步骤。

【任务目标】

（1）掌握 PLC 程序调试方法；
（2）会正确调试 PLC 程序。

【小组讨论】

程序调试有哪几种方法？调试步骤分别是什么？

【计划准备】

（1）思维导图软件；
（2）纸、笔记本；
（3）可供查阅资料的互联网电脑 1 台。

【相关知识】

一、程序信息

"程序信息"视窗用于显示用户程序中已使用地址区的分配列表、程序块的调用关系、从属性结构和资源信息。在 TIA 博途软件项目视图的项目树中，双击"程序信息"标签，即可弹出"程序信息"视窗，如图 3-3-1 所示。以下将详细介绍"程序信息"视窗中的各个标签页。

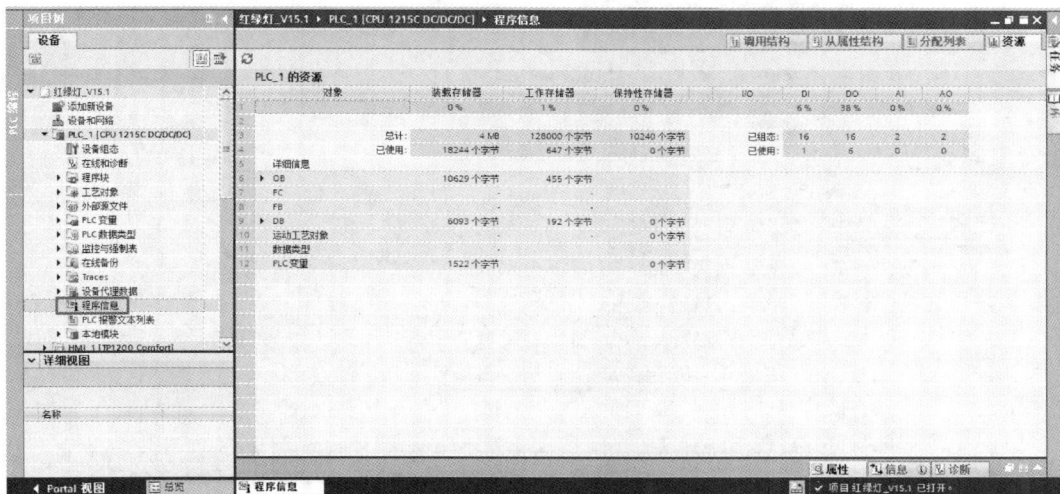

图 3-3-1　"程序信息"视窗

（1）调用结构。

"调用结构"标签页描述了 S7-1200 PLC 程序中块的调用层级。单击图 3-3-1 中的"调用结构"标签，即显示如图 3-3-2 所示的"调用结构"标签页。

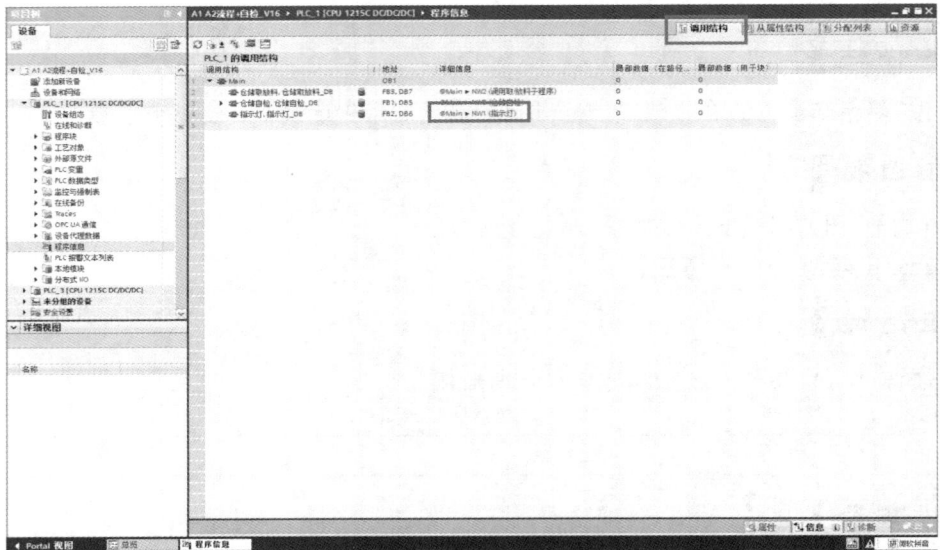

图 3-3-2　"调用结构"标签页

"调用结构"标签页提供了以下功能。

① 显示所使用的块，如组织块 OB1 中使用的 FB 程序块和 DB 数据块。

② 跳转到块使用位置，如双击如图 3-3-2 所示的"NW1（指示灯）"，将自动跳转到 OB1 的程序段的该地址调用处，跳转后视图如图 3-3-3 所示。

③ 显示块之间的关系，如组织块 OB1 包含 DB5 等数据块。

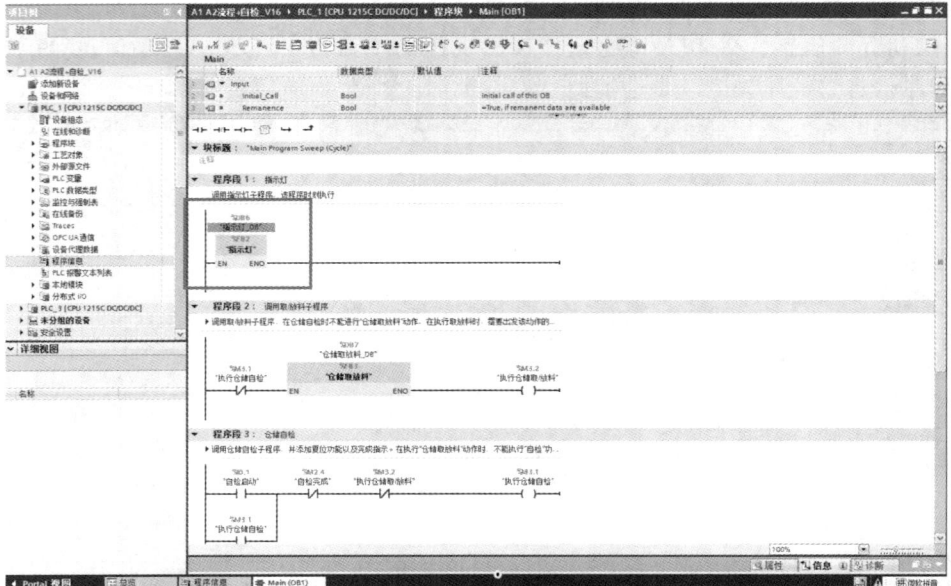

图 3-3-3　跳转后视图

（2）从属性结构。

"从属性结构"标签页显示程序中每个块与其他块的从属关系。与"调用结构"标签页不同，在"从属性结构"标签页可以很快看出上一级的层次。例如"指示灯_DB"的上一级是OB1，如图 3-3-4 所示。

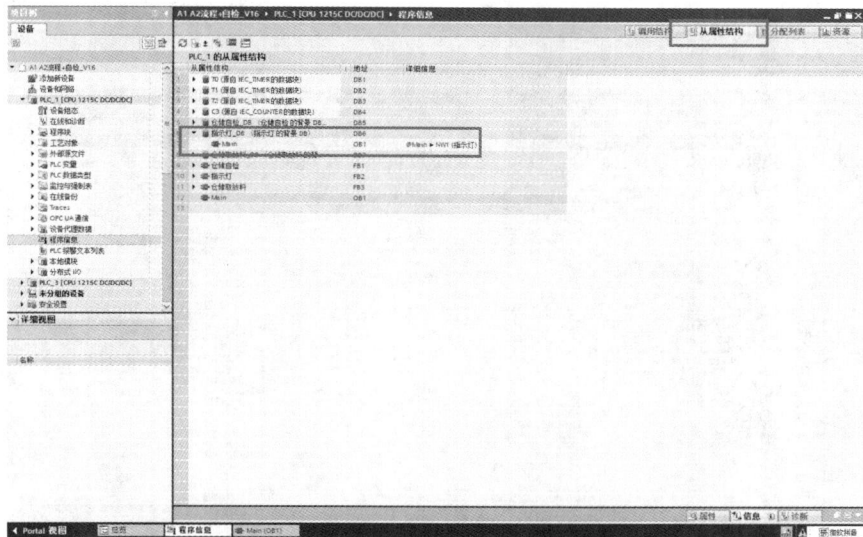

图 3-3-4　"从属性结构"标签页

（3）分配列表。

"分配列表"标签页用于显示用户程序对输入（I）、输出（Q）、位存储器（M）、定时器（T）和计数器（C）的占用情况。

显示的被占用的地址区的长度可以是位、字节、字和双字。在调试程序时查看分配列表，可以避免地址冲突。从图 3-3-5 所示的"分配列表"标签页可以看出，程序中不仅使用了字节 IB0、IB4 等，而且使用了系统存储器 MB1、MB2、MB3。

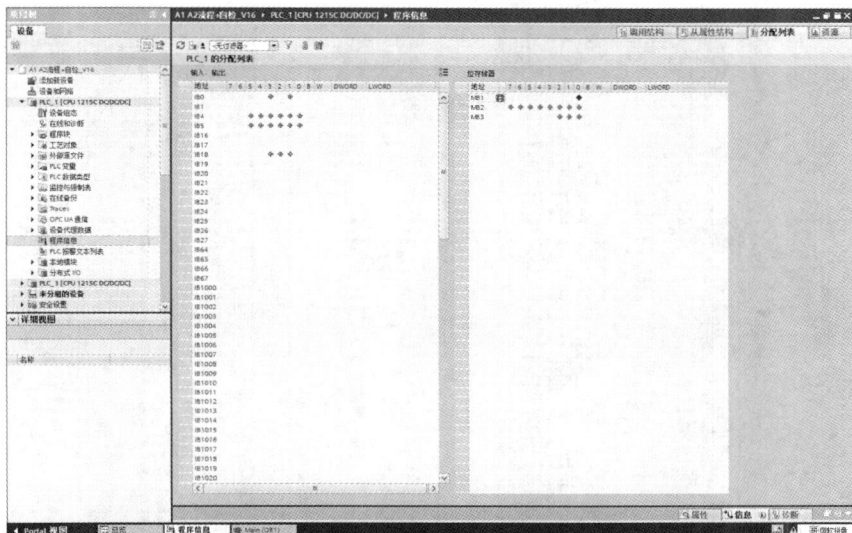

图 3-3-5　"分配列表"标签页

（4）资源。

"资源"标签页如图 3-3-6 所示。双击"程序信息"，默认进入"资源"标签页。它显示以下项目：

① OB、FC、FB、DB、用户自定义数据类型和 PLC 变量；

② CPU 存储区域，包含装载存储器、代码工作存储器、数据工作存储器和保持型存储器；

③ 现有 I/O 模块的硬件资源。

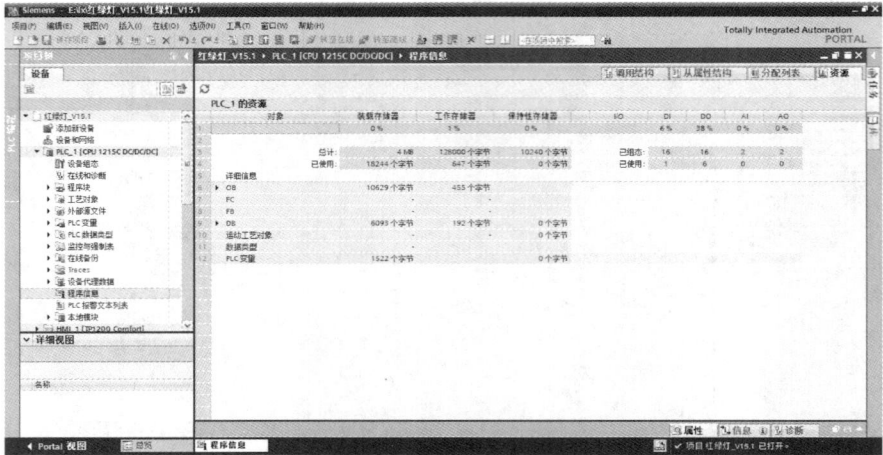

图 3-3-6 "资源"标签页

二、交叉引用

交叉引用列表提供用户程序中操作数和变量的使用概况。

（1）交叉引用的总览。

创建和更改程序时，保留已使用的操作数、变量和块调用的总览。在 TIA 博途软件项目视图的工具栏中，单击"工具"→"交叉引用"，弹出"交叉引用"视窗，如图 3-3-7 所示。它显示块及其所在的位置。

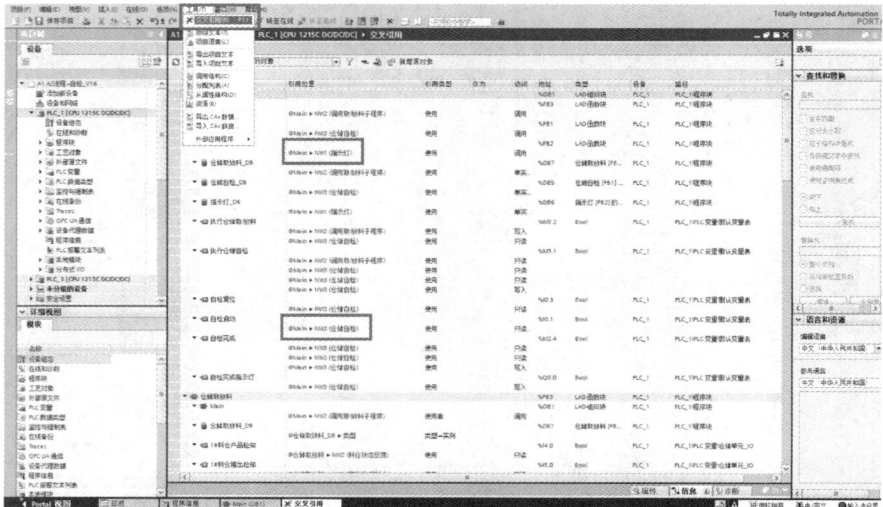

图 3-3-7 "交叉引用"视窗

（2）交叉引用的跳转。

从"交叉引用"视窗可以直接跳转到显示操作数和变量的使用位置的视窗。双击如图 3-3-7 所示的"引用位置"列下的"NW3（仓储自检）"（该信号为自检启动信号），将自动跳转到自检启动信号的使用位置 OB1 的程序段 3 处，如图 3-3-8 所示。

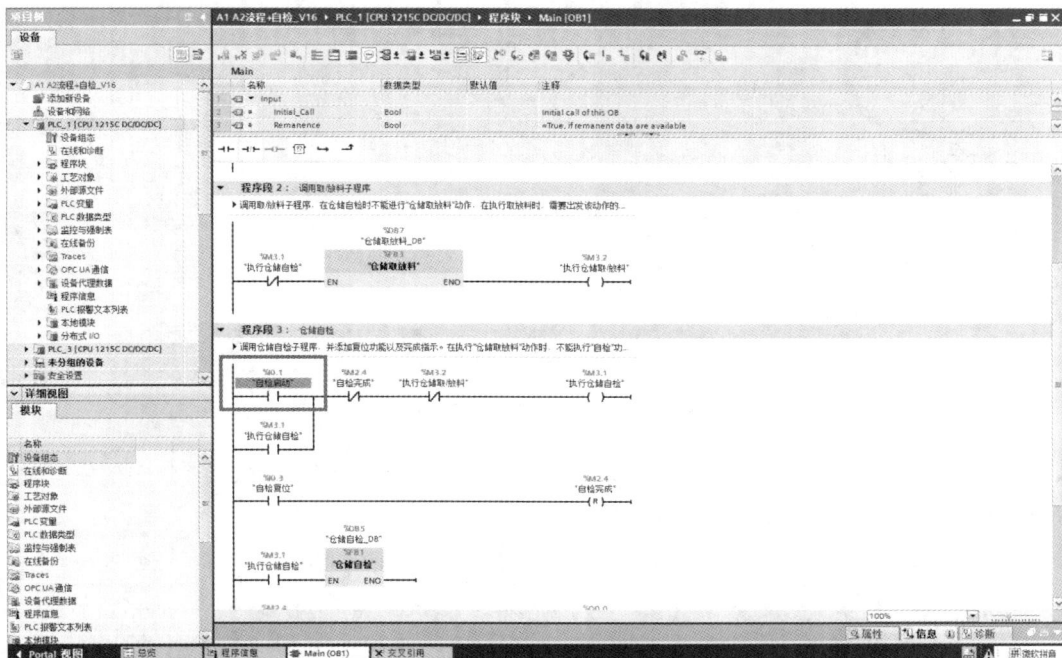

图 3-3-8　交叉引用的跳转

（3）交叉引用在故障排查中的应用。

在程序测试或故障排除期间，可通过交叉引用快速查询某个变量在用户程序中不同的使用位置等信息，推断上一级的逻辑关系，从而有利于故障排查。

三、比较功能

比较功能可用于比较项目中具有相同标识的对象的差异，比较方式可分为离线/在线和离线/离线两种。

（1）离线/在线比较。

离线/在线比较是指将项目中的对象与相应在线设备中的对象进行比较。采用离线/在线比较方式时，必须建立与设备的在线连接。如图 3-3-9 所示，选中项目树中的 PLC_1 并右击鼠标，在下拉列表中选择"比较"→"离线/在线"，出现"比较编辑器在线"视图。

在该视图中：

① 在"状态"区，比较结果将以符号的形式呈现；

② 在"动作"区，可为不同的对象指定操作动作，如图 3-3-9 所示为"无动作"；如果程序块在离线和在线之间有差异，则可根据需要选择"从设备中上传""下载到设备"的操作动作。

当程序存在多个版本或由多人维护时，需充分利用详细比较功能。在"比较编辑器在线"视图中，选择需要进行详细比较的块，在右键菜单中选择"开始详细比较"，如图 3-3-10 所

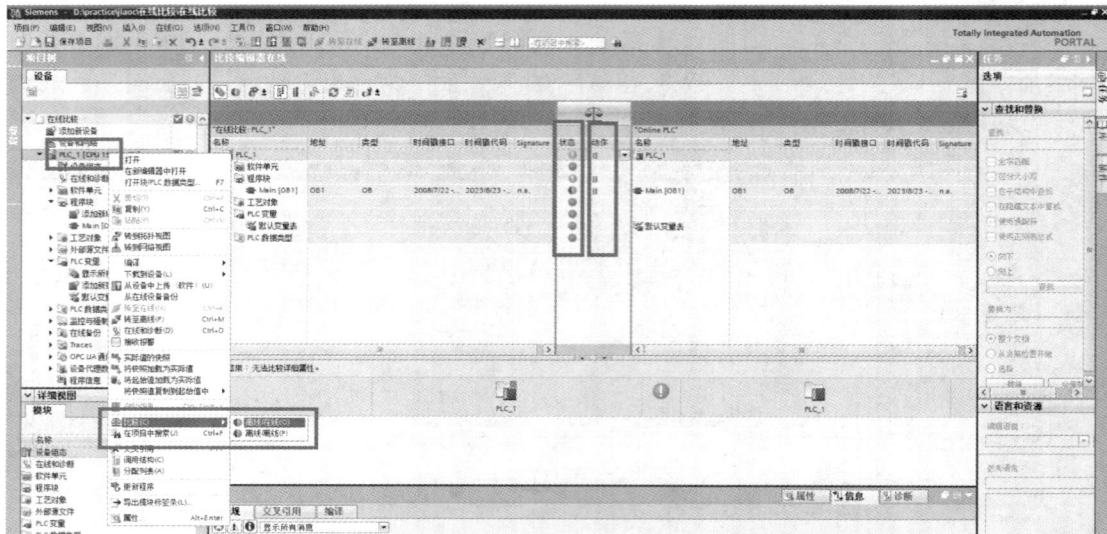

图 3-3-9　"比较编辑器在线"视图

示,将会得到具体的比较信息。待比较的对象将并排打开,分别位于各自的程序编辑器实例中,比较结果中的不同之处将突出显示,如图 3-3-11 所示。

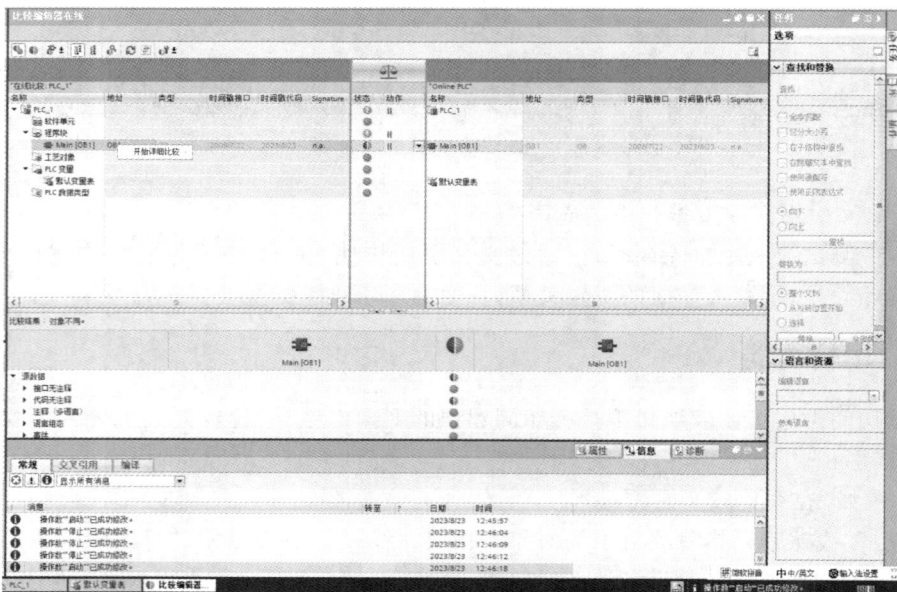

图 3-3-10　选择"开始详细比较"

（2）离线/离线比较。

采用离线/离线比较方式可以对软件和硬件进行比较。对于软件,可比较不同项目中或库中的对象,如对当前所打开项目中的两台设备的对象进行比较,如图 3-3-12 所示。此时,将参考项目或库中的设备 PLC_3 拖放到右侧区域中。单击图 3-3-12 中位于上部中间位置框定的按钮,可通过"在自动/手动比较之间切换"确定比较模式,也可选择图中右上角"软

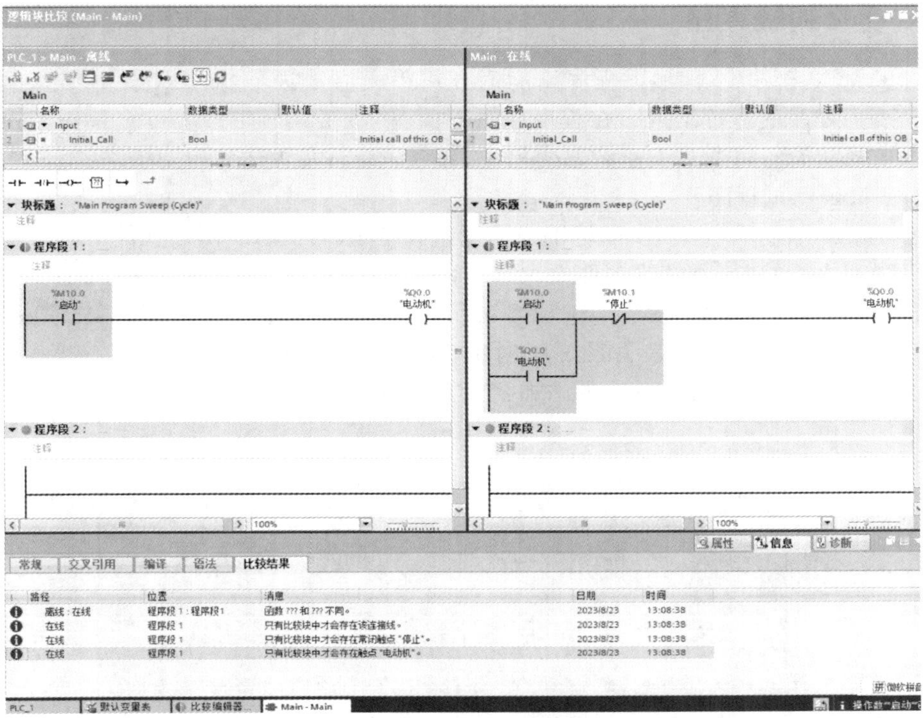

图 3-3-11 详细比较结果

件"/"硬件"标签进行自动/手动切换。注意,每次离线/离线比较只能比较一个 TIA Portal 实例中的设备。

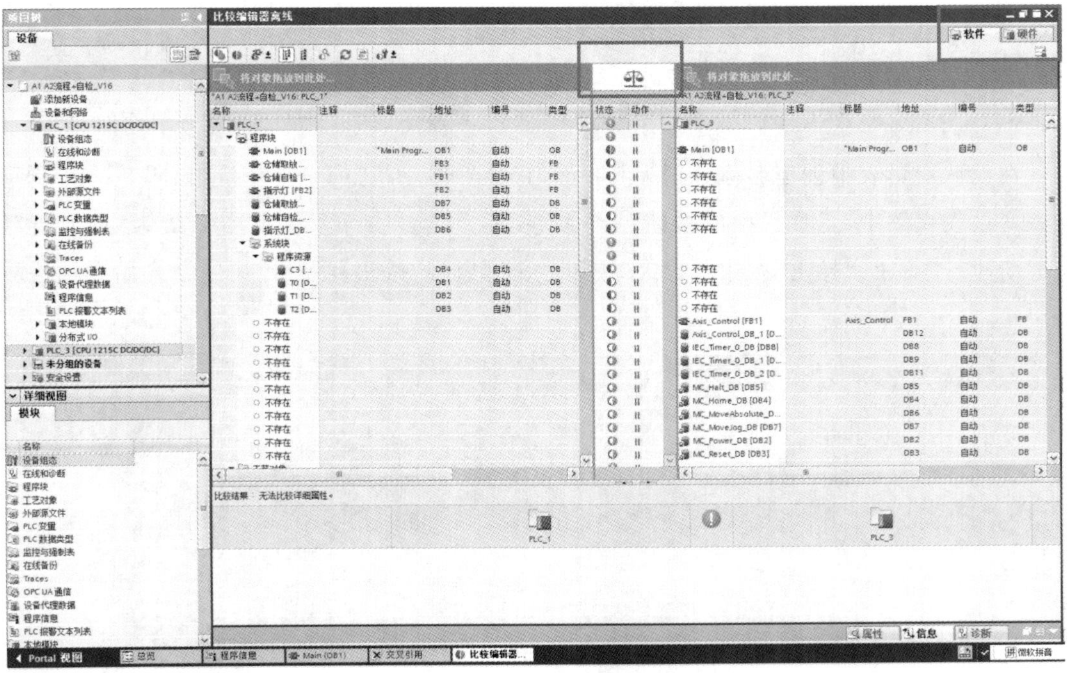

图 3-3-12 离线/离线比较

四、变量调试程序

在 TIA 博途软件中,梯形图程序以能流方式传递信号状态,通过指令、线条、参数的颜色变化来表征程序的运行结果。在程序编辑界面,单击工具栏中的"启用/禁用监控"按钮,即可进入监视状态。可通过变量状态变化,监视程序运行是否达到预期结果。

(1)变量表调试程序。

PLC 的变量表包含整个 CPU 范围内的变量和常量。在 TIA 博途软件中添加 CPU 后,会在项目树中出现"PLC 变量"文件夹,如图 3-3-13 所示。该文件夹下有"显示所有变量""添加新变量表""默认变量表"三个选项。在所有变量表中,包含了全部的 PLC 变量、用户常量和系统常量。默认变量表为系统所创建,同样包含 PLC 变量、用户常量和系统常量。新增变量时,既可以在默认变量表中添加变量;也可以用鼠标双击"添加新变量表",在新变量表中添加变量。

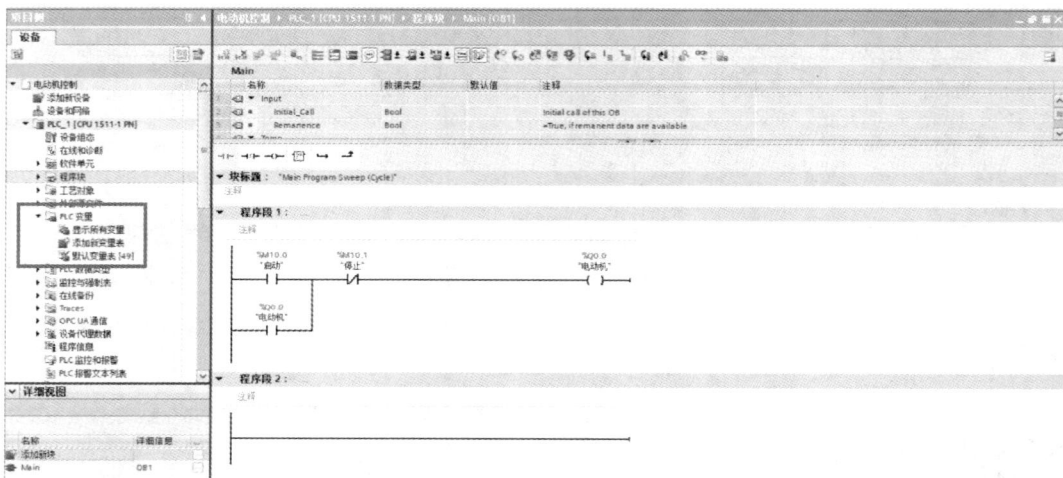

图 3-3-13　PLC 变量

在默认变量表中创建名称分别为"启动""停止""电动机"的三个变量,如图 3-3-14 所示。在该变量表视图中,工具栏中的按钮(　　　　　　　　　　)从左到右依次为"插入行"按钮、"新建行"按钮、"导出"按钮、"导入"按钮、"全部监视"按钮、"保持"按钮、"开始详细比较"按钮。

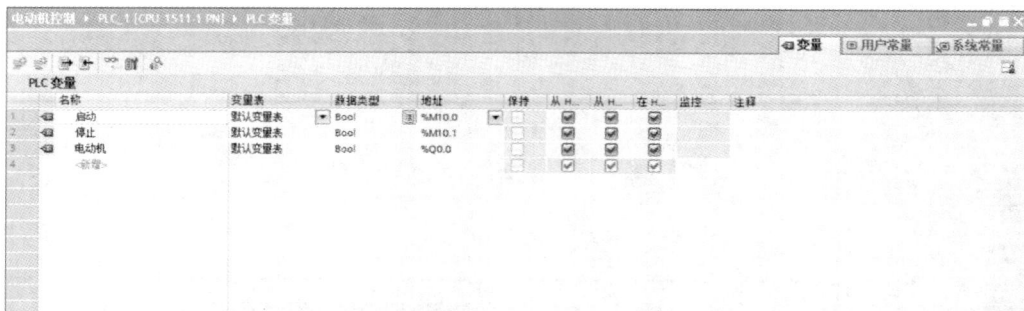

图 3-3-14　PLC 默认变量表

在 PLC 变量表中,单击"新增"单元格,依次创建变量,选择数据类型,并设定地址,完成新变量的创建。变量创建完成,在梯形图编写中只需选定对应变量即可,如图 3-3-15 所示。梯形图中的变量名称和地址相关联,并形成一一对应的关系。

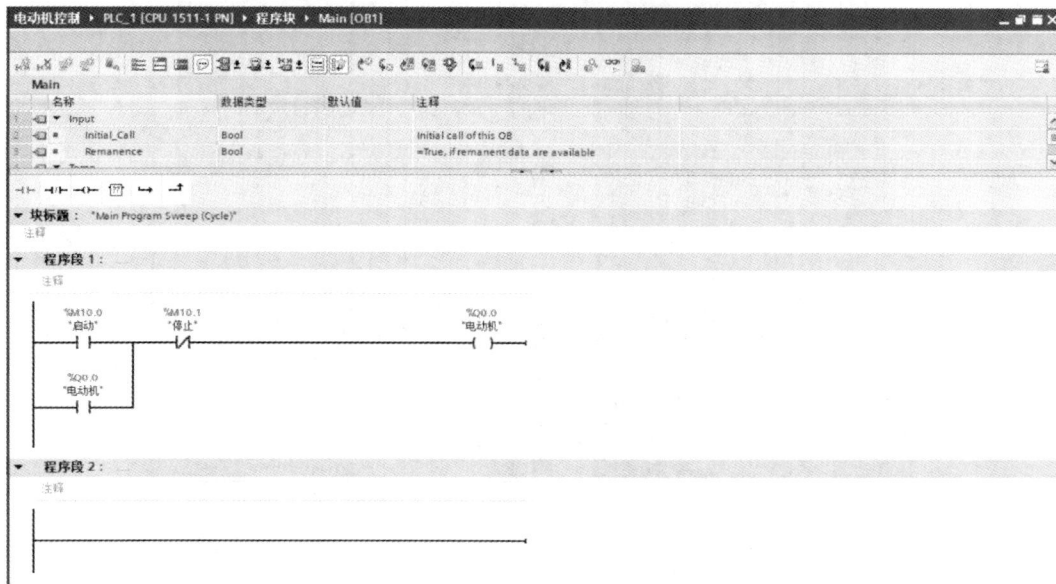

图 3-3-15 梯形图

选择 PLC"转至在线"后,单击"默认变量表"视图工具栏中的"全部监视"按钮,即可对变量表中的变量进行监视。这时,"监视值"栏会实时反映变量的当前状态,如图 3-3-16 所示。

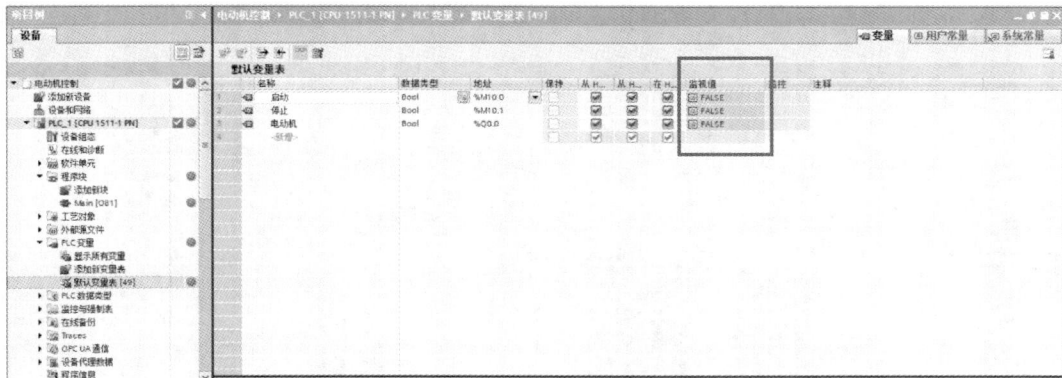

图 3-3-16 变量表监视

单击"默认变量表"视图工具栏中的"导出"按钮,可以将 PLC 变量表导出到名称默认为"PLCTags.xlsx"的 Excel 文件中,如图 3-3-17 所示。可在导出的 Excel 表格中新增变量。

同理,单击"默认变量表"视图工具栏中的"导入"按钮,可以将 Excel 表格导入 PLC 变量表中,如图 3-3-18 所示。导入到变量表中的表格必须符合规定,可在所导出的表格中新增变量,保留规范格式,再导入 PLC 变量表中。

(2)监控表调试程序。

使用"监控表"可以监视和修改用户程序中的变量值。展开项目树,选择"监控与强制

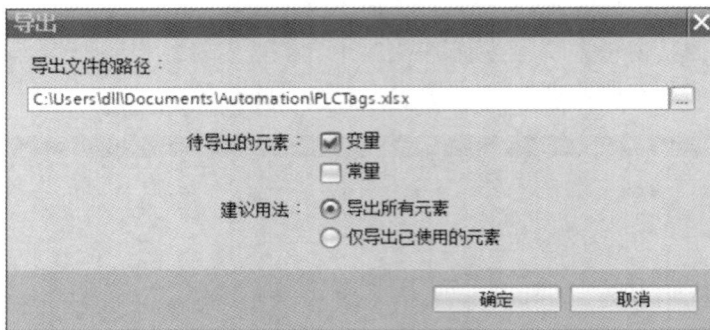

图 3-3-17 变量表导出

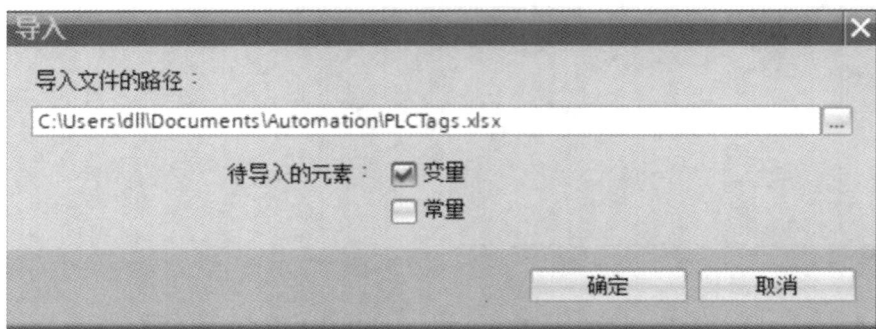

图 3-3-18 变量表导入

表"，双击"添加新监控表"，新建名称为"监控表_1"的表格，如图 3-3-19 所示。

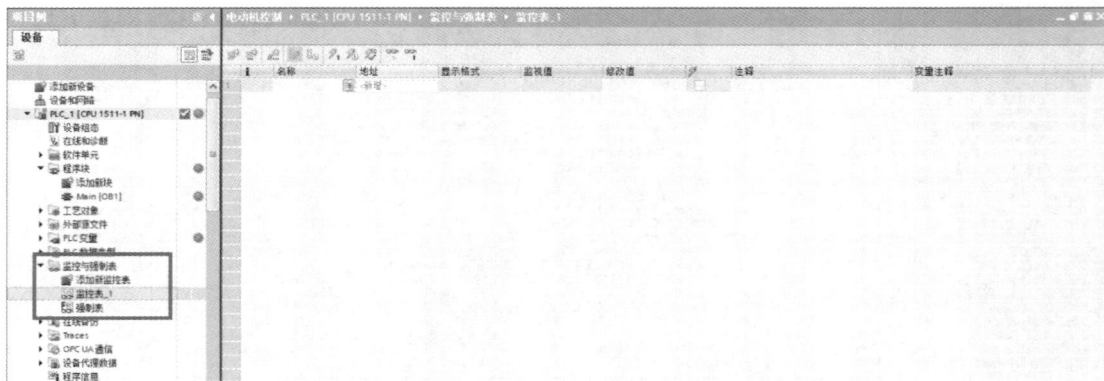

图 3-3-19 新建监控表

在监控表视图中，在"名称"或"地址"栏中输入需监控的变量，在"显示格式"栏中可选择数据格式，如布尔型、十进制型、十六进制型等，如图 3-3-20 所示。

监控表视图中可以显示 PLC 或用户程序中各变量的当前值，也可对当前值进行修改。

监控表视图工具栏中的按钮（ ）从左到右依次为"插入行"按钮、"添加行"按钮、"插入一个注释行"按钮、"显示/隐藏所有修改列"按钮、"显示/隐藏扩展模式列"按钮、"立即一次性修改所有选定值"按钮、"通过'使用触发器修改'将修改所有激

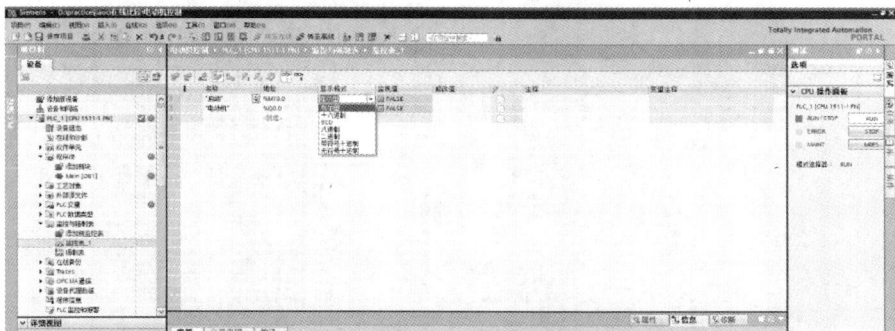

图 3-3-20　监控表显示格式设置

活的值"按钮、"启用外设输出"按钮、"全部监视"按钮、"立即一次性监视所有变量"按钮。

在工具栏中单击"显示/隐藏扩展模式列"按钮，出现如图 3-3-21 所示的"使用触发器监视"栏和"使用触发器进行修改"栏。在"使用触发器监视"栏，可以定义监视变量的触发点，如设置为"永久"，则定义为在周期结束时监视输入，在周期开始时监视输出。

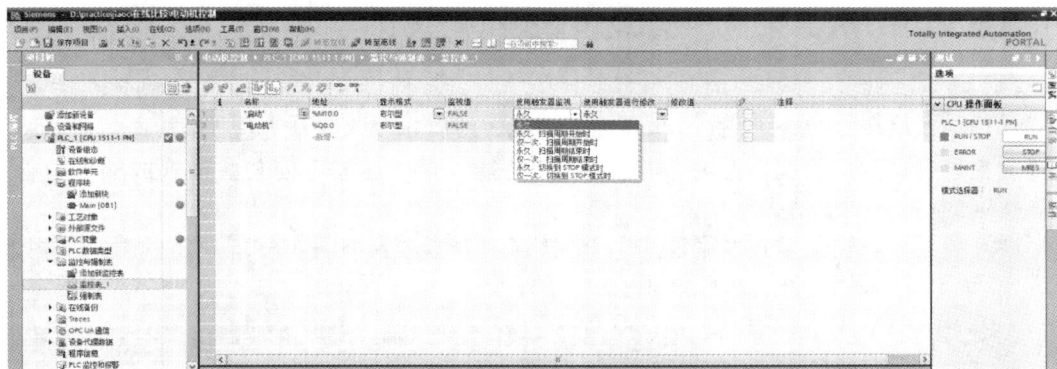

图 3-3-21　使用触发器监视

通过操作监控表视图工具栏中的按钮，可以对监控表中的变量进行监视和修改，并根据需求调整显示内容。

单击监控表视图工具栏中的"全部监视"按钮，如图 3-3-22 所示，可对表中变量进行监视。

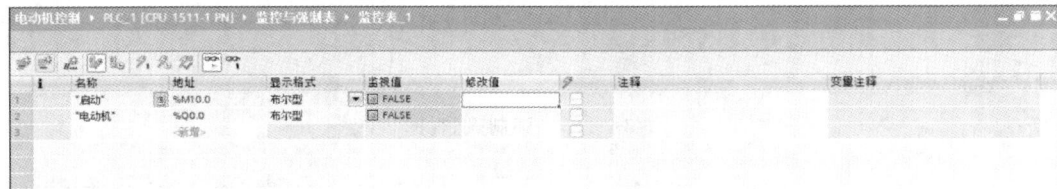

图 3-3-22　单击"全部监视"按钮后，可对表中变量进行监视

选中地址为"％M10.0"的变量后面的修改值，单击鼠标右键，在弹出的下拉菜单中选择"修改"→"修改为 1"命令，地址为"％M10.0"的变量由"FALSE"变为"TRUE"，如图 3-3-23、图 3-3-24 所示。

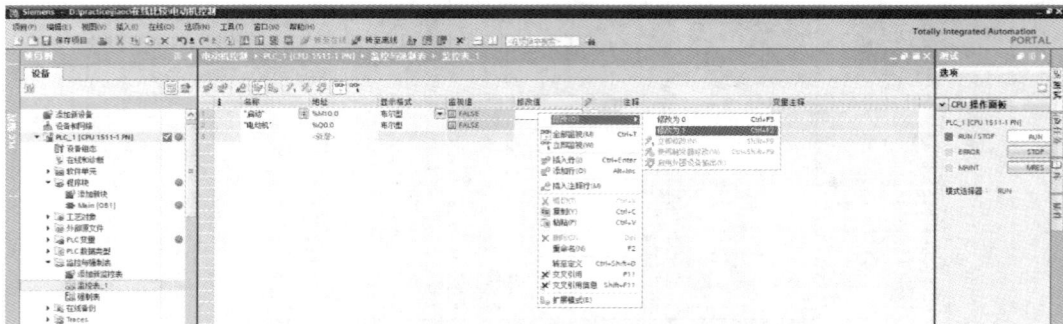

图 3-3-23　修改变量

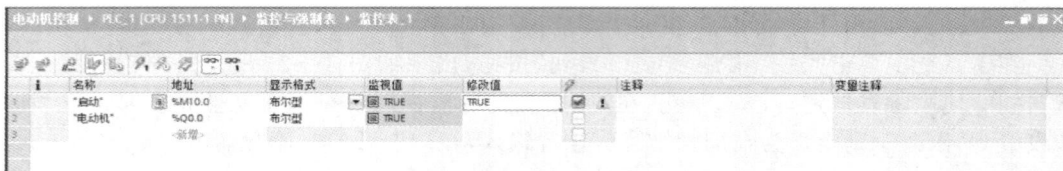

图 3-3-24　变量修改后的结果

（3）强制表调试程序。

在程序调试中，可能会出现一些外围设备输入或输出信号不满足条件，从而不能对程序运行过程进行调试的情况。此时，需用到强制功能。强制功能可使某些输入或输出值保持用户指定的值，直到取消强制功能。

展开项目树，选择"监控与强制表"，双击"强制表"，进入如图 3-3-25 所示的强制表视图。注意，一个 PLC 只能打开一个强制表。

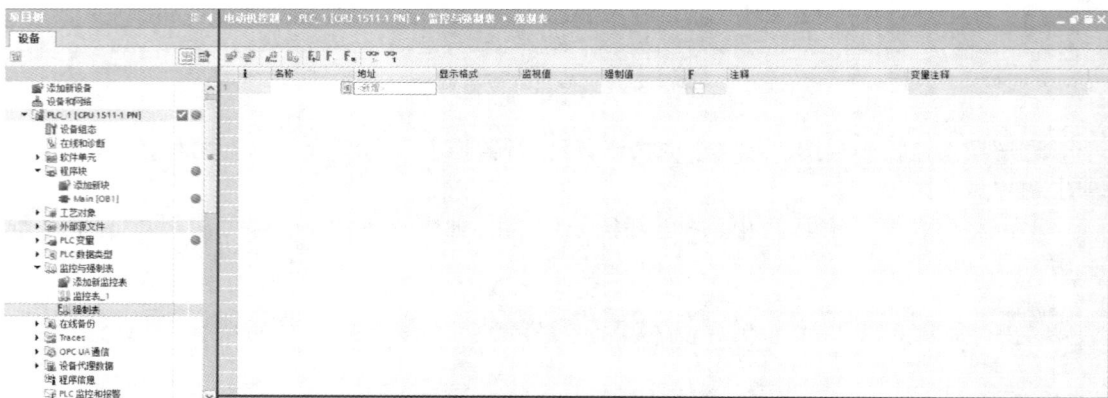

图 3-3-25　"强制表"视图

"强制表"视图与监控表视图类似，工具栏中的按钮（ ）从左到右依次为"插入行"按钮、"添加行"按钮、"插入一个注释行"按钮、"显示/隐藏扩展模式列"按钮、"更新所有强制的操作数和值"按钮、"启动或替换可见变量的强制"按钮、"停止所选地址的强制"按钮、"全部监视"按钮、"立即一次性监视所有变量"按钮。

在"强制表"视图中,在"名称"或"地址"栏中输入需强制的变量。单击工具栏中的"全部监视"按钮,结果如图 3-3-26 所示。注意,M 区变量不能强制,图 3-3-26 中显示地址为"％M10.0"的变量监视值为"FALSE",不能对其强制。

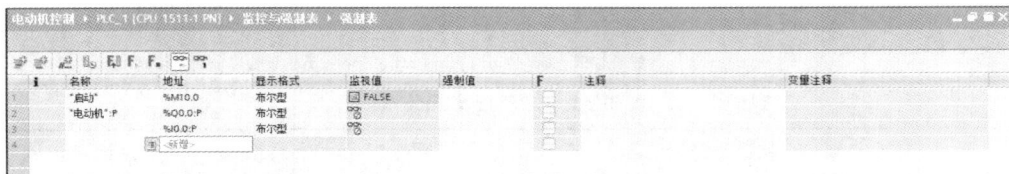

图 3-3-26　强制表全部监视

如图 3-3-27 所示,选择变量为"％Q0.0:P"的监视值,右击选择"强制"→"强制为 1",弹出如图 3-3-28 所示的对话框,单击"是"按钮,强制结果如图 3-3-29 所示。此时,电动机输出被强制为"TRUE"。关闭强制表并不能停止强制任务,必须通过工具栏中的"停止所选地址的强制"按钮来停止强制任务。

图 3-3-27　强制表变量强制

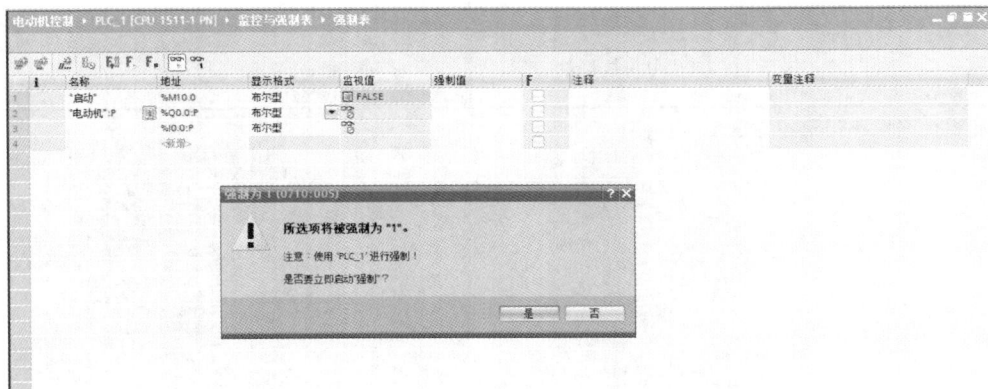

图 3-3-28　"强制为 1"对话框

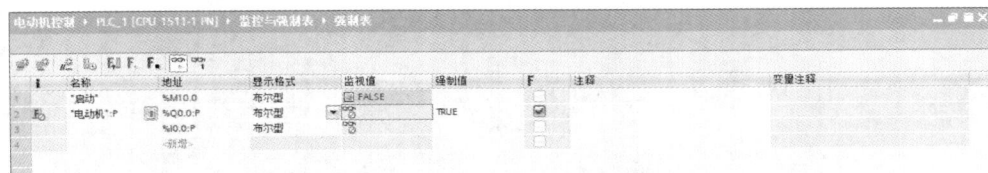

图 3-3-29　强制表强制结果

【实践操作】

一、信息搜集

搜集信息并填表 3-3-1。

表 3-3-1　信息搜集工作表

序号	信息搜集渠道	关键词	笔记记录	记录员姓名
1	互联网			
2				
3				
4				
5				
6				
1	教材			
2				
3				
4				
5				
6				

二、思维导图制作

制作思维导图并张贴在指定的区域。

请在此框内张贴小组讨论后的思维导图：

【工作评价】

对学生任务实施情况进行评价,评价表如表 3-3-2 所示。

表 3-3-2　编程基础评价表

过程	评价内容	评价标准	配分	得分
信息搜集	小组讨论情况	主动参与小组讨论,积极查阅资料,给出合理的答案	10	
	信息查找	积极搜集信息,信息来源广泛	20	
内容准备	分支确定	根据查阅的资料合理确定分支	10	
	信息来源	对分支标注不同信息的来源	10	
	内容填充	正确进行内容填充	10	
思维导图制作	过程记录	正确、及时记录思维导图制作过程	10	
	文字信息录入	熟练使用思维导图软件	10	
	小组成员活动	小组成员根据当前进度正确进行分工	10	
思维导图修改	分析修改	斟酌思维导图的合理性,进行相应的修改	10	
	汇总		100	

◀ 3.4　实操任务:仓储指示灯系统设计 ▶

【任务描述】

对 PLC1 进行编程,实现立体仓库的指示功能和自检功能。

(1) 指示功能:每个仓位的传感器可以感知当前是否有轮毂零件存放在仓位中;仓位指示灯根据仓位内轮毂零件的存储状态点亮,当仓位内没有存放轮毂零件时亮红灯,当仓位内存放有轮毂零件时亮绿灯。

(2) 自检功能:所有仓位按照仓位编号由小到大推出后,仓位指示灯红灯和绿灯交替 1 s 闪烁 2 次,所有仓位按照仓位编号由大到小依次缩回。

自检流程如图 3-4-1 所示。

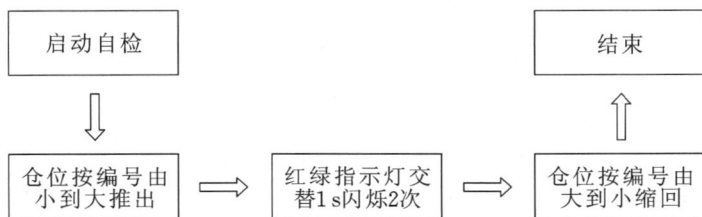

图 3-4-1　自检流程

【任务目标】

（1）掌握 PLC 基本指令的使用；

（2）会绘制仓储指示灯系统的 I/O 接线图，并能根据 I/O 接线图完成 PLC I/O 接线；

（3）能根据控制要求编写梯形图程序；

（4）能熟练使用 TIA 博途软件进行设备组态、编制仓储指示灯梯形图，并下载至 CPU 进行调试运行。

【小组讨论】

本任务需编写 PLC 梯形图程序，小组讨论编程思路并有条理地列出。

_____

_____

_____

_____

_____

_____

【计划准备】

（1）纸、笔记本；

（2）可供查阅资料的互联网电脑 1 台；

（3）立体仓储设备 1 套。

【任务实施】

一、设备与工具

完成本任务所需设备与工具如表 3-4-1 所示。

表 3-4-1　设备与工具

序号	名称	符号	型号规格	数量	备注
1	常用电工工具		十字起、一字起、尖嘴钳、剥线钳等	1 套	表中所列设备、器材的型号规格仅供参考
2	计算机（安装 TIA 博途软件）			1 台	
3	西门子 S7-1200 PLC	CPU	型号：CPU 1215C DC/DC/DC。订货号：6ES7 215-1AG40-0XB0	1 台	
4	立体仓储单元			1 个	
5	以太网通信线			1 根	
6	连接导线			若干	

二、内容与步骤

（一）任务要求

（1）对总控单元的 PLC1 进行编程，实现立体仓库的指示功能（每个仓位的传感器可以感知当前是否有轮毂零件存放在仓位中；仓位指示灯根据仓位内轮毂零件的存储状态点亮，当仓位内没有存放轮毂零件时亮红灯，当仓位内存放有轮毂零件时亮绿灯）。

（2）实现立体仓库的自检功能（所有仓位按照仓位编号由小到大推出后，仓位指示灯红灯和绿灯交替 1 s 闪烁 2 次，所有仓位按照仓位编号由大到小依次缩回）。

仓储指示灯系统实物图如图 3-4-2 所示。

图 3-4-2　仓储指示灯系统实物图

（二）I/O 地址分配与接线图

I/O 地址分配表如表 3-4-2 所示。

表 3-4-2　I/O 地址分配表

输入信号				
硬件设备	端口号	信号名称	功能描述	对应硬件
仓储单元远程 I/O 模块 No.1 FR1108 数字量输入模块	1	I4.0	1# 料仓产品检知	光电开关
	2	I4.1	2# 料仓产品检知	
	3	I4.2	3# 料仓产品检知	
	4	I4.3	4# 料仓产品检知	
	5	I4.4	5# 料仓产品检知	
	6	I4.5	6# 料仓产品检知	

硬件设备	端口号	信号名称	功能描述	对应硬件
仓储单元远程 I/O 模块 No.2 FR1108 数字量输入模块	1	I5.0	1♯料仓推出检知	光电开关
	2	I5.1	2♯料仓推出检知	
	3	I5.2	3♯料仓推出检知	
	4	I5.3	4♯料仓推出检知	
	5	I5.4	5♯料仓推出检知	
	6	I5.5	6♯料仓推出检知	

输出信号

硬件设备	端口号	信号名称	功能描述	对应硬件
仓储单元远程 I/O 模块 No.3 FR2108 数字量输出模块	1	Q4.0	1♯料仓—红	料仓指示灯
	2	Q4.1	1♯料仓—绿	
	3	Q4.2	2♯料仓—红	
	4	Q4.3	2♯料仓—绿	
	5	Q4.4	3♯料仓—红	
	6	Q4.5	3♯料仓—绿	
仓储单元远程 I/O 模块 No.4 FR2108 数字量输出模块	1	Q5.0	4♯料仓—红	料仓指示灯
	2	Q5.1	4♯料仓—绿	
	3	Q5.2	5♯料仓—红	
	4	Q5.3	5♯料仓—绿	
	5	Q5.4	6♯料仓—红	
	6	Q5.5	6♯料仓—绿	
仓储单元远程 I/O 模块 No.5 FR2108 数字量输出模块	1	Q6.0	1♯料仓推出气缸	料仓推出气缸
	2	Q6.1	2♯料仓推出气缸	
	3	Q6.2	3♯料仓推出气缸	
	4	Q6.3	4♯料仓推出气缸	
	5	Q6.4	5♯料仓推出气缸	
	6	Q6.5	6♯料仓推出气缸	

（三）创建工程项目

打开 TIA 博途软件，在 Portal 视图中选择"创建新项目"，输入项目名称"仓储信号灯"，选择项目保存路径，然后单击"创建"按钮完成项目创建，并完成项目硬件组态。

（四）编辑变量表

编辑变量表，结果如图 3-4-3 所示。

仓储单元_IO

		名称	数据类型	地址	保持	从 H...	从 H...	在 H...	注释
1		1#料仓产品检知	Bool	%I4.0	☐	☑	☑	☑	
2		2#料仓产品检知	Bool	%I4.1	☐	☑	☑	☑	
3		3#料仓产品检知	Bool	%I4.2	☐	☑	☑	☑	
4		4#料仓产品检知	Bool	%I4.3	☐	☑	☑	☑	
5		5#料仓产品检知	Bool	%I4.4	☐	☑	☑	☑	
6		6#料仓产品检知	Bool	%I4.5	☐	☑	☑	☑	
7		1#料仓推出检知	Bool	%I5.0	☐	☑	☑	☑	
8		2#料仓推出检知	Bool	%I5.1	☐	☑	☑	☑	
9		3#料仓推出检知	Bool	%I5.2	☐	☑	☑	☑	
10		4#料仓推出检知	Bool	%I5.3	☐	☑	☑	☑	
11		5#料仓推出检知	Bool	%I5.4	☐	☑	☑	☑	
12		6#料仓推出检知	Bool	%I5.5	☐	☑	☑	☑	
13		1#料仓—红	Bool	%Q4.0	☐	☑	☑	☑	
14		1#料仓—绿	Bool	%Q4.1	☐	☑	☑	☑	
15		2#料仓—红	Bool	%Q4.2	☐	☑	☑	☑	
16		2#料仓—绿	Bool	%Q4.3	☐	☑	☑	☑	
17		3#料仓—红	Bool	%Q4.4	☐	☑	☑	☑	
18		3#料仓—绿	Bool	%Q4.5	☐	☑	☑	☑	
19		4#料仓—红	Bool	%Q5.0	☐	☑	☑	☑	
20		4#料仓—绿	Bool	%Q5.1	☐	☑	☑	☑	
21		5#料仓—红	Bool	%Q5.2	☐	☑	☑	☑	
22		5#料仓—绿	Bool	%Q5.3	☐	☑	☑	☑	
23		6#料仓—红	Bool	%Q5.4	☐	☑	☑	☑	
24		6#料仓—绿	Bool	%Q5.5	☐	☑	☑	☑	
25		1#料仓推出气缸	Bool	%Q6.0	☐	☑	☑	☑	
26		2#料仓推出气缸	Bool	%Q6.1	☐	☑	☑	☑	
27		3#料仓推出气缸	Bool	%Q6.2	☐	☑	☑	☑	
28		4#料仓推出气缸	Bool	%Q6.3	☐	☑	☑	☑	
29		5#料仓推出气缸	Bool	%Q6.4	☐	☑	☑	☑	
30		6#料仓推出气缸	Bool	%Q6.5	☐	☑	☑	☑	

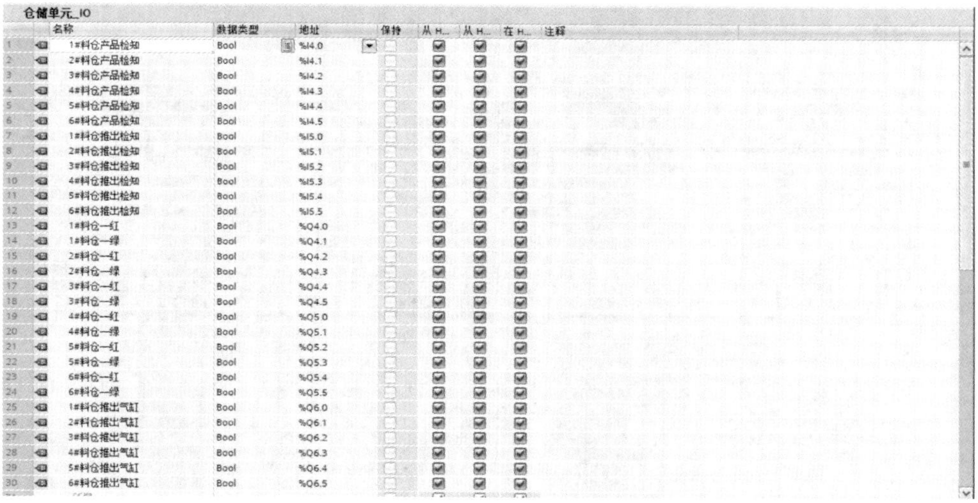

图 3-4-3　经编辑后的变量表

（五）编写程序

(1) 按照任务要求，编写实现立体仓库指示功能的程序。

每个仓位的传感器可以感知当前是否有轮毂零件存放在仓位中，当仓位内没有存放轮毂零件时亮红灯，当仓位内存放有轮毂零件时亮绿灯。

根据任务要求，可得到如图 3-4-4 所示的梯形图。当与“1＃料仓产品检知”对应的传感器检测到轮毂时，与地址“％Q4.1”对应的绿灯亮；当与“1＃料仓产品检知”对应的传感器没有检测到轮毂时，与地址“％Q4.0”对应的红灯亮。

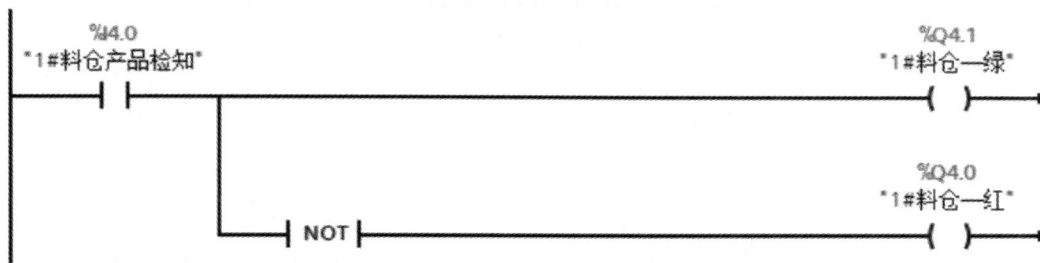

图 3-4-4　产品检知梯形图

2＃～6＃料仓实现指示功能的梯形图编写方法与上述相同，变量按对应地址更改即可。

(2) 按照任务要求，编写实现立体仓库自检功能的程序。

① 步骤 A：梯形图如图 3-4-5 所示，启用一个定时器 T0。初次运行时，当时间超过设定时间(示例为 8 s)时，会触发“推出时间截止”指令。为了避免料仓推出程序反复执行，当指示灯“闪烁完成”或“自检完成”时停止计时。

② 步骤 B：梯形图如图 3-4-5 所示。当计时时间超过 1 s 时，置位“1＃料仓推出气缸”(Q6.0)，1＃料仓推出。1＃料仓推出后，检知传感器检测到该信号(I5.0)，常开触点闭合。当计时时间超过 2 s 时，2＃料仓推出。以此类推，直至计时时间超过 6 s，检知传感器检测到 5＃料仓推出(I5.4)，常开触点闭合，6＃料仓推出。

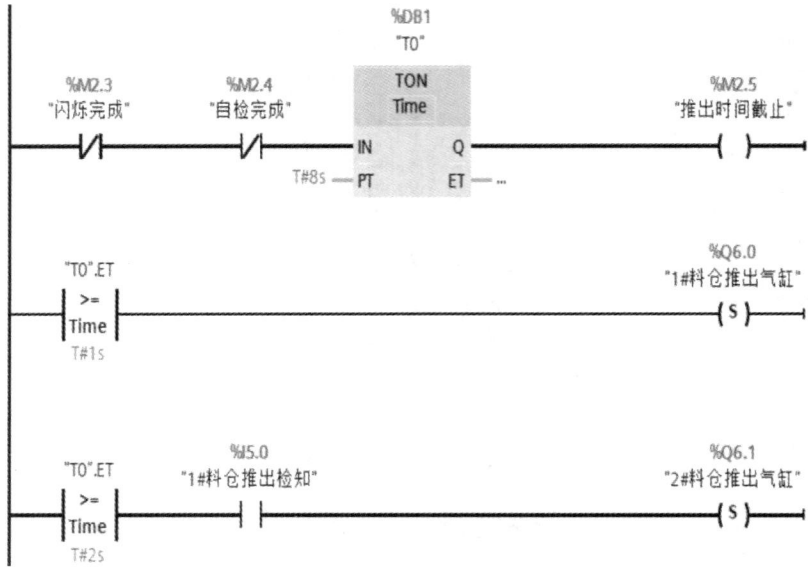

图 3-4-5　步骤 A、B 梯形图

③ 步骤 C：梯形图如图 3-4-6 所示。当"6♯料仓推出检知"的常开触点(I5.5)闭合后,触点"自检料仓推出完成"接通,即所有料仓推出完毕,可触发后续操作。

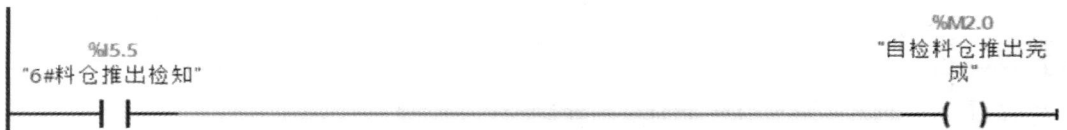

图 3-4-6　步骤 C 梯形图

④ 步骤 D：梯形图如图 3-4-7 所示。该段程序的功能为触发报警标识——"料仓推出超时"。

图 3-4-7　步骤 D 梯形图

当到达定时器设置的时间时,"推出时间截止"被触发。此时,只要料仓未完全推出,就会立即接通"料仓推出超时"(M2.6),以触发后续的报警程序(示例中未编制)。

考虑到当指示灯闪烁完成后料仓需要缩回,此时"自检料仓推出完成"指令会自动复位,可将"闪烁完成"的常闭触点串入该段程序。如此"闪烁完成"后,其常闭触点断开,"料仓推出超时"不会被异常置位。同理,插入"自检完成"的常闭触点。

⑤ 步骤 E：梯形图如图 3-4-8 所示。此段程序的功能是提供一个定时定点触发的脉冲。"自检料仓推出完成"被触发后,其常开触点闭合,定时器"T1"启动。

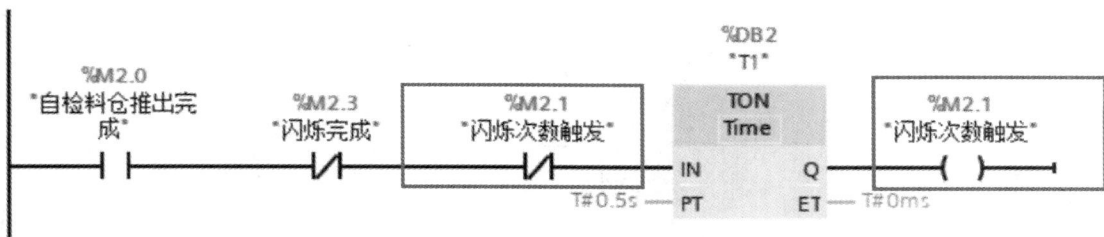

图 3-4-8　步骤 E 梯形图

注意:

一旦"闪烁完成"被标识后,其常闭触点就会断开,该段程序将不被执行。

"闪烁次数触发"(M2.1)的输出触点及常闭触点分置在定时器的两侧,当定时器"T1"达到设定时间 0.5 s 时,Q 点被置位为 1,此时会接通 M2.1 输出触点,常闭触点会断开,其输出触点会立即复位,此时计时器又开始重新计时。如此周而复始,会得到如图 3-4-9 所示的时序图。此时,定时器"T1"Q 点的状态是一个 0.5 s 的脉冲信号。

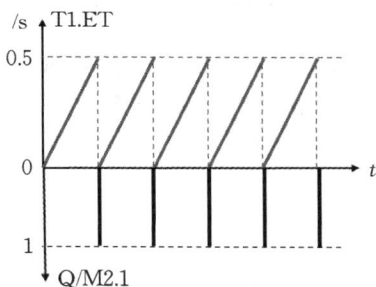

图 3-4-9　时序图

⑥ 步骤 F:梯形图如图 3-4-10 所示。在本任务中,对指示灯闪烁有次数的限制,因此需要借助计数器来实现。每当"闪烁次数触发"被置位一次,即视为指示灯已交替闪烁一次。触发两次后,达到设定次数"2","闪烁完成"被置位为 1,即完成闪烁标识。

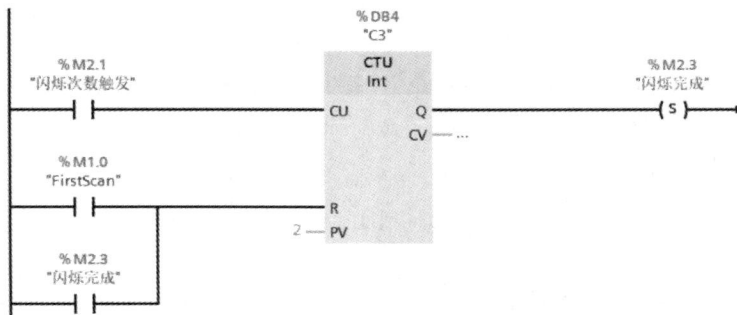

图 3-4-10　步骤 F 梯形图

初次运行或"闪烁完成"被置位时,都会清空计数器中的计数。如此可知,我们会得到一个只有两个周期(0.5 s)的计时时间,如图 3-4-11 所示。该时间可用来触发指示灯的状态。

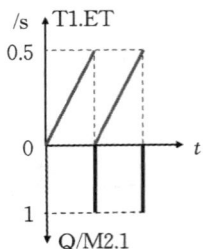

图 3-4-11　计数器接通时间

⑦ 步骤 G：梯形图如图 3-4-12 所示。我们需要用上段程序计时器中的计时时间来触发闪烁灯的状态。当计时时间在 0.25 s 以内时，"指示灯自检闪烁"被置位，当计时时间在 0.25～0.5 s 之间时，"指示灯自检闪烁"被复位。

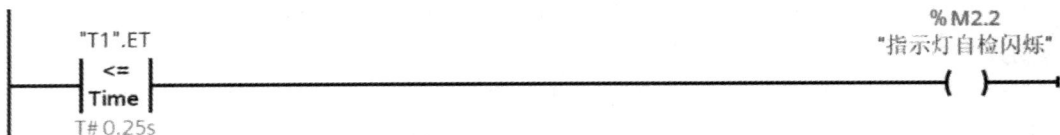

图 3-4-12　步骤 G 梯形图

⑧ 步骤 H：指示灯输出触点的触发可在图 3-4-4 的基础上改进，一方面需要屏蔽料仓产品检知的触发信号，另一方面需要添加"指示灯自检闪烁"的触发信号，从而得到如图 3-4-13 所示的指示灯信号。

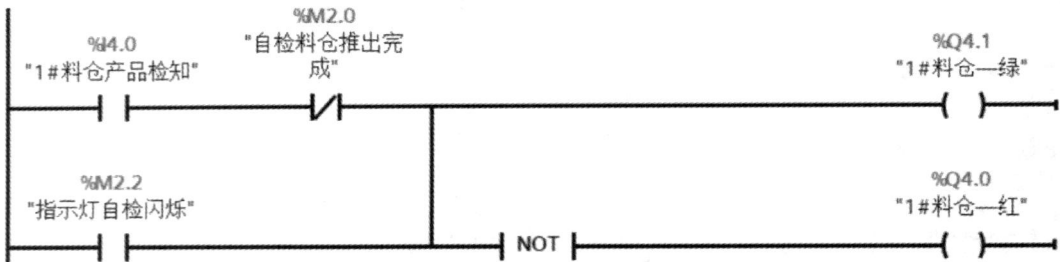

图 3-4-13　步骤 H 梯形图

⑨ 步骤 I：启用一个定时器 T2，梯形图如图 3-4-14 所示。初次运行且时间超过设定时间（示例为 8 s）时，即会触发"缩回时间截止"。当指示灯"闪烁完成"被复位时，即停止计时，可避免料仓缩回程序反复执行。

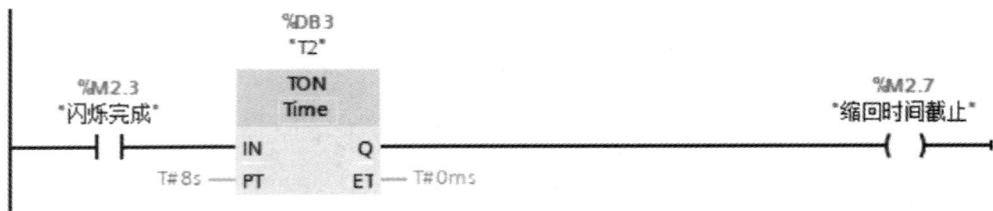

图 3-4-14　步骤 I 梯形图

⑩ 步骤 J：梯形图如图 3-4-15 所示。当计时时间超过 0.1 s 时，该段程序启动，并复位"6 ♯ 料仓推出气缸"(Q6.5)，6♯料仓缩回。6♯料仓缩回后，检知传感器未检测到信号(I5.5)，其常闭触点恢复至闭合状态。当计时时间超过 1 s 时，复位"5♯料仓推出气缸"(Q6.4)，5♯料仓缩回。依次类推。

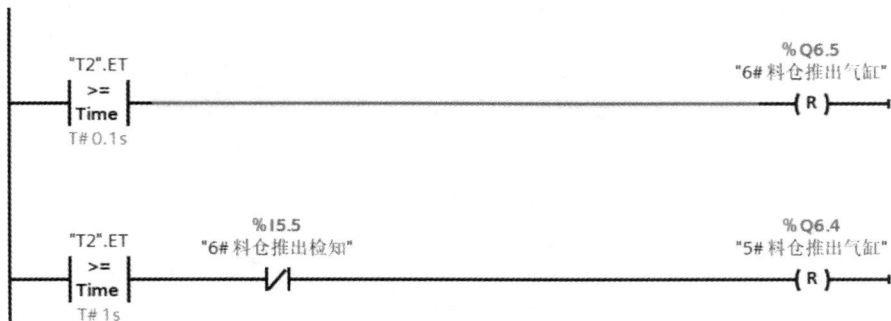

图 3-4-15　步骤 J 梯形图

⑪ 步骤 K：梯形图如图 3-4-16 所示。当计时时间超过 6 s 时，"1♯料仓推出检知"的常闭点(I5.0)闭合后，将复位"闪烁完成"标识，以停止定时器"T2"的启动，并且置位"自检完成"标识，以供报警或其他程序段调用。

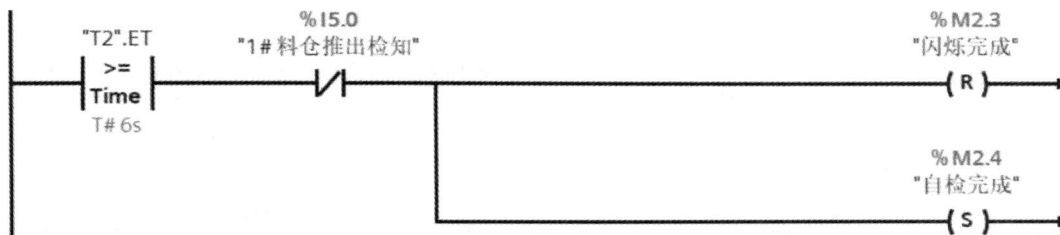

图 3-4-16　步骤 K 梯形图

⑫ 步骤 L：梯形图如图 3-4-17 所示。该段程序的功能为触发报警标识——"料仓缩回超时"。

当到达定时器设置的时间时，"推出时间截止"被触发。此时，只要未触发"自检完成"，就会立即置位"料仓缩回超时"(M3.0)，以触发后续的报警程序(示例中未编制)。

图 3-4-17　步骤 L 梯形图

至此，所有程序按任务要求编写完成。

（六）调试运行

完成设备组态和梯形图程序编译后下载到 CPU 中，启动 CPU，将 CPU 切换至 RUN 模式，按前文所介绍的调试方法调试运行程序，观察运行结果，并进行记录。

【工作评价】

对学生任务实施情况进行评价，评价表如表 3-4-3 所示。

表 3-4-3　仓储指示灯系统设计评价表

考核内容	考核要求	评分标准	配分	得分
电路及程序设计	（1）能正确分配 I/O 地址，并绘制 I/O 接线图； （2）能正确组态设备； （3）能根据控制要求，正确编制梯形图	（1）I/O 地址分配错或少，每个扣 5 分； （2）I/O 接线图设计不全或有错，每处扣 5 分； （3）CPU 组态、通信模块组态与现场设备型号不匹配，每项扣 10 分； （4）梯形图表达不正确或画法不规范，每处扣 5 分	40	
安装与连线	能根据 I/O 接线图，正确连接电路	（1）连线错一处，扣 5 分； （2）损坏元器件，每只扣 5～10 分； （3）损坏连接线，每根扣 5～10 分	20	
调试与运行	能熟练使用编程软件编制程序且下载至 CPU，并按要求调试运行	（1）不能熟练使用编程软件进行梯形图的编辑、修改、转换、写入及监视，每项扣 2 分； （2）不能按照控制要求完成相应的功能，每项扣 5 分	20	
安全操作	确保人身和设备安全	违反安全文明操作规程，扣 10～20 分	20	
汇总			100	

项目 4
通信与现场总线

◀ 【工作任务】

(1) 掌握网络通信基础理论知识,并制作思维导图;

(2) 使用 TCP 通信方式进行网络连接;

(3) 使用 S7 通信方式进行网络连接;

(4) 使用 Modbus 通信方式进行网络连接。

◀ 【知识目标】

(1) 具备根据现场环境进行通信参数配置的能力;

(2) 具备解决常见的通信故障的能力。

◀ 【能力目标】

(1) 具备根据现场环境进行通信参数配置的能力;

(2) 具备排除常见通信故障的能力。

◀ 【素养目标】

(1) 遵循标准,规范操作;

(2) 工作细致,态度认真;

(3) 团队协作,有创新精神。

◀ 4.1 知识任务：网络通信基础 ▶

【任务描述】

制作"网络通信基础"思维导图，清晰化、结构化地展示计算机通信的国际标准和 SIMATIC 通信网络等的含义、分类、发展。

【任务目标】

(1) 掌握开放系统互连模型的 7 个层次；

(2) 掌握计算机通信的国际标准；

(3) 掌握 SIMATIC 通信网络的分类。

【小组讨论】

制作思维导图时，需要如何进行分类？ 分类的依据是什么？

_____

_____

_____

【计划准备】

(1) 思维导图软件；

(2) 纸、笔记本；

(3) 可供查阅资料的互联网电脑 1 台。

【相关知识】

一、计算机通信的国际标准

（一）开放系统互连模型

国际标准化组织 ISO 提出的开放系统互连模型 OSI，是通信网络国际标准化的参考模型。它详细描述了通信功能的 7 个层次，如图 4-1-1 所示。

发送方传送给接收方的数据，实际上是经过发送方各层从上到下传递到物理层，通过物理媒体（又称为介质）传输到接收方后，再经过从下到上各层的传递，最后到达接收方的应用程序。发送方每层的协议都要在数据报文前增加一个报文头，报文头包含完成数据传输所需的控制信息，只能被接收方的同一层识别和使用。接收方的每一层只阅读本层的报文头的控制信息，并进行相应的协议操作，然后删除本层的报文头，最后得到发送方发送的数据。下面介绍各层的功能。

（1）物理层的下面是物理媒体，如双绞线、同轴电缆和光纤等。物理层为用户提供建立、保持和断开物理连接的功能，定义了传输媒体接口的机械、电气、功能和规程的特性。

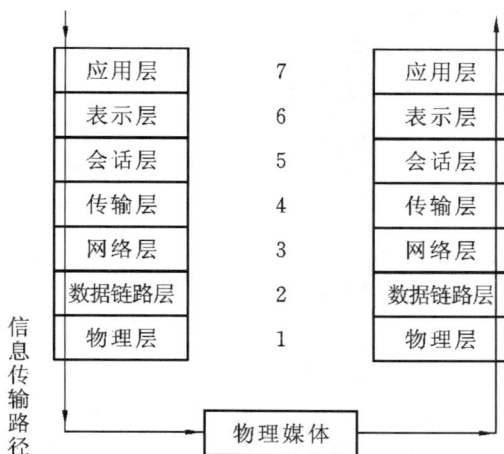

图 4-1-1 信息在开放系统互连模型中的流动形式

RS232C、RS422 和 RS485 等就是物理层标准。

（2）数据链路层的数据以帧（frame）为单位传送，每一帧包含一定数量的数据和必要的控制信息，如同步信息、地址信息和流量控制信息。数据链路层通过校验、确认和要求重发等方法实现差错控制。它负责在两个相邻节点间的链路上实现差错控制、数据成帧和同步控制等。

（3）网络层的主要功能是报文包的分段、报文包阻塞的处理和通信子网中路径的选择。

（4）传输层的信息传送单位是报文（message），主要功能是流量控制、差错控制、连接支持。传输层向上一层提供可靠的端到端（end-to-end）的数据传送服务。

（5）会话层的功能是支持通信管理和实现最终用户应用进程之间的同步，按正确的顺序收发数据，进行各种对话。

（6）表示层用于应用层信息内容的形式变换，如数据加密/解密、信息压缩/解压和数据兼容，把应用层提供的信息变成能够共同理解的形式。

（7）应用层为用户的应用服务提供信息交换，为应用接口提供操作标准。

（二）IEEE 802 标准

IEEE（电气电子工程师学会）的 802 委员会于 1982 年颁布了一系列计算机局域网分层通信协议标准草案，总称为 IEEE 802 标准。它把开放系统互连模型的数据链路层分解为逻辑链路控制层（LLC）和媒体访问控制层（MAC）。数据链路层遵循一条链路（link）两端的两台设备进行通信时必须共同遵守的规则和约定。

媒体访问控制层（MAC）的主要功能是控制对传输媒体的访问，实现帧的寻址和识别，并检测传输媒体的异常情况。逻辑链路控制层（LLC）用于在节点间对帧的发送、接收信号进行控制，同时检验传输中的差错。媒体访问控制层（MAC）包括带冲突检测的载波侦听多路访问（CSMA/CD）通信协议、令牌总线（token bus）和令牌环（token ring）。

1. CSMA/CD 通信协议

CSMA/CD 通信协议的基础是 Xerox 等公司研制的以太网（Ethernet）。早期的 IEEE 802.3 标准规定的传输速率为 10 Mbit/s，后来发布了传输速率为 100 Mbit/s 的快速以太网

(IEEE 802.3u)、传输速率为 1000 Mbit/s 的千兆以太网（IEEE 802.3z），以及传输速率为 10 000 Mbit/s 的万兆以太网（IEEE 802.3ae）。

CSMA/CD 各站共享一条广播式的传输总线，每个站都是平等的，采用竞争方式发送信息到传输线上，也就是说，任何一个站都可以随时发送广播报文，并被其他各站接收。当某个站识别到报文中的接收站站名与本站的站名相同时，便将报文接收下来。由于没有专门的控制站，两个或更多个站可能会因为同时发送信息而发生冲突，造成报文作废。为了防止冲突，发送站在发送报文之前，先监听一下总线是否空闲，如果总线空闲，则发送报文到总线上。这称为先听后讲。但是这样做仍然有发生冲突的可能，因为从组织报文到报文在总线上传输需要一段时间，在这段时间内，另一个站通过监听也可能会认为总线空闲，并发送报文到总线上，这样就会因两个站同时发送报文而产生冲突。

为了解决这一问题，在发送报文开始的一段时间，仍然监听总线，采用边发送边接收的方法，把接收到的信息与自己发送的信息相比较，若相同则继续发送（这称为边听边讲）；若不相同，则说明发生了冲突，立即停止发送报文，并发送一段简短的冲突标志（阻塞码序列），通知总线上的其他站点。为了避免产生冲突的站同时重发它们的帧，采用专门的算法来计算重发的延迟时间。通常把这种先听后讲和边听边讲相结合的方法称为 CSMA/CD（带冲突检测的载波侦听多路访问技术）。它的控制策略是竞争发送、广播式传送、载体监听、冲突检测、冲突后退和再试发送。

以太网首先在个人计算机网络系统，如办公自动化系统和管理信息系统（MIS）中得到了极为广泛的应用。在以太网发展的初期，通信速率较低。网络中的设备较多，信息交换比较频繁，可能会经常出现竞争和冲突，影响信息传输的实时性。随着以太网传输速率的提高（100～1 000 Mbit/s）以及相应措施的采用，这一问题已经得到解决。大型工业控制系统最上层的网络几乎全部采用以太网。使用以太网很容易实现管理网络和控制网络的一体化。如今，以太网已经越来越多地在控制网络的底层使用。

以太网仅仅是一个通信平台，它包括 ISO 提出的开放系统互连模型 7 层中的底部 2 层，即物理层和数据链路层。

2. 令牌总线

IEEE 802 标准中的工厂媒体访问技术是令牌总钱，它的编号为 802.4。在令牌总线中，媒体访问控制是通过传递一种称为令牌的控制帧实现的。按照逻辑顺序，令牌从一个装置传递到另一个装置，传递到最后一个装置后，再传递给第一个装置，如此周而复始，形成一个逻辑环。令牌有"空"和"忙"两个状态，令牌网开始运行时，由指定的站产生一个空令牌，并沿逻辑环传送空令牌。任何一个要发送报文的站都要等到令牌传给自己，判断为空令牌时才能发送报文。发送站首先把令牌置为"忙"，并写入要传送的报文、发送站站名和接收站站名，然后将载有报文的令牌送入环网传输。令牌沿环网循环一周后返回发送站时，如果报文已经被接收站复制，则发送站将令牌置为"空"，送入环网继续传送，以供其他站使用。如果在传送过程中令牌丢失，则由监控站向网内注入一个新的令牌。

令牌总线能在很重的负荷下提供实时同步操作，传输效率高，适于传送少量且使用频繁的数据，因此它比较适合用于需要进行实时通信的工业控制网络系统。

3. 主从通信方式

主从通信方式是 PLC 常用的一种通信方式，它并不属于任何标准。主从通信网络只有一个主站,其他的站都是从站。在主从通信中,主站是主动的,它首先向某个从站发送请求帧(轮询报文),该从站接收到该请求帧后才能向主站返回响应帧。主站按事先设置好的轮询表的排列顺序对从站进行周期性的查询,并分配总线的使用权。每个从站在轮询表中至少要出现一次,对实时性要求较高的从站可以在轮询表中出现几次。在主从通信中,系统还可以用中断方式来处理紧急事件,PROFIBUS-DP 的主站之间的通信为令牌方式,主站与从站之间的通信为主从方式。

（三）现场总线及其国际标准

1. 现场总线的概念

IEC(国际电工委员会)对现场总线（field bus）的定义是“安装在制造和过程区域的现场装置与控制室内的自动控制装置之间的数字式、串行、多点通信的数据总线”。现场总线以开放的、独立的、全数字化的双向多变量通信取代 4～20 mA 现场模拟量信号的传输。现场总线 I/O 集检测、数据处理和数据通信为一体,可以代替变送器、调节器、记录仪等模拟仪表。它不需要框架、机柜,可以直接安装在现场导轨槽上。现场总线 I/O 的接线极为简单,只需一根电缆,从主机开始,沿数据链从一个现场总线 I/O 连接到下一个现场总线 I/O。使用现场总线后,可以节约配线、安装、调试和维护等方面的费用。另外,现场总线 I/O 还可以与 PLC 组成高性能价格比的 DCS(集散控制系统)。

使用现场总线后,操作员不仅可以在中央控制室实现远程监控,对现场设备进行参数调整,还可以通过现场设备的自诊断功能诊断故障和寻找故障点。

2. IEC 61158 与 IEC 62026

由于历史的原因,现在有多种现场总线并存。IEC 的现场总线国际标准 IEC 61158 在1999 年底获得通过。经过多方的争执和妥协,IEC 61158 最后容纳了 8 种互不兼容的协议(类型 1～类型 8),且 2000 年又补充了 2 种。其中,类型 3（PROFIBUS）和类型 10（PROFINET）获得西门子的支持。为了满足实时性应用的需要,各大公司和标准组织纷纷提出了各种提升工业以太网实时性的解决方案,从而产生了实时以太网。2007 年 7 月出版的 IEC 61158 第 4 版容纳了经过市场考验的 20 种现场总线和实时以太网,其中大约有一半为实时以太网。

IEC 62026 是供低压开关设备与控制设备使用的控制器电气接口标准,于 2000 年 6 月通过。西门子支持其中的执行器传感器接口(actuator sensor interface, AS-i)。

二、SIMATIC 通信网络

（一）SIMATIC NET

西门子的工业自动化通信网络 STMATIC NET 的顶层为工业以太网。它是基于国际标准 IEEE 802.3 的开放式网络,可以集成到互联网。它的网络规模可达 1024 站,距离可达1.5 km(电气网络)或 200 km(光纤网络)。S7-1200 PLC 的 CPU 集成了一个 PROFINET以太网接口,可以与编程计算机、人机界面和其他 S7 PLC 通信。PROFIBUS 用于少量和中等数量数据的高速传送,AS-i 用于底层的低成本网络,底层的通用总线系统 KNX 用于楼宇自动控制,IWLAN 是工业无线局域网。各个网络之间用链接器或有路由器功能的 PLC连接。

此外，MPI 是 SMATIC 产品使用的内部通信协议，可以用于建立传送少量数据的低成本网络。PPI（点对点接口）是用于 S7-200 PLC 和 S7-200 SMART PLC 的通信协议。点对点（PtP）通信用于遵循特殊协议的串行通信。

（二）PROFINET

PROFINET 是基于工业以太网的开放的现场总线（IEC 61158 中的类型 10），可以将分布式 I/O 设备直接连接到工业以太网，实现从公司管理层到现场层的直接的、透明的访问。

通过代理服务器，PROFINET 可以透明地集成现有的 PROFIBUS 设备，保护对现有系统的投资，实现现场总线系统的无缝集成。

使用 PROFINET IO，现场设备可以直接连接到以太网，与 PLC 进行高速数据交换。PROFIBUS 各种丰富的设备诊断功能同样也适用于 PROFINET。

使用故障安全通信的标准行规 PROFIsafe，PROFINET 用一个网络就可以同时满足标准应用和故障安全方面的应用需求。PROFINET 支持驱动器配置行规 PROFIdrive，后者为电气驱动装置定义了设备特性和访问驱动器数据的方法，用来实现 PROFINET 上的多驱动器运动控制通信。PROFINET 使用以太网和 TCP/IP/UDP 协议作为通信基础，对快速性没有严格要求的数据使用 TCP/IP 协议，响应时间在 100 ms 数量级，可以满足工厂控制级的应用需求。

PROFINET 的实时（real-time，RT）通信功能适用于对信号传输时间有严格要求的场合，如用于传感器和执行器的数据传输。通过 PROFINET，分布式现场设备可以直接连接到工业以太网，与 PLC 等设备通信，且响应时间与 PROFIBUS-DP 等现场总线相同甚至更短，典型的更新循环时间为 1～10 ms，完全能满足现场级的要求。PROFINET 的实时性可以用标准组件来实现。

PROFINET 的同步实时（isochronous real-time，IRT）功能用于高性能的同步运动控制。IRT 提供了等时执行周期，以确保信息始终以相等的时间间隔进行传输。IRT 通信的响应时间为 0.25～1 ms，波动小于 1 μs。需要提请注意的是，IRT 通信需要特殊的交换机的支持。

PROFINET 能同时用一条工业以太网电缆满足三个自动化领域的需求，包括 IT 集成化领域、实时（RT）自动化领域和同步实时（IRT）运动控制领域，它们不会相互影响。

（三）PROFIBUS

PROFIBUS 是开放式的现场总线，被纳入现场总线的国际标准 IEC 61158。

PROFIBUS 提供了下列 3 种通信服务。

（1）PROFIBUS-DP（decentralized periphery，分布式外部设备）用得最多，特别适用于 PLC 与现场级分布式 I/O 设备（如西门子的 ET 200）之间的通信。主站之间的通信为令牌方式，主站与从站之间的通信为主从方式或这两种方式的组合。

（2）PROFIBUS-PA（process automation，过程自动化）用于 PLC 与过程自动化的现场传感器和执行器的低速数据传输，特别适合过程工业使用。它可以用于防爆区域的传感器和执行器与中央控制系统的通信。PROFIBUS-PA 使用屏蔽双绞线电缆，由总线提供电源。

（3）PROFIBUS-FMS（fieldbus message specification，现场总线报文规范）已基本上被以太网通信取代，现在很少使用。

此外，还有用于运动控制的总线驱动技术 PROFIdrive 和故障安全通信技术 PROFIsafe。

【实践操作】

一、信息搜集

搜集信息并填表 4-1-1。

表 4-1-1 信息搜集工作表

序号	信息搜集渠道	关键词	笔记记录	记录员姓名
1	互联网			
2				
3				
4				
5				
6				
1	教材			
2				
3				
4				
5				
6				

二、思维导图制作

制作思维导图并张贴在指定的区域。

请在此框内张贴小组讨论后的思维导图：

【工作评价】

对学生任务实施情况进行评价,评价表如表 4-1-2 所示。

表 4-1-2　网络通信基础评价表

过程	评价内容	评价标准	配分	得分
信息搜集	小组讨论情况	主动参与小组讨论,积极查阅资料,给出合理的答案	10	
	信息查找	积极搜集信息,信息来源广泛	20	
内容准备	分支确定	根据查阅的资料合理确定分支	10	
	信息来源	对分支标注不同信息的来源	10	
	内容填充	正确进行内容填充	10	
思维导图制作	过程记录	正确、及时记录思维导图制作过程	10	
	文字信息录入	熟练使用思维导图软件	10	
	小组成员活动	小组成员根据当前进度合理进行分工	10	
思维导图修改	分析修改	斟酌思维导图的合理性,进行相应的修改	10	
		汇总	100	

◀ 4.2　实操任务:基于以太网的开放式用户通信及其应用 ▶

【任务描述】

两台 S7-1200 PLC 进行开放式用户通信,调用 CPU 1 作为 TCP 通信客户端,调用 CPU 2 作为 TCP 通信服务器,调用 TSEND 指令将 CPU 1 实时时钟数据传送到 CPU 2,调用 TRCV 指令接收 CPU 1 发送过来的数据。

【任务目标】

(1) 了解开放式用户通信的含义;

(2) 掌握 TCP 通信连接的创建;

(3) 掌握时钟数据块的创建原理;

(4) 掌握 TSEND 和 TRCV 指令的使用;

(5) 能够完整实现 TCP 通信。

【小组讨论】

本任务中时钟数据是怎么创建的?

【计划准备】

(1) CPU 1215C DC/DC/DC 2 台,订货号为 6ES7 215-1AG40-0XB0。

(2) 四口交换机 1 台。

(3) 编程电脑 1 台(已安装 TIA 博途软件 V15.1 版)。

【相关知识】

S7-1200/1500 PLC 的 CPU 都有一个集成的 PROFINET 接口。它是传输速率为 10/100 Mbit/s 的 RJ45 以太网接口,支持电缆交叉自适应,可以使用标准的或交叉的以太网电缆。这个通信接口可以实现 CPU 与编程设备、HMI 设备与其他 S7 CPU 之间的通信,支持以下通信协议和服务:TCP(传输控制协议)、ISO-on-TCP(RCF 1006)、UDP(用户数据报协议)和 S7 通信。

一、开放式用户通信

基于 CPU 集成的 PROFINET 接口的开放式用户通信(open user communication)是一种由程序控制的通信方式。这种通信只受用户程序的控制,可以用程序建立和断开事件驱动的通信连接,在运行期间也可以修改连接。

在开放式用户通信中,S7-300/400/1200/1500 PLC 可以用 TCON 指令来建立连接,用 TDISCON 指令来断开连接。TSEND 和 TRCV 指令用于通过 TCP 和 ISO-on-TCP 协议发送和接收数据;TUSEND 和 TURC_V 指令用于通过 UDP 协议发送和接收数据。S7-1200/1500 PLC 除了使用上述指令实现开放式用户通信外,还可以使用 TSEND_C 指令和 TRCV_C 指令,通过 TCP 和 ISO-on-TCP 协议发送和接收数据。这两条指令有建立和断开连接的功能,使用它们以后不需要调用 TCON 和 TDISCON 指令。上述指令均为函数块。下面以 TCP 通信为例进行讲解。

二、TCP 通信示例

CPU 1 为 CPU 1215C DC/DC/DC,IP 地址为 192.168.0.215;CPU 2 为 CPU 1215C DC/DC/DC,IP 地址为 192.168.0.217。通信任务是调用 CPU 1 作为 TCP 通信客户端,调用 CPU 2 作为 TCP 通信服务器,调用 TSEND 指令将 CPU 1 实时时钟数据传送到 CPU 2,调用 TRCV 指令接收 CPU 1 发送过来的数据。与不同项目中两个 CPU 之间的 TCP 通信相比,同一项目中两个 CPU 之间的 TCP 通信组态步骤更为简单,因此这里只介绍不同项目中两个 CPU 之间的 TCP 通信。

(一) CPU 1 编程组态

(1) 设备组态。

使用 TIA 博途软件创建新项目,并将 CPU 1215C DC/DC/DC 作为新设备添加到项目中。在设备视图的巡视窗口中,将 CPU 属性做如下修改。

① 在"PROFINET 接口"属性中,为 CPU"添加新子网",并设置 IP 地址(192.168.0.215)和子网掩码(255.255.255.0)。

② 在"系统和时钟存储器"属性中,激活"启用时钟存储器字节",并设置"时钟存储器字节的地址(MBx)"。

③ 在"时间"属性中,将"本地时间"设置为"(UTC+08:00)北京、重庆、中国香港特别行

政区和乌鲁木齐"。

（2）程序编程。

步骤一：在程序块添加一个数据块"MyTcp"，并在数据块中定义一个数据类型为 DTL 的变量"LocalTime"。该变量用于存储本地 CPU 的实时时钟数据。另外，建议数据块 "MyTcp"为标准访问的数据块。在主程序 OB1 中调用 RD_LOC_T 指令，读取 CPU 本地时间并存储在"MyTcp".LocalTime 变量中。

步骤二：在主程序 OB1 中调用 TCON 指令，建立 TCP 连接。单击 TCON 指令右上角的"开始组态"按钮，在巡视窗口中选择 TCON 指令的"属性"→"组态"→"连接参数"，并配置 TCP 连接属性。

① 如果通信伙伴不在同一项目中，则在"伙伴"下拉菜单中选择"未指定"。

② 在"连接数据"下拉菜单中选择"新建"时，系统将自动创建一个连接数据块。

③ 在"连接类型"下拉菜单中选择"TCP"。

④ 设置伙伴方 IP 地址。

⑤ 选择 TCP 通信客户端，本例中 CPU 1 为 TCP 通信客户端。

⑥ 若本地 CPU 为 TCP 通信客户端，则需要设置服务器侧通信端口。

本例中，在"连接参数"的组态窗口中，在通信"伙伴"处选择"未指定"。如果通信双方是同一项目中同一子网下的两个设备，则在通信"伙伴"处可以选择指定的通信伙伴。

注意：

TCP 通信时，如果本地 CPU 为客户端，则需要指定服务器侧通信端口，本地端口无须指定；如果本地 CPU 为服务器，则需要指定本地通信端口，无须指定伙伴端口，如果指定了伙伴端口，则只接收该指定端口发送的连接请求。

步骤三：在主程序 OB1 中，调用 TSEND 指令，将 CPU 本地时钟数据发送出去。

如果"LEN"=0，则将发送参数 DATA 指定的所有数据。

（3）下载组态和程序：CPU 1 的组态配置与编程已经完成，只需将其下载到 CPU 即可。

（二）CPU 2 编程组态

（1）设备组态。

使用 TIA 博途软件创建新项目，并将 CPU 1215C DC/DC/DC 作为新设备添加到项目中。在设备视图的巡视窗口中，将 CPU 属性做如下修改。

① 在"PROFINET 接口"属性中，为 CPU"添加新子网"，并设置 IP 地址（192.168.0. 217）和子网掩码（255.255.255.0）

② 在"时间"属性中，将"本地时间"设置为"（UTC+08:00）北京、重庆、中国香港特别行政区和乌鲁木齐"。

（2）程序编程。

步骤一：在程序块添加一个数据块"MyRcvTcp"，并在数据块中定义一个数据类型为 DTL 的变量" Remote Time"，该变量用于接收 CPU 1 发送过来的实时时钟数据。

步骤二：在主程序 OB1 中，调用 TCON 指令，建立 TCP 连接。单击 TCON 指令右上角的"开始组态"按钮，在巡视窗口中选择 TCON 指令的"属性"→"组态"→"连接参数"，并配置 TCP 连接属性。

① 如果通信伙伴不在同一项目中,则在"伙伴"下拉菜单中选择"未指定"。

② 在"连接数据"下拉菜单中选择"新建"时,系统将自动创建一个连接数据块。

③ 在"连接类型"下拉菜单中选择"TCP"。

④ 设置伙伴方 IP 地址。

⑤ 选择 TCP 通信客户端,本例中伙伴 CPU 为 TCP 通信客户端。

⑥ 本地 CPU 为 TCP 通信服务器时,则需要指定本地端口。

步骤三:在主程序 OB1 中,调用 TRCV 指令,以便接收 CPU 1 发送过来的实时时钟数据。

① Ad-Hoc 模式用于接收动态长度数据。

② 采用 Ad-Hoc 模式接收数据且接收数据区 "MyRcvTcp"RemoteTime 不属于 ARRAY 类型时,需要将数据块"MyRcvTcp"设置为标准访问。

当发送方所发送数据的类型、长度与接收方所接收数据的类型、长度设置相同时,也可采用定长模式接收。这时只需将 ADHOC 参数设置为 FALSE 即可,此时数据块"MyRcvTcp"也可设置为优化访问。

(3)下载组态和程序:CPU 2 的组态配置与编程已经完成,只需将其下载到 CPU 即可。

(三)通信状态测试

将两个 CPU 站点组态配置和程序分别下载到 CPU 1 和 CPU 2 后,即可开始对通信状态进行测试。上升沿信号触发服务器和客户端的 TCON 指令的输入参数 REQ,用于建立 TCP 连接。不能成功建立 TCP 连接时,可以通过监控 TCON 指令的输出参数 ERROR 和 STATUS 查找故障原因。STATUS 只在 ERROR 为 TRUE 的那个扫描周期有效。

在网络视图中,选择相应的 CPU,并转至"在线"模式,在"连接"标签页中可以对开放式用户通信连接进行诊断。成功建立 TCP 连接,是调用 TSEND 和 TRCV 指令的先决条件。TCP 连接建立后,就可以通过 TSEND 指令发送数据,调用 TRCV 指令接收数据。

【实践操作】

一、软硬件设备组态

完成软硬件设备组态并填表 4-2-1。

表 4-2-1　软硬件设备组态工作表

序号	工作步骤	操作方法	注意事项	使用工具
1	硬件连接			
2				
3				
1	软件组态			
2				
3				

二、程序编写

完成程序编写并填表 4-2-2。

表 4-2-2　程序编写记录表

序号	工作步骤	操作方法	注意事项
1	CPU 1 数据块创建		
2	CPU 1 程序编写		
3	CPU 2 程序编写		
4	CPU 2 变量表创建		

三、程序结果验证

完成程序结果验证并填表 4-2-3。

表 4-2-3　程序结果验证

序号	端口	工作步骤	记录值 1	记录值 2	记录值 3	记录值 4
1	发送端	客户端发送区域值				
2	接收端	客户端接收区域值				

【工作评价】

对学生任务实施情况进行评价,评价表如表 4-2-4 所示。

表 4-2-4　TCP 通信评价表

过程	评价内容	评价标准	配分	得分
TCP 通信认识	小组讨论情况	主动参与小组讨论,积极查阅资料,给出合理的答案	10	
	实践操作	为两台 PLC 正确分配角色	5	
硬件组态	小组讨论情况	主动参与小组讨论,积极查阅资料,给出合理的答案	5	
	硬件选择	正确进行设备选型	5	
	硬件布置	正确进行设备间接线	5	
软件组态	IP 地址分配	遵循 IP 地址分配原则	5	
	CPU 1 属性参数修改	正确勾选系统时钟信号	10	
	TCP 网络配置	在网络视图中正确进行 TCP 连接配置	5	
程序编写	数据块创建	按要求创建完成任务所需的客户端数据块	10	
	变量表创建	按要求创建完成任务所需的服务器变量表	10	
	程序编写	按要求使用 TSEND 和 TRCV 指令进行程序编写	10	
程序运行	程序下载、运行	在教师的监督下,完成程序下载及运行	5	
	数据验证	更改数据,反复进行验证	5	
故障排查	故障分析排除	能够分析数据错误原因,并进行相应的修改	10	
汇总			100	

◀ **4.3 实操任务：S7 通信及其应用** ▶

【任务描述】

两台 S7-1200 PLC 进行 S7 通信，一台作为客户端，另一台作为服务器。客户端将服务器 MW100～MW104 中的数据读取到自身的 DB10.DBW0～DB10.DBW4 中；客户端将 DB10.DBW5～DB10.DBW9 的数据写到服务器的 MW200～MW204 中。

【任务目标】

(1) 了解 S7 协议的含义；

(2) 掌握 S7 连接的创建；

(3) 掌握数据块及变量表的创建原理；

(4) 掌握 PUT/GET 指令的使用；

(5) 能够完整实现 S7 通信。

【小组讨论】

本任务中"客户端""服务器"是怎么定义的？程序需要写在什么位置？

_____

_____

_____

【计划准备】

(1) CPU 1214C DC/DC/DC 2 台，订货号为 6ES7 214-1AG40-0XB0。

(2) 四口交换机 1 台。

(3) 编程电脑 1 台（已安装 TIA 博途软件 V15.1 版）。

【相关知识】

一、S7 协议

S7 协议是专门为西门子控制产品优化设计的通信协议。它是面向连接的协议，即在进行数据交换之前，通信伙伴之间必须建立连接。面向连接的协议具有较高的安全性。

连接是指两个通信伙伴之间为了执行通信服务建立的逻辑链路，而不是指两个站之间用物理媒体（如电缆）实现的连接。S7 连接是需要组态的静态连接。静态连接要占用 CPU 的连接资源。从通信的角度分类，连接分为单向连接和双向连接。S7-1200 PLC 仅支持 S7 单向连接。

单向连接中的客户端（client）是向服务器（server）请求服务的设备，它调用 GET/PUT 指令读、写服务器的存储区。服务器是通信中的被动方，用户不用编写服务器的 S7 通信程序,S7 通信是由服务器的操作系统完成的。因为客户端可以读、写服务器的存储区,单向连接实际上可以双向传输数据。

二、S7 通信示例

(一)创建 S7 连接

将默认的 CPU 1 和 CPU 2 名称改为"客户端"和"服务器",二者的型号均为 CPU 1214C DC/DC/DC。它们的 PROFINET 接口的 IP 地址分别为 192.168.0.1 和 192.168.0.2,子网掩码均为 255.255.255.0。组态时启用双方的 MB0 为时钟存储器字节。

双击项目树中的"设备和网络",打开网络视图(见图 4-3-1)。单击按下左上角的"连接"按钮 连接 ,在它右侧的下拉菜单中设置连接类型为"S7 连接"。用拖曳的方法建立两个 CPU 的 PROFINET 接口之间的名为"S7 连接_1"的连接。

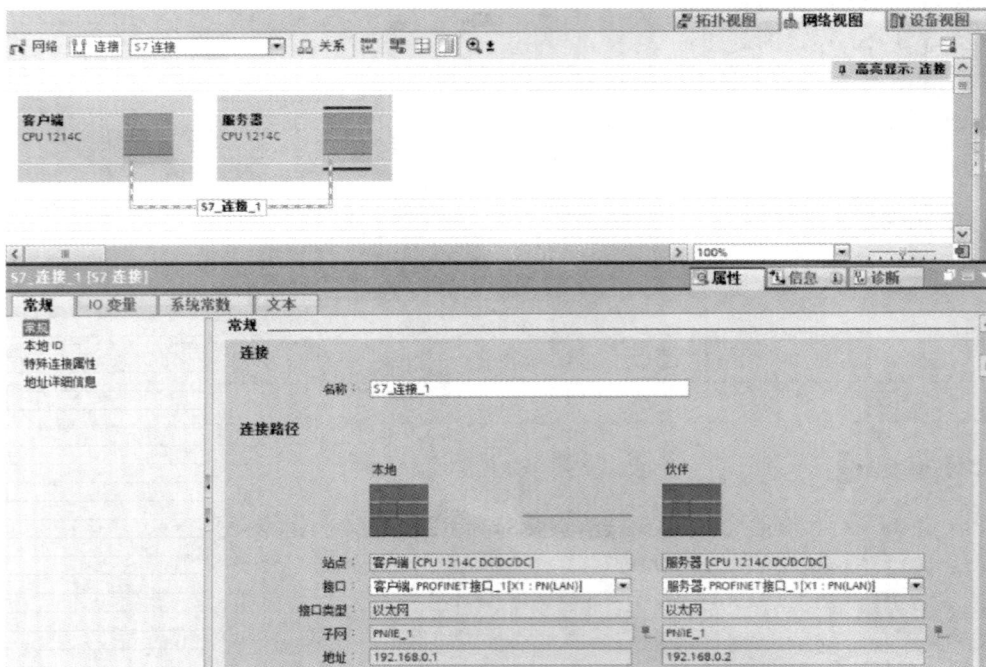

图 4-3-1　组态 S7 连接的属性

再次打开网络视图时,网络变为单线。为了高亮(用双轨道线)显示连接,单击按下网络视图左上角的"连接"按钮,将光标放到网络线上,单击出现的小方框中的"S7 连接_1",连接变为高亮显示,出现"S7 连接_1"字样。

选中"S7 连接_1",再选中下面的巡视窗口中的"属性"→"常规"→"常规",可以看到 S7 连接的常规属性。选中巡视窗口左边的"特殊连接属性",在巡视窗口右边可以看到未选中的灰色"单向"复选框(不能更改)。勾选"主动建立连接"复选框,由本地站点(客户端)主动建立连接。选中巡视窗口左边的"地址详细信息",可以看到通信双方默认的 TSAP(传输服务访问点)。

单击网络视图右边竖条上向左的小三角形按钮 ,打开从右到左弹出的视图中的"连接"选项卡(见图 4-3-2),可以看到生成的 S7 连接的详细信息,连接的 ID 为"100"。单击网络视图左边竖条上向右的小三角形按钮▸,可关闭弹出的视图。

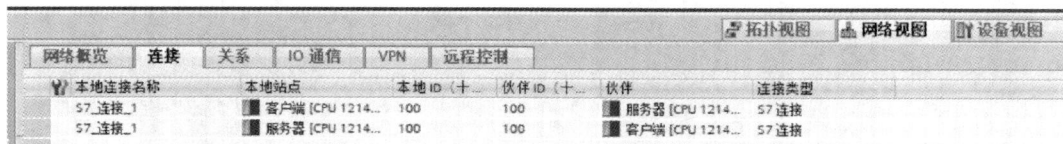

图 4-3-2 网络视图中的"连接"选项卡

使用固件版本为 V4.0 及以上的 S7-1200 PLC CPU 作为 S7 通信的服务器,需要做下面的额外设置,才能保证 S7 通信正常:选中服务器的设备视图中的"CPU 1215C",再选中巡视窗口中的"属性"→"常规"→"防护与安全"→"连接机制",勾选"允许来自远程对象的 PUT/GET 通信访问"复选框。

(二)创建数据块及变量表

为"客户端"生成 DB3 数据块,如图 4-3-3 所示。

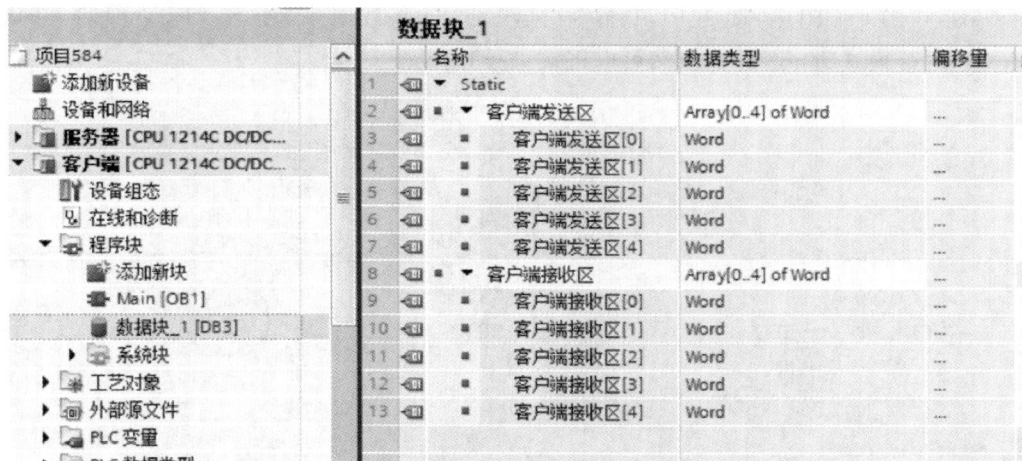

图 4-3-3 为"客户端"生成 DB3 数据块

取消勾选 DB3 数据块属性中的"优化的块访问"复选框,如图 4-3-4 所示。

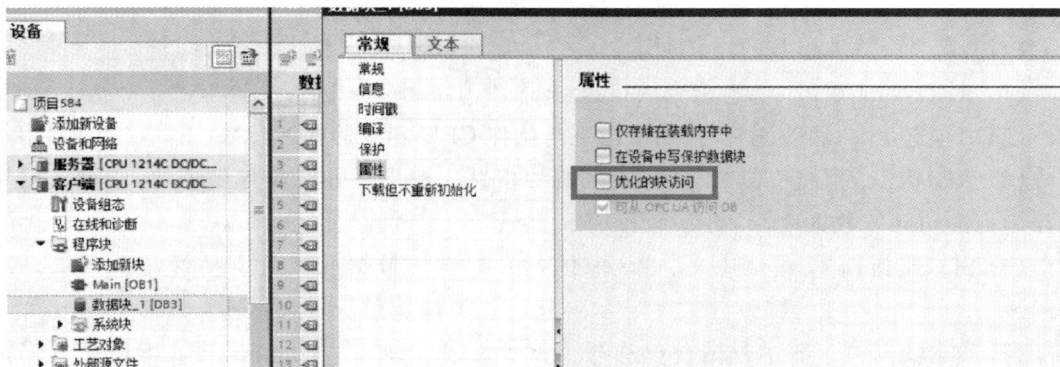

图 4-3-4 取消勾选 DB3 数据块属性中的"优化的块访问"复选框

为"服务器"创建变量表 MW100～MW104、MW200～MW204，如图 4-3-5 所示。

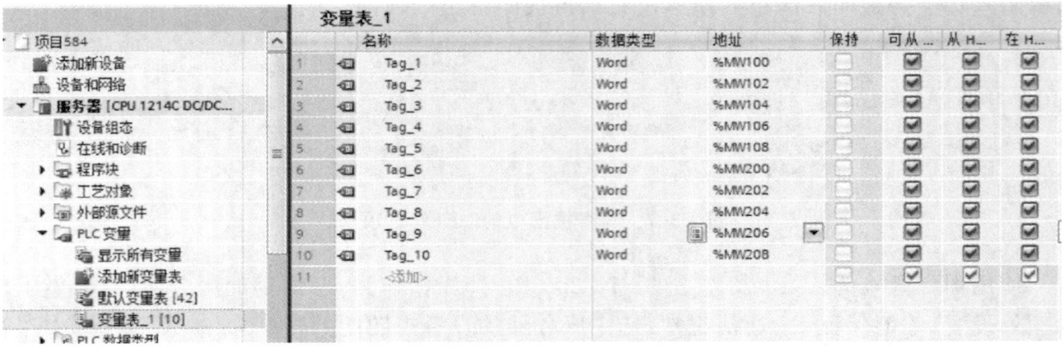

图 4-3-5 为"服务器"创建变量表

（三）编写程序

1. PUT 指令

S7-1200 PLC CPU 可使用 PUT 指令（见图 4-3-6）将数据写入伙伴 CPU。伙伴 CPU 处于 STOP 运行模式时，S7 通信依然可以正常进行。

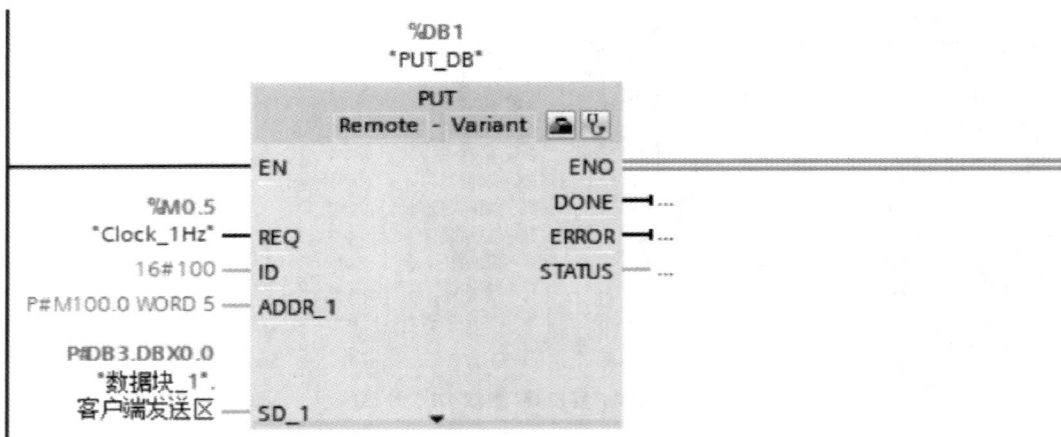

图 4-3-6 PUT 指令（基本视图）

PUT 指令中主要参数的定义如下。

（1）REQ：用于触发 PUT 指令的执行，每个上升沿触发一次。

（2）ID：建立 S7 通信连接时，用于指定与伙伴 CPU 连接的寻址参数。

（3）ADDR_x：指向伙伴 CPU 写入区域的指针。如果写入区域为数据块，则该数据块必须为标准访问的数据块，不支持优化访问。

（4）SD_x：指向本地 CPU 发送区域的指针。本地数据区域可支持优化访问或标准访问。

（5）DONE：为"1"表示数据被成功写入伙伴 CPU，为"0"表示数据写入未启动或仍在进行。

（6）ERROR：为"1"表示指令执行出错，错误代码需要参考 STATUS；为"0"表示指令执行无错误。

（7）STATUS：为通信状态字，ERROR 为"1"时，可以通过该参数查看通信错误原因。

2. GET 指令

S7-1200 PLC CPU 可使用 GET 指令（见图 4-3-7）从伙伴 CPU 读取数据。伙伴 CPU 处于 STOP 运行模式时，S7 通信依然可以正常进行。

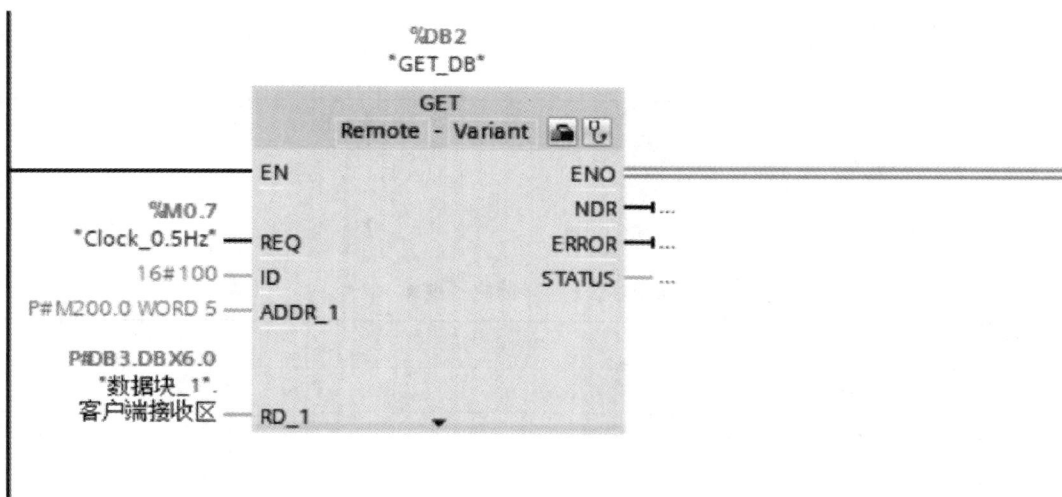

图 4-3-7 GET 指令（基本视图）

GET 指令中主要参数的定义如下：

（1）REQ：用于触发 GET 指令的执行，每个上升沿触发一次。

（2）ID：建立 S7 通信连接时，用与指定与伙伴 CPU 连接的寻址参数。

（3）ADDR_x：指向伙伴 CPU 待读取区域的指针。如果待读取区域为数据块，则该数据必须为标准访问的数据块，不能为优化访问的数据块。

（4）RD_x：指向本地 CPU 要写入区域的指针。本地数据区域可支持优化访问和标准访问。

（5）NDR：为"1"表示伙伴 CPU 数据被成功读取，为"0"表示伙伴 CPU 数据未被成功读取。

（6）ERROR：为"1"表示指令执行出错，错误代码需要参考 STATUS；为"0"表示指令执行无错误。

（7）STATUS：为通信状态字，ERROR 为"1"时，可以通过该参数查看通信错误原因。

【实践操作】

一、软硬件设备组态

完成软硬件设备组态并填表 4-3-1。

表 4-3-1　软硬件设备组态工作表

序号	工作步骤	操作方法	注意事项	使用工具
1				
2	硬件连接			
3				
1				
2	软件组态			
3				

二、程序编写

完成程序编写并填表 4-3-2。

表 4-3-2　程序编写记录表

序号	工作步骤	操作方法	注意事项
1	客户端数据块创建		
2	客户端程序编写		
3	服务器程序编写		
4	服务器变量表创建		

三、程序结果验证

完成程序结果验证并填表 4-3-3。

表 4-3-3　程序结果验证

序号	功能	工作步骤	1组	2组	3组	4组
1	发送	客户端发送区域（五组数据）				
2		服务器接收区域（五组数据）				
1	接收	客户端接收区域（五组数据）				
2		服务器发送区域（五组数据）				

【工作评价】

对学生任务实施情况进行评价，评价表如表 4-3-4 所示。

表 4-3-4　S7 通信评价表

过程	评价内容	评价标准	配分	得分
S7 通信认识	小组讨论情况	主动参与小组讨论，积极查阅资料，给出合理的答案	10	
	实践操作	为两台 PLC 正确分配角色	5	

续表

过程	评价内容	评价标准	配分	得分
硬件组态	小组讨论情况	主动参与小组讨论,积极查阅资料,给出合理的答案	5	
	硬件选择	正确进行设备选型	5	
	硬件布置	正确进行设备间接线	5	
软件组态	IP 地址分配	遵循 IP 地址分配原则	5	
	CPU 属性参数修改	勾选"允许来自远程对象的 PUT/GET 通信访问"复选框	10	
	S7 网络配置	在网络视图中进行 S7 连接配置	5	
程序编写	数据块创建	按要求创建完成任务所需的客户端数据块	10	
	变量表创建	按要求创建完成任务所需的服务器变量表	10	
	程序编写	按要求使用 PUT 和 GET 指令进行程序编写	10	
程序运行	程序下载、运行	在教师的监督下,完成程序下载及运行	5	
	数据验证	更改数据,反复进行验证	5	
故障排查	故障分析排除	能够分析数据出错原因,并进行相应的修改	10	
汇总			100	

◀ 4.4 实操任务:Modbus 通信及其应用 ▶

【任务描述】

两台 S7-1200 PLC 一台作为客户端,一台作为服务器,进行 Modbus TCP 通信;客户端将指针 P♯ M50.0 INT 2 的数据写入服务器 P♯ M10.0 INT 4 中;客户端读取服务器指针 P♯ M10.0 INT 4 中的数据,并存储在客户端指针 P♯ M54.0 INT 2 中。

【任务目标】

(1) 了解 Modbus 协议的含义;
(2) 掌握 Modbus TCP 连接的创建;
(3) 掌握数据块及变量表的创建原理;
(4) 掌握 MB_CLIENT/MB_SERVER 指令的使用;
(5) 能够完整实现 Modbus TCP 通信。

【小组讨论】

本任务中 MB_CLIENT 指令、MB_SERVER 指令是怎么定义的?程序需要写在什么位置?

_____

_____

_____

【计划准备】

（1）CPU 1214C DC/DC/DC 2 台，订货号为 6ES7 214-1AG40-0XB0。

（2）四口交换机 1 台。

（3）编程电脑 1 台（已安装 TIA 博途软件 V15.1 版）。

【相关知识】

一、Modbus 协议

Modbus 协议是 Modicon 公司提出的一种报文传输协议。它在工业控制中得到了广泛的应用，已经成为一种通用的工业标准，许多工控产品都有 Modbus 通信功能。

根据传输网络类型的不同，Modbus 协议分为串行链路上的 Modbus 协议和基于 TCP/IP 的 Modbus TCP 协议。

Modbus 串行链路协议是一个主-从协议，采用请求-响应方式，总线上只有一个主站，主站发送带有从站地址的请求帧，具有该地址的从站接收到该请求帧后发送响应帧进行应答。从站没有收到来自主站的请求帧，不会发送数据，从站之间也不会互相通信。

Modbus 串行链路协议有 ASCII 和 RTU（远程终端单元）这两种报文传输模式，S7-1200 PLC 采用 RTU 模式。主站在 Modbus 网络上没有地址；从站的地址范围为 0～247，其中 0 为广播地址。使用通信模块 CM 1241(RS232)作 Modbus RTU 主站时，只能与一个从站通信。使用通信模块 CM 1241(RS485)或 CM 1241 (RS422/485)作 Modbus RTU 主站时，最多可以与 32 个从站通信。

报文以字节为单位进行传输，采用循环冗余校验（CRC）进行错误检查，且报文最长为 256 B。

二、Modbus TCP 通信

（一）Modbus TCP 通信简介

Modbus TCP 通信是基于工业以太网和 TCP/IP 传输的 Modbus 通信。S7-1200 PLC 当前使用的是 V4.0 及以上版的 Modbus TCP 库指令。Modbus TCP 通信中的客户端与服务器类似于 Modbus RTU 通信中的主站和从站。客户端设备主动建立与服务器的 TCP/IP 连接；连接建立后，客户端请求读取服务器的存储区，或将数据写入服务器的存储区。如果请求有效，服务器将响应该请求；如果请求无效，则会返回错误消息。

S7-1200/1500 PLC 可以作为 Modbus TCP 通信的客户端或服务器，实现 PLC 之间的通信；也可以与支持 Modbus TCP 通信协议的第三方设备通信。很多传感器模块使用 Modbus TCP 协议。

（二）组态硬件

在 TIA 博途软件中生成一个名为"Modbus TCP 通信"的项目，生成作为客户端与服务器的 PLC_1 和 PLC_2，它们的 CPU 均为 CPU 1214C。设置它们的 ID 地址分别为 192.168.0.1 和 192.168.0.2，用拖曳的方法建立它们的以太网接口之间的连接。

（三）编写客户端的程序

在客户端的 OB1 中通过路径"通信"→"其他"→"Modbus TCP"，调用 MB_CLIENT 指

令(见图 4-4-1)。该指令用于建立或断开客户端和服务器的 TCP 连接、发送 Modbus 请求和接收服务器的响应帧。客户端支持多个 TCP 连接,最大连接数与所使用的 CPU 有关。

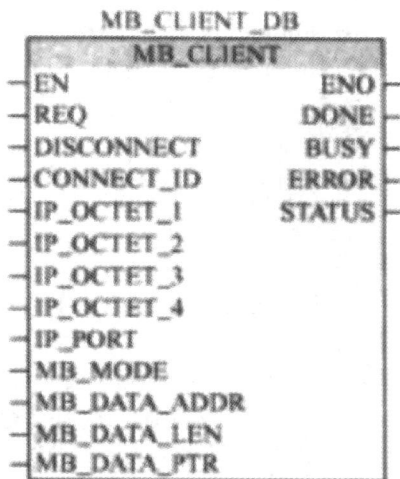

图 4-4-1　MB_CLIENT 指令(扩展视图)

MB_CLIENT 指令中主要参数的定义如下。

(1) REQ:通过该参数,发送与 Modbus TCP 通信服务器之间的通信请求。该参数受到等级的控制。这意味着只要设置了输入(REQ=true),指令就会发送通信请求。

(2) DISCONNECT:通过该参数,可以控制与 Modbus 通信服务器建立和终止连接。DISCONNECT=1,表示建立与指定 IP 地址和端口号的通信连接。DISCONNECT=0,表示断开通信连接。在终止连接的过程中,不执行任何其他功能。成功终止连接后,STATUS 参数将输出值 7003。如果在建立连接的过程中设置了参数 REQ,则将立即发送连接请求。

(3) CONNECT_ID:通过该参数,确定连接的唯一 ID。使用 MB_CLIENT 和 MB_SERVER 指令必须指定一个唯一的连接 ID。

(4) IP_OCTET_1:Modbus TCP 通信服务器 IP 地址中的第一个 8 位字节。

(5) IP_OCTET_2:Modbus TCP 通信服务器 IP 地址中的第二个 8 位字节。

(6) IP_OCTET_3:Modbus TCP 通信服务器 IP 地址中的第三个 8 位字节。

(7) IP_OCTET_4:Modbus TCP 通信服务器 IP 地址中的第四个 8 位字节。

(8) IP_PORT:该参数用来指定服务器上使用 TCP/IP 协议与客户端建立连接和通信的 IP 端口号(默认值:502)。

(9) MB_MODE:通过该参数,选择请求模式(读取、写入或诊断)。

(10) MB_DATA_ADDR:通过该参数,指定由 MB_CLIENT 指令访问数据的起始地址。

(11) MB_DATA_LEN:通过该参数,指定数据访问的位数或字数。

(12) MB_DATA_PTR:通过该参数,指向 Modbus 数据寄存器的指针。

(13) DONE:只要最后一个作业成功完成,立即将输出参数 DONE 的位置置"1"。

(14) BUSY:BUSY=0,表示当前没有正在处理的"MB_CLIENT"作业;BUSY=1,表示"MB_CLIENT"作业正在进行中。

（15）ERROR：ERROR＝1，表示无错误；ERROR＝0，表示出错了。错误原因由参数STATUS 指示。

（16）STATUS：通过该参数，指示指令的错误代码。

使用 Modbus 通信客户端调用 Modbus 指令时，调用过程中统一输入数据，输入参数的状态将存储在内部，并在下一次调用时进行比较。这种比较用于确定这一特定调用是否初始化为当前请求。如果使用一个通用背景数据块，那么可以指定多个"MB_CLIENT"调用。在执行"MB_CLIENT"实例的过程中，不得更改输入参数的值。如果在执行过程中更改了输入参数的值，那么将无法使用"MB_CLIENT"检查实例当前是否正在执行。

Modbus TCP 通信客户端可以支持多个 TCP 连接，连接的最大数目取决于所使用的CPU。一个 CPU 的总连接数，包括 Modbus TCP 通信客户端和服务器的连接数，不能超过所支持的最大连接数。Modbus TCP 连接也可以由客户端和服务器连接共享。

使用各客户端连接时，需遵循以下规则。

（1）每个"MB_CLIENT"连接都必须使用唯一的背景数据块。

（2）对于每个"MB_CLIENT"连接，必须指定唯一的服务器 IP 地址。

（3）每个"MB_CLIENT"连接都需要一个唯一的连接 ID。

（4）该指令的各背景数据块都必须使用各自相应的连接 ID。连接 ID 与背景数据块组合成对，对每个连接，组合对必须唯一。根据服务器组态，可能需要或不需要 IP 端口的唯一编号。

（四）编写服务器的程序

Modbus TCP 通信服务器通过"MB_SERVER"通信块配置，通过 PROFINET 连接进行通信。MB_SERVER 指令（见图 4-4-2）将处理 Modbus TCP 通信客户端的连接请求，接收、处理 Modbus 请求并发送响应帧。使用该指令时，可通过 CPU 或 CM/CP 的本地接口建立连接，无需其他任何硬件模块。

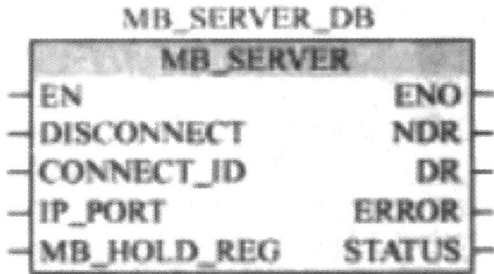

图 4-4-2　MB_SERVER 指令（扩展视图）

MB_SERVER 指令中主要参数的定义如下。

（1）DISCONNECT：MB_SERVER 指令建立与一个伙伴模块的被动连接。服务器会响应在 CONNECT_ID 参数的系统数据类型 SDT"TCON_IP_v4"中输入的 IP 地址请求。接收一个请求后，可以使用该参数进行控制。DISCONNECT＝0，表示在无通信连接时建立被动连接。DISCONNECT＝1，表示终止连接初始化。如果已置位该输入，那么不会执行其他操作。成功终止连接后，STATUS 参数将输出值 0003。

（2）MB_HOLD_REG：指向 MB_SERVER 指令中 Modbus 保持型寄存器的指针 MB_HOLD_REG 引用的存储区必须大于两个字节。保持型寄存器中包含 Modbus 客户端通过功能 3（读取）、6（写入）、16（多次写入）和 23（在一个作业中读写）可访问的值。作为保持型寄存器,可以使用具有优化访问权限的全局数据块,也可以使用位存储器的存储区。

（3）CONNECT_ID:通过该参数,指向连接描述结构的指针。

（4）NDR:NDR＝0,表示无新数据;NDR＝1,表示从 Modbus 客户端写入新数据。

（5）DR:DR＝0,表示未读取数据;DR＝1,表示从 Modbus 客户端读取数据。

（6）ERROR:如果在调用 MB_SERVER 指令的过程中出错了,则将 ERROR 参数的输出设置为"1"。

（7）STATUS:通过该参数,显示指令的详细状态信息。

MB_SERVER 指令支持多个服务器连接,允许一个单独 CPU 同时接收来自多个 Modbus TCP 通信客户端的连接,连接的最大数目取决于所使用的CPU。一个CPU 的总连接数,包括 Modbus TCP 客户端和服务器的连接数,不能超过所支持的最大连接数。 Modbus TCP 连接还可由 MB_CLIENT 和 MB_SERVER 实例共用。

连接服务器时,需遵循以下规则。

（1）每个"MB_SERVER"连接都必须使用唯一的背景数据块。

（2）每个"MB_SERVER"连接都必须使用唯一的连接 ID。

（3）MB_SERVER 指令的各背景数据块都必须使用各自相应的连接 ID。连接 ID 与背景数据块组合成对,对每个连接,组合对都必须唯一。对于每个连接,都必须单独调用 MB_ SERVER 指令。

（五）Modbus TCP 通信连接举例

实现两台 S7-1200 PLC 之间的 Modbus TCP 通信,实现从客户端读取服务器中的数据, 假设将服务器 MW2 和 MW4 中的数据读入客户端的数据块 DB2 中。

（1）硬件组态。

添加设备 PLC1(客户端)和 PLC2(服务器)。网络连接如图 4-4-3 所示。

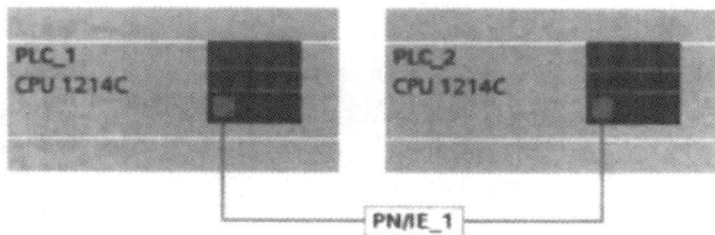

图 4-3-3　网络连接

硬件属性设置如表 4-4-1 所示。

表 4-4-1　硬件属性设置

设备	CPU 类型	IP 地址	端口号	硬件标识符
客户端	CPU 1214C	192.168.0.1	0	64
服务器	CPU 1214C	192.168.0.2	502	64

（2）在服务器 PLC2 中调用 MB_SERVER 指令。

在 PLC2 中新建全局数据块 MYDB2,新建"TCON_IP_v4"数据类型的变量 ss,如图 4-4-4所示。

MYDB2

	名称	数据类型	起始值
1	▼ Static		
2	▼ ss	TCON_IP_v4	
3	InterfaceId	HW_ANY	16#40
4	ID	CONN_OUC	16#1
5	ConnectionType	Byte	16#0B
6	ActiveEstablished	Bool	false
7	▼ RemoteAddress	IP_V4	
8	▼ ADDR	Array[1..4] of Byte	
9	ADDR[1]	Byte	16#C0
10	ADDR[2]	Byte	16#AB
11	ADDR[3]	Byte	16#0
12	ADDR[4]	Byte	16#1
13	RemotePort	UInt	0
14	LocalPort	UInt	502

图 4-4-4　服务器端 ss 变量的定义

结构“TCON_IP_v4”用于编程的连接，参数在预定义的结构中分配。

在服务器端的主程序中新建程序段 1，如图 4-4-5 所示。

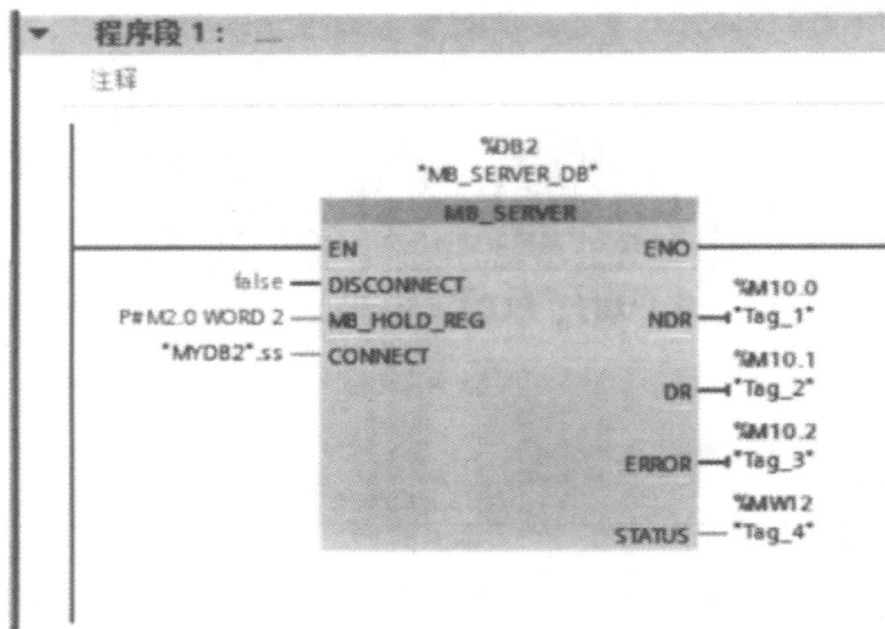

图 4-4-5　服务器端主程序

MB_HOLD_REG 指定的数据缓冲区可以设为 DB 块或 M 存储区地址，DB 块可以为优化的数据块，也可以为标准的数据块。

（3）在客户端 PLC1 中调用 MB_CLIENT 指令。

在 PLC1 中新建全局数据块 MYDB2，新建"TCON_IP_v4"数据类型的变量 ss，如图 4-4-6所示。

图 4-4-6　客户端 ss 变量的定义

结构"TCON_IP_v4"用于编程的连接，参数在预定义的结构中分配。

在客户端的主程序中新建程序段 1，如图 4-4-7 所示。

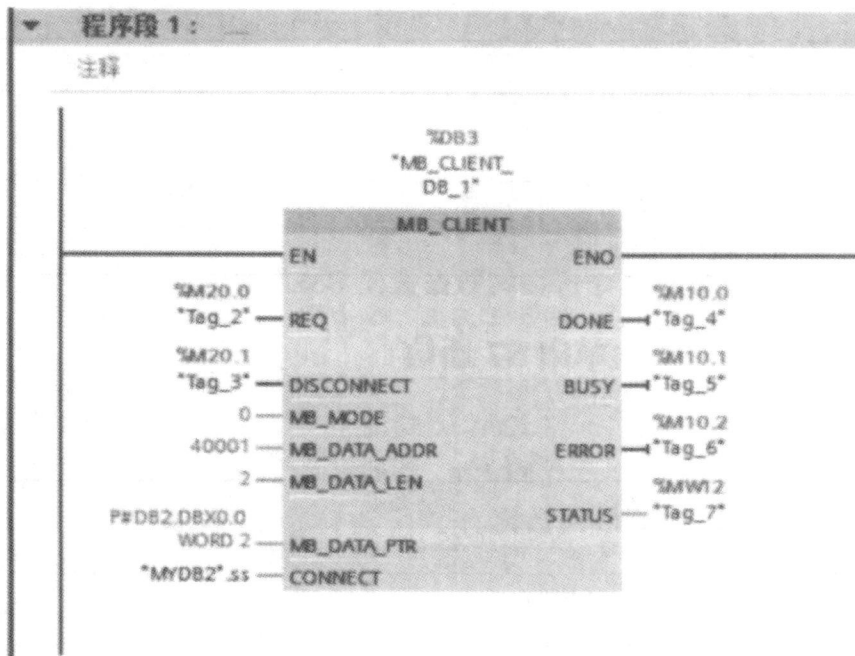

图 4-4-7　客户端主程序

MB_DATA_PTR 指定的数据缓冲区可以设为 DB 块或 M 存储区地址，DB 块可以为优化的数据块，也可以为标准的数据块。

MB_CLIENT 指令的背景数据块 MB_CLIENT_DB_1 中，在静态变量 Static 下可以找到 MB_Unit_ID（默认起始值为 16♯FF），相当于 Modbus RTU 协议中的从站地址。

【实践操作】

一、软硬件设备组态

完成软硬件设备组态并填表 4-4-2。

表 4-4-2　软硬件设备组态工作表

序号	工作步骤	操作方法	注意事项	使用工具
1	硬件连接			
2				
3				
1	软件组态			
2				
3				

二、程序编写

完成程序编写并填表 4-4-3。

表 4-4-3　程序编写记录表

序号	工作步骤	操作方法	注意事项
1	客户端数据块创建		
2	客户端程序编写		
3	服务器程序编写		
4	服务器变量表创建		

三、程序结果验证

完成程序结果验证并填表 4-4-4。

表 4-4-4　程序结果验证

序号	功能	工作步骤	1组	2组	3组	4组
1	发送	客户端发送区域（五组数据）				
2		服务器接收区域（五组数据）				
1	接收	客户端接收区域（五组数据）				
2		服务器发送区域（五组数据）				

【工作评价】

对学生任务实施情况进行评价,评价表如表 4-4-5 所示。

表 4-4-5 Modbus 通信评价表

过程	评价内容	评价标准	配分	得分
Modbus 通信认识	小组讨论情况	主动参与小组讨论,积极查阅资料,给出合理的答案	10	
	实践操作	为两台 PLC 正确分配角色	5	
硬件组态	小组讨论情况	主动参与小组讨论,积极查阅资料,给出合理的答案	5	
	硬件选择	正确进行设备选型	5	
	硬件布置	正确进行设备间接线	5	
软件组态	IP 地址分配	遵循 IP 地址分配原则	5	
	CPU 属性参数修改	正确修改 CPU 属性参数	10	
	通信网络配置	在网络视图中进行 Modbus TCP 连接配置	5	
程序编写	数据块创建	按要求创建完成任务所需的客户端数据块	10	
	变量表创建	按要求创建完成任务所需的服务器变量表	10	
	程序编写	按要求使用 MB_CLIENT 和 MB_SERVER 指令进行程序编写	10	
程序运行	程序下载、运行	在教师的监督下,完成程序下载及运行	5	
	数据验证	更改数据,反复进行验证	5	
故障排查	故障分析排除	能够分析数据出错原因,并进行相应的修改	10	
汇总			100	

项目 5
PLC 通过开关量控制机器人

◀ 【工作任务】

（1）掌握移动值指令、循环移位指令和比较指令的编程及应用，并制作思维导图；

（2）正确对程序进行调试；

（3）正确编写 PLC 控制机器人程序并调试。

◀ 【知识目标】

（1）掌握移动值指令、循环移位指令和比较指令的编程及应用；

（2）掌握 S7-1200 PLC 程序设计方法。

◀ 【能力目标】

（1）会使用移动值指令、循环移位指令和比较指令编写梯形图程序并下载到 CPU；

（2）能基于任务要求进行程序的设计、编写以及在线调试。

◀ 【素养目标】

（1）通过比较指令的学习及程序的编写，训练学生的逻辑思维能力，培养学生思考的学习习惯；

（2）在任务实施过程中，逐步培养学生遵守安全规范、爱岗敬业、团结协作的职业素养。

◀ 5.1 学习任务：S7-1200 PLC 基本指令（二）▶

【任务目标】

（1）掌握移动值指令及其应用；

（2）掌握循环移位指令及其应用；

（3）掌握比较指令及其应用。

【小组讨论】

移动值指令、循环移位指令和比较指令的含义分别是什么？它们各适用于哪些场合？

_____

_____

_____

【计划准备】

（1）思维导图软件；

（2）纸、笔记本；

（3）可供查阅资料的互联网电脑 1 台。

【相关知识】

一、移动值指令

在 S7-1200 PLC 的梯形图程序中，用方框表示某些指令、函数（FC）和函数块（FB），输入信号均在方框的左边，输出信号均在方框的右边。梯形图程序中，左侧是一条提供能流的垂直线（左母线），当左侧逻辑运算结果 RLO 为"1"时，能流流到方框指令的左侧使能输入端 EN（enable input）。使能有允许的意思。使能输入端有能流时，方框指令才能执行。

如果方框指令使能端入端 EN 有能流输入，而且执行时无错误，则使能输出端 ENO（enable output）将能流流入下一元件。如果执行过程中有错误，能流在出现错误的方框指令处终止。

移动值指令（MOVE）是将 IN 输入端的源数据传送（复制）到输出端 OUT1 指定的目标地址，并且转换为 OUT1 允许的数据类型（与是否进行 IEC 检查有关），源数据保持不变。IN 和 OUT1 的数据类型可以是位字符串、整数、浮点数、定时器、日期时间、Char、WChar 等。另外，IN 还可以是常数。

需要提请注意的是：如果输入 IN 数据类型的位长度超出输出 OUT1 数据类型的位长度，则源数据的高位会丢失；如果输入 IN 数据类型的位长度小于输出 OUT1 数据类型的位长度，则目标值的高位会被改写为"0"。

MOVE 指令允许有多个输出。单击 MOVE 指令方框内 OUT1 前面的"❄"标记，将会增加一个输出，增加的输出的名称为"OUT2"，以后增加的输出的编号按顺序递增。用鼠标右键单击某个输出的短线，执行快捷菜单中的"删除"命令，将会删除该输出。删除后自动调整剩下的输出的编号。

移动值指令的应用如图 5-1-1 所示。

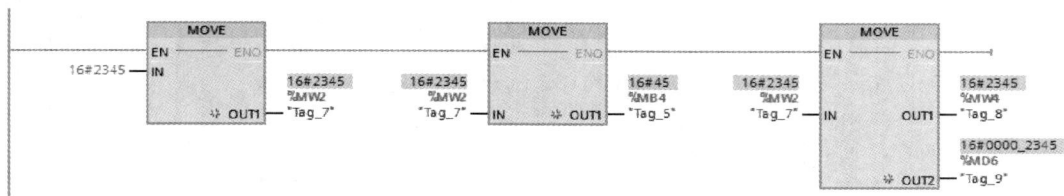

图 5-1-1 移动值指令的应用

二、循环移位指令

循环移位指令有循环左移指令(ROL)和循环右移指令(ROR)两条,是将输入参数 IN 指定的存储单元的整个内容逐位循环左移或循环右移若干位,即移出来的位又送回存储单元另一端空出来的位,原始的位不会丢失。N 指定移位的位数,移位的结果保存在输出参数 OUT 指定的地址。移位的位数 N 可以大于被移位存储单元的位数。执行指令后,ENO 总是处于"1"状态。N 为 0 时不移位,但将 IN 指定的输入值复制给 OUT 指定的地址。

循环移位指令说明见表 5-1-1。

表 5-1-1 循环移位指令说明

指令名称	LAD/FBD	操作数类型		说明
循环左移指令		IN、OUT:位字符串、整数		将输入 IN 操作数的内容按位向左移 N 位,并输出到 OUT 中。用移出来的位填充因循环移位而空出来的位
		参数 N:USInt、UInt、UDInt		
		IN N OUT		
循环右移指令		IN、OUT:位字符串、整数		将输入 IN 操作数的内容按位向右移 N 位,并输出到 OUT 中。用移出来的位填充因循环移位而空出来的位
		参数 N:USInt、UInt、UDInt		
		IN N OUT		

循环移位指令的应用如图 5-1-2 所示。MB2 中的数据为二进制 01111011，执行 ROR 指令后，MB4 中的数据变为 01101111，MW6 中的数据为 0101001010111010，执行 ROL 指令后 MW8 中的数据变为 1001010111010010。

图 5-1-2　循环移位指令的应用

三、比较指令

比较指令用来比较数据类型相同的两个数 IN1 和 IN2 的大小，相比较的两个数 IN1 和 IN2 分别在触点的上面和下面。它们的数据类型必须相同。操作数可以是 I、Q、M、L、D 存储区中的变量或常数。比较两个字符串是否相等时，实际上比较的是它们各对应字符的 ASCII 码的大小，第一个不相同的字符决定了比较的结果。

比较指令可视为一个等效的触点，比较的符号可以是“＞”（大于）、“＝＝”（等于）、“＜＞”（不等于）、“＜”（小于）、“＞＝”（大于或等于）和“＜＝”（小于或等于），比较的数据类型有多种。比较指令的运算符号及数据类型在指令的下拉列表中可见，如图 5-1-3 所示。当满足比较关系式给出的条件时，等效触点接通。

生成比较指令后，用鼠标双击触点中间比较符号下面的“???”，单击出现的“▾”图标，用下拉列表设置要比较的数据的类型。如果想修改比较指令的比较符号，只要用鼠标双击比较符号，然后单击出现的“▾”图标，就可以通过下拉列表修改比较符号了。

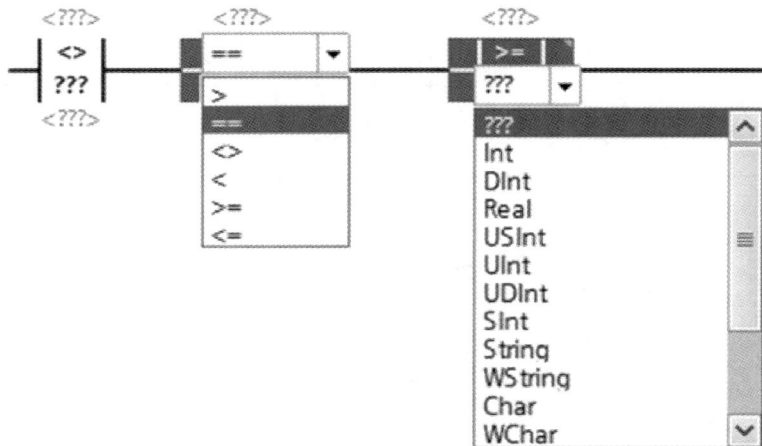

图 5-1-3　比较指令的运算符号及数据类型

比较指令说明如表 5-1-2 所示。

表 5-1-2 比较指令说明

名称	LAD	数据类型	说明
等于比较	<???> ‖=‖ ???	SInt、Int、DInt、USInt、UInt、UDInt、Real、LReal、String、WString、Char、WChar、Date、Time、DTL、Time_of_Day	用于比较数据类型相同的两个数。该触点的比较结果为 true 时,则该触点会因被激活而闭合;否则,该触点断开
不等于比较	<???> ‖<>‖ ???		
大于或等于比较	<???> ‖>=‖ ???		
小于或等于比较	<???> ‖<=‖ ???		
大于比较	<???> ‖>‖ ???		
小于比较	<???> ‖<‖ ???		

【实践操作】

一、信息搜集

搜集信息并填表 5-1-3。

表 5-1-3 信息搜集工作表

序号	信息搜集渠道	关键词	笔记记录	记录员姓名
1	互联网			
2				
3				
4				
5				
6				
1	教材			
2				
3				
4				
5				
6				

二、思维导图制作

制作思维导图并张贴在指定的区域。

请在此框内张贴小组讨论后的思维导图：

【工作评价】

对学生任务实施情况进行评价，评价表如表 5-1-4 所示。

表 5-1-4　基本指令评价表

过程	评价内容	评价标准	配分	得分
信息搜集	小组讨论情况	主动参与小组讨论，积极查阅资料，给出合理的答案	10	
	信息查找	积极搜集信息，信息来源广泛	20	
内容准备	分支确定	根据查阅的资料合理确定分支	10	
	信息来源	对分支标注不同信息的来源	10	
	内容填充	正确进行内容填充	10	
思维导图制作	过程记录	正确、及时记录思维导图制作过程	10	
	文字信息录入	熟练使用思维导图软件	10	
	小组成员活动	小组成员根据当前进度正确进行分工	10	
思维导图修改	分析修改	斟酌思维导图的合理性，进行相应的修改	10	
	汇总		100	

◀ 5.2 学习任务:S7-1200 PLC 程序设计方法 ▶

【任务描述】

制作"程序设计方法"思维导图,条理化展示各设计方法及其适用范围。

【任务目标】

(1)掌握程序设计方法转化法;
(2)掌握程序设计方法顺序控制设计法。

【小组讨论】

S7-1200 PLC 有哪些程序设计方法?各方法的适用范围是怎样的?

【计划准备】

(1)思维导图软件;
(2)纸、笔记本;
(3)可供查阅资料的互联网电脑 1 台。

【相关知识】

一、转化法

根据继电器-接触器控制电路设计梯形图的方法又称为转化法或移植法。

根据继电器-接触器控制电路设计 PLC 梯形图时,关键要抓住它们一一对应的关系,即控制功能的对应、逻辑功能的对应,以及继电器硬件元件和 PLC 软元件的对应。

(一)转化法设计程序的步骤

转化法设计程序的步骤如下。

(1)了解和熟悉被控设备的工艺过程和机械动作的情况,根据继电器-接触器控制电路分析和掌握控制系统的工作原理。

(2)确定 PLC 的输入信号和输出信号,画出 PLC 外部 I/O 接线图。

(3)建立其他元器件的对应关系。

(4)根据对应关系画出 PLC 的梯形图。

(二)注意事项

(1)应遵守梯形图语言的语法规定。

(2)常闭触点所提供的输入信号的处理。如果继电器-接触器控制电路中的常闭触点在转换为梯形图时仍为常闭触点,以便与继电器-接触器控制电路保持一致,那么在输入信号接线时就一定要连接该触点的常开触点。

（3）外部联锁电路的设定。为了防止外部两个不可能同时动作的接触器等同时动作，除了在 PLC 梯形图中设置软件互锁外，还应在 PLC 外部设置硬件互锁。

（4）通电延时型时间继电器瞬动触点的处理。对于有瞬动触点的通电延时型时间继电器，可以在梯形图中对应的接通延时定时器指令方框的两端并联位存储器，该位存储器的触点可以作为接通延时定时器的瞬动触点使用。

（5）热继电器过载信号的处理。如果热继电器为自动复位型，其触点所提供的过载信号必须通过输入点提供给 PLC；如果热继电器为手动复位型，可以将其常闭触点串联在 PLC 输出回路的交流接触器线圈支路上。

二、顺序控制设计法

顺序控制就是按照生产工艺预先规定的顺序，在各个输入信号的作用下，根据内部状态和时间的顺序，在生产过程中各个执行机构自动地、有序地进行操作。针对顺序控制系统，设计程序时首先根据系统的工艺过程画出顺序功能图，然后根据顺序功能图编制梯形图，称为顺序控制设计法。

顺序控制设计法最基本的思想是将系统的一个工作周期划分为若干个顺序相连的阶段（这些分阶段称为步（step）），并用编程元件（如位存储器 M）来代表各步。步是根据输出量的状态变化来划分的。

顺序控制设计法用转移条件控制代表各步的编程元件，让它们的状态按一定的顺序变化，然后用代表各步的编程元件去控制 PLC 的各输出位。

（一）顺序功能图

顺序功能图又称为状态转移图，主要由步、有向连线、转移、转移条件和动作（命令）等要素组成，如图 5-2-1 所示。

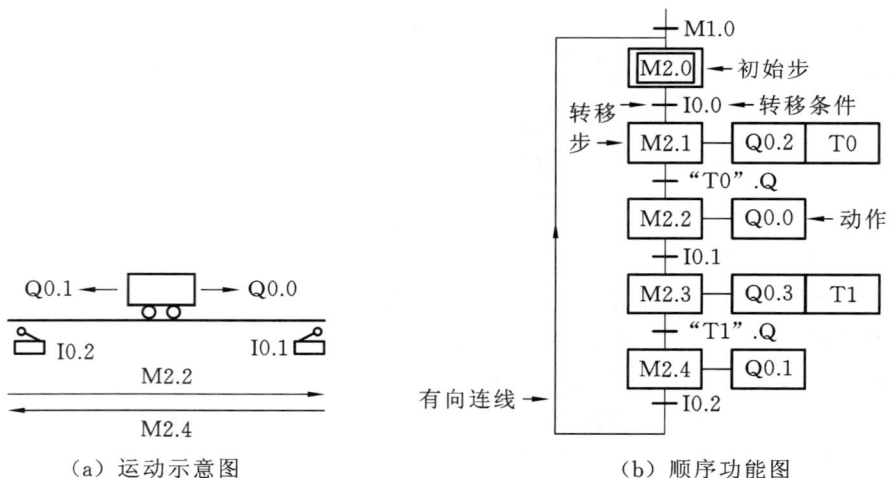

（a）运动示意图　　　　　　　　（b）顺序功能图

图 5-2-1　顺序功能图示例

1. 步

步又分为初始步、一般步和活动步，相应的状态称为初始状态、一般状态和活动状态。

（1）初始步。与系统的初始状态相对应的步称为初始步。初始状态一般是系统等待启动命令的相对静止的状态。初始步在顺序功能图中用双线方框表示,每个顺序功能图至少应有一个初始步。

(2)一般步。除初始步以外的步均为一般步。每一步相当于控制系统的一个阶段。一般步用单线方框表示。方框内(包括初始步框)中都有一个表示该步的元件编号,相应的元件称为状态元件。状态元件可以按状态顺序连续编号,也可以不连续编号。

(3)活动步。在顺序功能图中,如果某一步被激活,则该步处于活动状态,称该步为活动步。步被激活时该步的所有命令与动作均得到执行,而未被激活的步中的命令与动作均不能得到执行。在顺序功能图中,被激活的步有一个或几个,当下一步被激活时,前一个激活步一定要关闭。整个顺序控制就是这样逐个激活步,从而完成全部控制任务。

2. 命令和动作

命令是指控制要求,而动作是指完成控制要求的程序。与状态对应时,命令和动作是指每一个状态所发生的命令和动作。在顺序功能图中,命令和动作用相应的文字和符号(包括梯形图程序行)写在状态方框的旁边,并用直线与状态方框相连。如果某一步有几个动作,可以用图 5-2-2 所示的两种画法来表示。需要特别指出的是,图 5-2-2 中并不隐含这些动作之间的顺序。

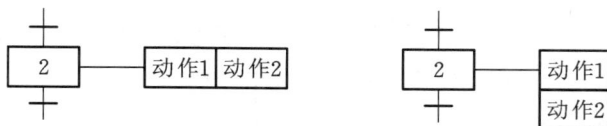

图 5-2-2 多个动作的表示方法

3. 有向连线

在顺序功能图中,随着时间的推移和转移条件的实现,将会发生步的活动状态的顺序进展,这种进展按有向连线规定的路线和方向进行。在画顺序功能图时,将代表各步的方框按它们成为活动步的先后次序顺序排列,并用有向连线将它们连接起来。活动状态的进展方向习惯上是从上到下、从左到右,在这两个方向上有向连线上的箭头可以省略。如果不是上述方向,应在有向连线上用箭头注明进展方向。

如果在画顺序功能图时有向连线必须中断(如用几个部分来表示一个顺序功能图),则应在有向连线中断处标明下一步的标号和所在页码,并在有向连线中断的开始和结束处用箭头标记。

4. 转移和转移条件

(1)转移。转移用与有向连线垂直的短画线表示。转移将相邻两步分隔开。步的活动状态的进展是由转移的实现来完成的,并与控制过程的发展相对应。

(2)转移条件。使系统由当前步进入下一步的信号称为转移条件。转移条件不仅可以是外部输入信号,如按钮、行程开关、开关量传感器等接通/断开;而且可以是 PLC 内部产生的信号,如定时器、计数器输出位的常开触点的接通/断开等;还可以是若干个信号的与、或、非逻辑组合。

转移条件可以用文字语言、布尔代数表达式或图形符号标注在表示转移的短画线旁边。使用最多的转移条件表示方法是布尔代数表达式。

（二）顺序功能图的基本结构

顺序功能图的基本结构如图 5-2-3～图 5-2-5 所示。

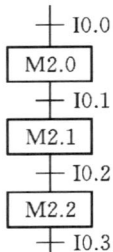

图 5-2-3 单序列

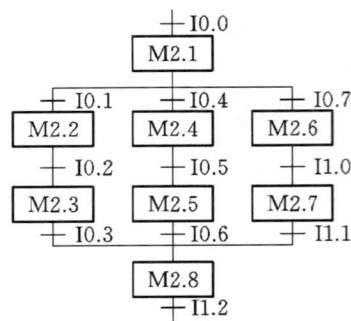

图 5-2-4 选择序列

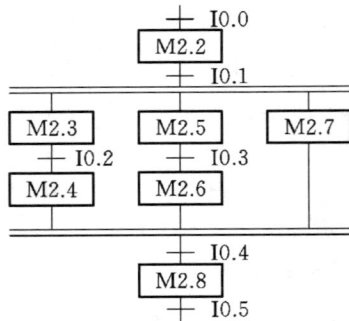

图 5-2-5 并行序列

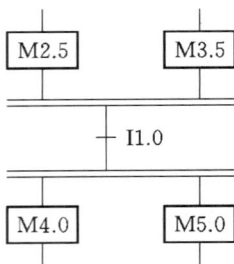

图 5-2-6 转移的同步实现

（三）顺序功能图中转移实现的基本规则

1. 转移实现的条件

（1）该转移所有的前级步必须是活动步。

（2）对应的转移条件成立。

如果转移的前级步或后级步不止一个，转移的实现称为同步实现。为了强调同步实现，有向连线的水平部分用双线表示，如图 5-2-6 所示。

2. 转移应完成的操作

（1）使所有由有向连线与相应转移符号相连的后续步都变为活动步。

（2）使所有由有向连线与相应转移符号相连的前级步都变为不活动步。

（四）绘制顺序功能图的注意事项

（1）两个步绝对不能直接相连，必须用一个转移将它们隔开。

（2）两个转移也不能直接相连，必须用一个步将它们隔开。

（3）顺序功能图中的初始步一般对应于系统等待启动的初始状态，初始步可能没有输出执行，但初始步是必不可少的。

（4）自动控制系统应能多次重复执行同一工艺过程，因此在顺序功能图中一般应有由步和有向连线组成的闭环，即在完成一次工艺过程的全部操作之后，应从最后一步返回初始步，系统停留在初始状态（单周期操作）。在连续循环工作方式下，应从最后一步返回至下一个工作周期开始运行的第一步。

（5）在顺序功能图中，只有当某一步的前级步是活动步时，该步才有可能变成活动步。如果用没有断电保持功能的编程元件代表各步，进入 RUN 工作状态时，它们均处于 OFF 状态。一般在对 CPU 组态时设置默认的 MB1 为系统存储器字节，用开机时接通一个扫描周期的 M1.0 的常开触点作为转移条件，将初始步预置为活动步，否则由于顺序功能图中没有活动步，系统将无法工作。

（五）顺序控制设计法设计的基本步骤及内容

1. 步的划分

步是根据 PLC 输出状态的变化来划分的,如图 5-2-7 所示,在每一步内 PLC 各输出量状态均保持不变,但是相邻两步输出量总的状态是不同的。步的这种划分方法使代表各步的编程元件的状态与各输出量的状态之间有着极为简单的逻辑关系。

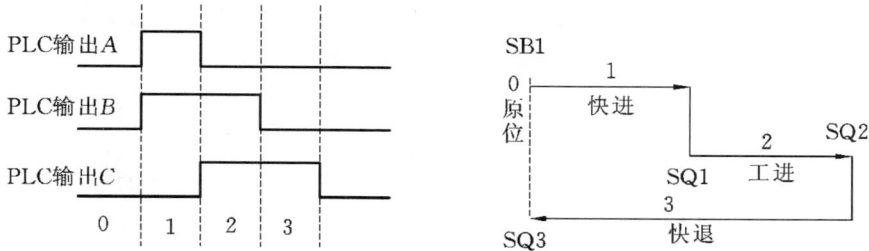

图 5-2-7　步的划分

步也可以根据被控对象工作状态的变化来划分,但被控对象工作状态的变化应该是由 PLC 输出状态的变化引起的。

2. 转移条件的确定

转移条件是使系统从当前步进入下一步的信号。转移条件可能是外部输入信号,如按钮、行程开关的接通/断开等;也可能是 PLC 内部产生的信号,如定时器和计数器输出位的常开触点的接通/断开等;还可能是若干个信号的与、或、非逻辑组合。

3. 顺序功能图的绘制

划分了步并确定了转移条件后,就应根据以上分析和被控对象的工作内容、步骤、顺序及控制要求画出顺序功能图。这是顺序控制设计法中最关键的一个步骤。

4. 梯形图的绘制

根据顺序功能图,采用某种编程方式设计出梯形图程序。如果 PLC 支持功能图语言,则可直接使用功能图作为最终程序。这里需要指出的是,S7-1200 PLC 不支持功能图语言。

（1）启保停编程方式。

启保停电路仅仅使用与触点和线圈有关的位逻辑指令,如常开触点、常闭触点、线圈输出等指令。各种型号的 PLC 都有这一类指令,所以这是一种通用的编程方式,适用于各种型号的 PLC。启保停编程方式应用示例如图 5-2-8 所示。

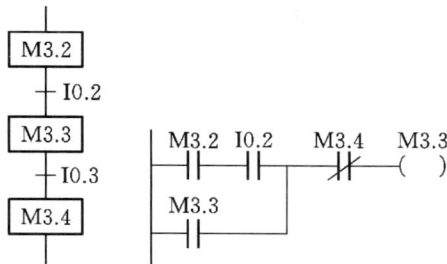

图 5-2-8　启保停编程方式应用示例

（2）使用启保停编程方式的单序列编程举例。

图 5-2-9 所示为某小车运动的示意图。小车初始停在 I0.2 位置,当按下启动按钮 I0.3 时,小车开始左行,左行至 I0.1 位置,小车改为右行,右行至 I0.2 位置,小车又改为左行,左行至 I0.0 位置时停下,小车开始右行,右行至 I0.2 位置停下并停在原位。

相应的顺序功能图如图 5-2-10 所示,采用启保停编程方式编制的单序列梯形图如图 5-2-11 所示。初始步 M2.0 的程序为程序段 1。在程序段 1 中,"％M1.0"为系统存储器字节"首次循环",在启动 OB 完成后,第一个扫描周期置为 1,之后的扫描周期复位为 0,所以首次扫描为 ON。初始步的上一步为 M2.4,二者构成单循环。

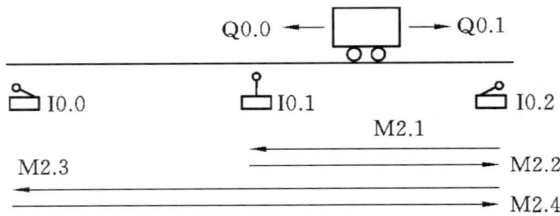

图 5-2-9　运动示意图

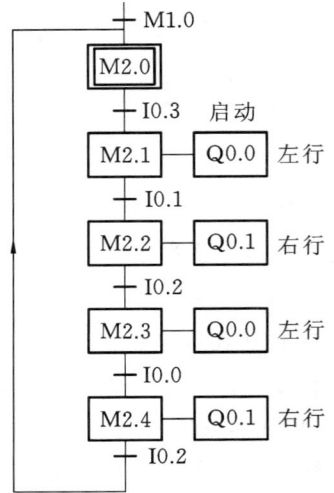

图 5-2-10　顺序功能图

程序段 1: 初始步,M1.0为PLC首次扫描为ON,I0.2为右限位信号

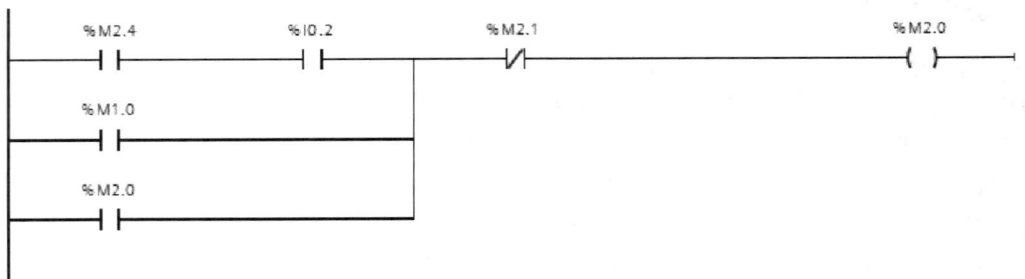

程序段 2: 第一次左行(第一步),I0.3为启动信号

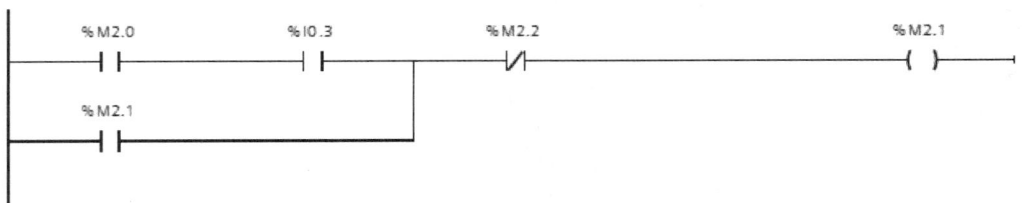

图 5-2-11　采用启保停编程方式编制的单序列梯形图

▼ **程序段 3:** 第一次右行(第二步),I0.1为中间位限位信号

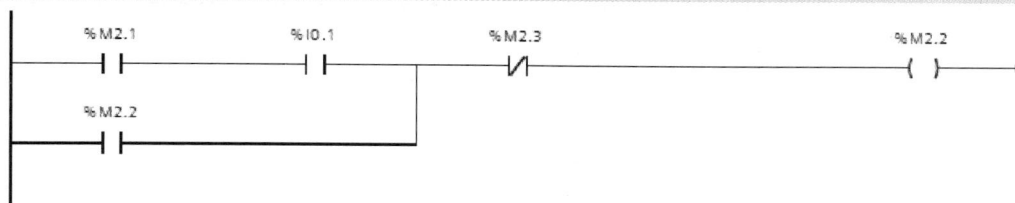

```
 %M2.1        %I0.1         %M2.3              %M2.2
  ┤├          ┤├            ┤/├               ─( )─

 %M2.2
  ┤├
```

▼ **程序段 4:** 第二次右行(第三步),I0.2为右限位信号

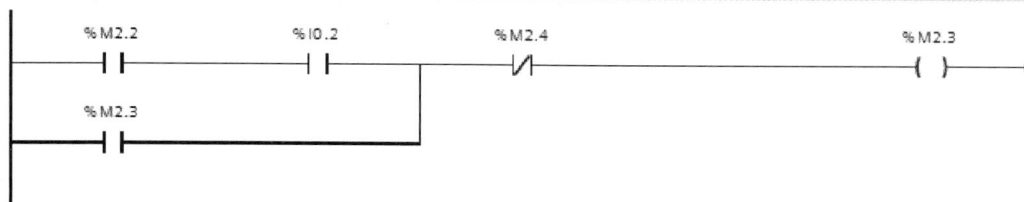

```
 %M2.2        %I0.2         %M2.4              %M2.3
  ┤├          ┤├            ┤/├               ─( )─

 %M2.3
  ┤├
```

▼ **程序段 5:** 第二次左行(第四步),I0.0为左限位信号

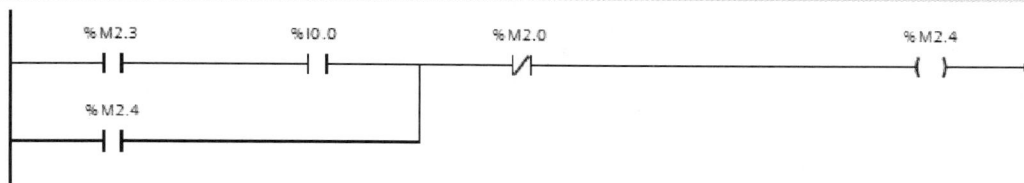

```
 %M2.3        %I0.0         %M2.0              %M2.4
  ┤├          ┤├            ┤/├               ─( )─

 %M2.4
  ┤├
```

▼ **程序段 6:** 小车左行

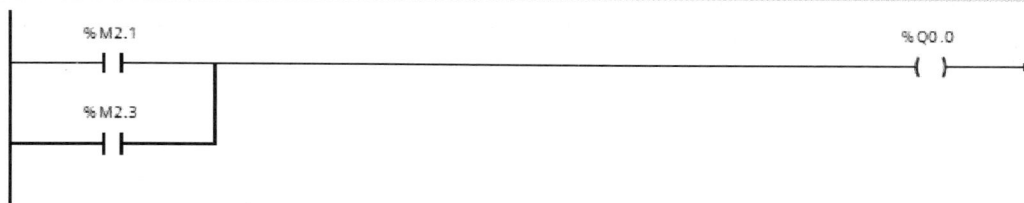

```
 %M2.1                                         %Q0.0
  ┤├                                          ─( )─

 %M2.3
  ┤├
```

▼ **程序段 7:** 小车右行

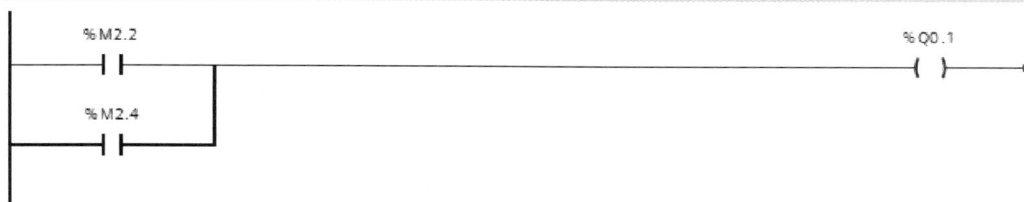

```
 %M2.2                                         %Q0.1
  ┤├                                          ─( )─

 %M2.4
  ┤├
```

续图 5-2-11

【实践操作】

一、信息搜集

搜集信息并填表 5-2-1。

表 5-2-1　信息搜集工作表

序号	信息搜集渠道	关键词	笔记记录	记录员姓名
1	互联网			
2				
3				
4				
5				
6				
1	教材			
2				
3				
4				
5				
6				

二、思维导图制作

制作思维导图并张贴在指定的区域。

请在此框内张贴小组讨论后的思维导图：

【工作评价】

对学生任务实施情况进行评价，评价表如表 5-2-2 所示。

表 5-2-2　程序设计评价表

过程	评价内容	评价标准	配分	得分
信息搜集	小组讨论情况	主动参与小组讨论，积极查阅资料，给出合理的答案	10	
	信息查找	积极搜集信息，信息来源广泛	20	
内容准备	分支确定	根据查阅的资料合理确定分支	10	
	信息来源	对分支标注不同信息的来源	10	
	内容填充	正确进行内容填充	10	
思维导图制作	过程记录	正确、及时记录思维导图制作过程	10	
	文字信息录入	熟练使用思维导图软件	10	
	小组成员活动	小组成员根据当前进度正确进行分工	10	
思维导图修改	分析修改	斟酌思维导图的合理性，进行相应的修改	10	
	汇总		100	

◀ 5.3　实操任务：PLC 控制机器人运动 ▶

【任务描述】

对总控单元的 PLC 1、执行单元的工业机器人进行编程，实现以下控制要求：

（1）工业机器人将仓储单元存储的轮毂零件取出；

（2）优先取出编号较大的仓位中的轮毂零件；

（3）若此轮毂零件已被取出过，则跳过此仓位。

【任务目标】

（1）掌握 PLC 和机器人点到点通信原理；

（2）会绘制仓储指示灯系统的 I/O 接线图，并能根据接线图完成 PLC I/O 接线；

（3）能根据控制要求编写梯形图程序；

（4）会对机器人信号进行配置并编写机器人程序；

（5）掌握使用 TIA 博途软件进行设备组态、仓储指示灯系统梯形图编制，并下载至 CPU 进行调试运行。

【小组讨论】

本任务需编写 PLC 梯形图程序和机器人程序，小组讨论编程思路并有条理地列出。

_____

_____

_____

_____

_____

【计划准备】

（1）纸、笔记本；

（2）可供查阅资料的互联网电脑 1 台；

（3）立体仓储单元 1 套；

（4）机器人单元 1 套。

【任务实施】

一、设备与工具

完成本任务所需设备与工具如表 5-3-1 所示。

表 5-3-1　设备与工具

序号	名称	符号	型号规格	数量	备注
1	常用电工工具		十字螺丝刀、一字螺丝刀、尖嘴钳、剥线钳等	1 套	表中所列设备、器材的型号规格仅供参考
2	计算机（已安装 TIA 博途软件）			1 台	
3	西门子 S7-1200 PLC	CPU	CPU 1215C DC/DC/DC，订货号为 6ES7 215-1AG40-0XB0	1 台	
4	立体仓储单元			1 套	
5	机器人单元			1 套	
6	以太网通信线			1 根	
7	连接导线			若干	

二、内容与步骤

（一）任务要求

经分析可知，PLC 的任务要求为：

（1）向机器人反馈料仓的状态信息（是否有料）；

（2）根据机器人发出的仓位编号（也称仓位号、料仓编号）执行对应料仓的弹出动作；

（3）反馈当前料仓的弹出是否到位。

机器人的任务要求为：

（1）对有料的仓位编号进行大小判断；

（2）对 PLC 发出要取/放的仓位编号，并记录已经取/放过的仓位编号；

（3）执行取、放料动作。

（二）I/O 地址分配

I/O 地址分配表如表 5-3-2 所示，机器人信号说明如表 5-3-3 所示。

表 5-3-2　I/O 地址分配表

输入信号

硬件设备	端口号	信号名称	功能描述	对应硬件
仓储单元远程 I/O 模块 No.1 FR1108 数字量输入模块	1	I4.0	1♯料仓产品检知	光电开关
	2	I4.1	2♯料仓产品检知	
	3	I4.2	3♯料仓产品检知	
	4	I4.3	4♯料仓产品检知	
	5	I4.4	5♯料仓产品检知	
	6	I4.5	6♯料仓产品检知	

输出信号

硬件设备	端口号	信号名称	功能描述	对应硬件
仓储单元远程 I/O 模块 No.3 FR2108 数字量输出模块	1	Q4.0	1♯料仓—红	料仓指示灯
	2	Q4.1	1♯料仓—绿	
	3	Q4.2	2♯料仓—红	
	4	Q4.3	2♯料仓—绿	
	5	Q4.4	3♯料仓—红	
	6	Q4.5	3♯料仓—绿	
仓储单元远程 I/O 模块 No.4 FR2108 数字量输出模块	1	Q5.0	4♯料仓—红	料仓指示灯
	2	Q5.1	4♯料仓—绿	
	3	Q5.2	5♯料仓—红	
	4	Q5.3	5♯料仓—绿	
	5	Q5.4	6♯料仓—红	
	6	Q5.5	6♯料仓—绿	

表 5-3-3　机器人信号说明

序号	机器人信号名称	功能描述	类型	对应 I/O 点
1	FrPDigStorage1Hub	机器人得知 1♯料仓有料	Bool	Q17.0
2	FrPDigStorage2Hub	机器人得知 2♯料仓有料	Bool	Q17.1
3	FrPDigStorage3Hub	机器人得知 3♯料仓有料	Bool	Q17.2
4	FrPDigStorage4Hub	机器人得知 4♯料仓有料	Bool	Q17.3
5	FrPDigStorage5Hub	机器人得知 5♯料仓有料	Bool	Q17.4
6	FrPDigStorage6Hub	机器人得知 6♯料仓有料	Bool	Q17.5
7	FrPGroStorageArrive	告知机器人料仓弹出到位	byte	QB16
8	ToPGroStorageOut	弹出对应编号的仓位	Gro	I18.1～I18.3

机器人对应的信号值即为当前动作的料仓编号，如：FrPGroStorageArrive＝4，PLC 告知机器人当前 4♯料仓弹出到位；ToPGroStorageOut＝6，机器人告知 PLC 弹出 6♯料仓。

（三）创建工程项目

打开 TIA 博途软件，在 Portal 视图中选择"创建新项目"，输入项目名称"仓储信号灯控制"，选择项目保存路径，然后单击"创建"按钮完成项目创建，并完成项目硬件组态，如图 5-3-1 所示。

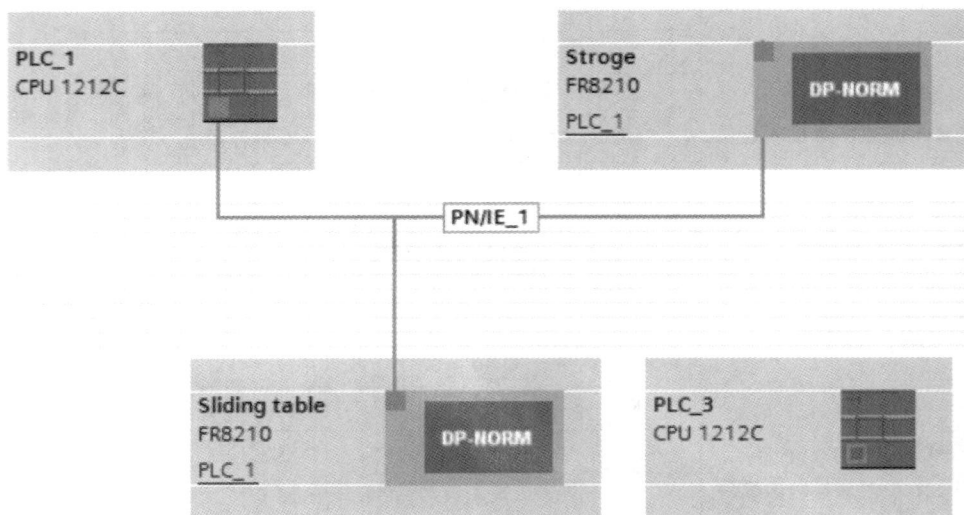

图 5-3-1 系统组态图

（四）编辑变量表

仓储单元和执行单元变量表分别如图 5-3-2、图 5-3-3 所示。

图 5-3-2 仓储单元变量表

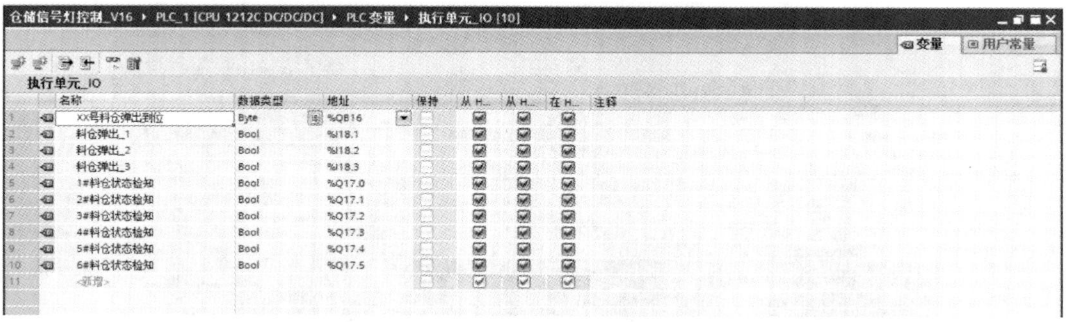

仓储信号灯控制_V16 ▸ PLC_1 [CPU 1212C DC/DC/DC] ▸ PLC 变量 ▸ 执行单元_IO [10]

变量 用户常量

执行单元_IO

	名称	数据类型	地址	保持	从 H...	从 H...	在 H...	注释
1	xx号料仓弹出到位	Byte	%QB16		✓	✓	✓	
2	料仓弹出_1	Bool	%I18.1		✓	✓	✓	
3	料仓弹出_2	Bool	%I18.2		✓	✓	✓	
4	料仓弹出_3	Bool	%I18.3		✓	✓	✓	
5	1#料仓状态检知	Bool	%Q17.0		✓	✓	✓	
6	2#料仓状态检知	Bool	%Q17.1		✓	✓	✓	
7	3#料仓状态检知	Bool	%Q17.2		✓	✓	✓	
8	4#料仓状态检知	Bool	%Q17.3		✓	✓	✓	
9	5#料仓状态检知	Bool	%Q17.4		✓	✓	✓	
10	6#料仓状态检知	Bool	%Q17.5		✓	✓	✓	
11	<新增>				✓	✓	✓	

图 5-3-3　执行单元变量表

（五）编写 PLC 程序

（1）功能划分。

PLC（见图 5-3-4）的功能如下。

① 向机器人反馈料仓的状态信息（是否有料）。

② 根据机器人发出的仓位编号执行对应料仓的弹出工作。

③ 反馈当前料仓的弹出是否到位。

机器人（见图 5-3-5）的功能如下。

① 对有料的仓位编号进行大小判断。

② 向 PLC 发出要取/放的仓位编号，并记录已经取/放过的仓位编号。

③ 执行取/放料动作。

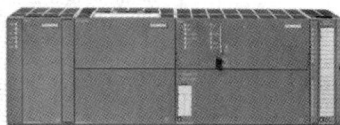

图 5-3-4　PLC 实物图

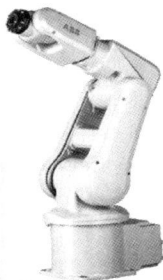

图 5-3-5　机器人

（2）PLC 程序编写。

① 根据功能划分可以知道，PLC 会根据机器人发出的仓位编号执行对应料仓的弹出动作，这就需要机器人对组信号（ToPGroStroageOut）的数值进行解码，即将其转化为等值的二进制数，然后通过扩展 I/O 模块的输出端口输出至 PLC 的输入端口。PLC 程序会综合这三个输入端口的状态执行不同的动作。

此处以 5＃料仓的弹出（见图 5-3-6）为例说明程序的编写。

编制的程序如图 5-3-7 所示。该程序不仅能满足弹出料仓的功能需求，还能将当前料仓的弹出状态反馈给机器人。

a. I18.3 点的状态为 1 时，该常开触点闭合；I18.2 点的状态为 0 时，该常闭触点闭合；I18.1 点的状态为 1 时，该常开触点闭合。综上，所有触点均处于闭合状态，图 5-3-7 中的条

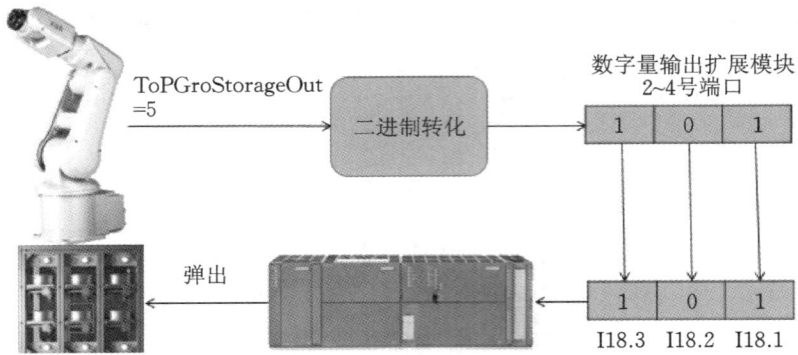

图 5-3-6　5♯料仓的弹出程序设计逻辑

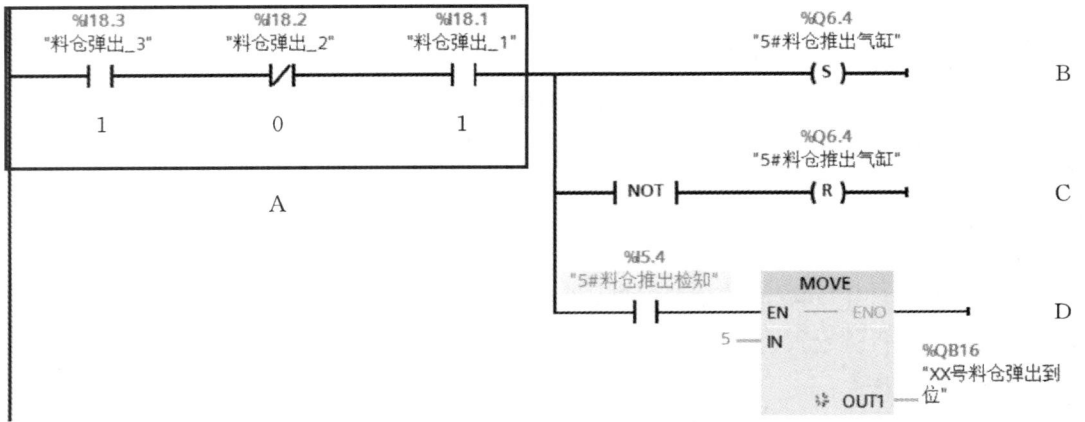

图 5-3-7　5♯料仓气缸推出梯形图示例

件 A 得到满足。

　　b. 当满足条件 A 时,执行 B 段程序,即 5♯料仓被推出;若不满足条件 A,则执行 C 段程序,即 5♯料仓缩回。

　　c. 当满足条件 A 且 5♯料仓已弹出时,会将弹出料仓编号(值为 5)反馈给机器人。

　　其他料仓的弹出、缩回以及弹出料仓的编号反馈,均可参考上述 5♯料仓的编程方式。其中,条件 A 对应不同的触发条件,如图 5-3-8 所示。

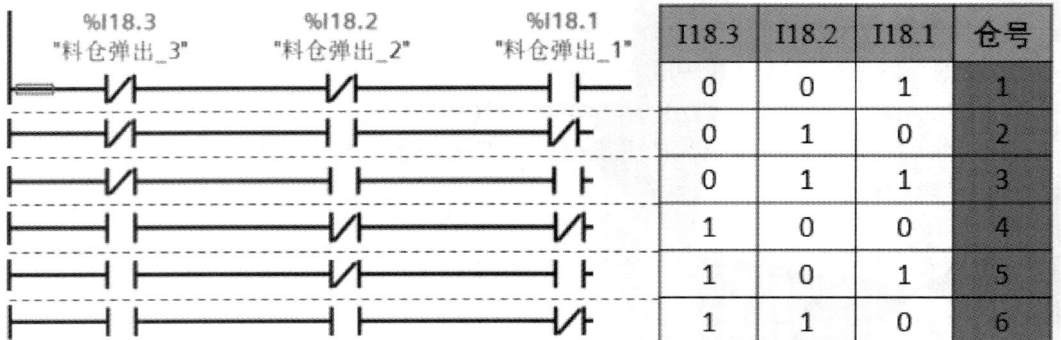

I18.3	I18.2	I18.1	仓号
0	0	1	1
0	1	0	2
0	1	1	3
1	0	0	4
1	0	1	5
1	1	0	6

图 5-3-8　各编号气缸对应编程方式

当I18.1~I18.3呈现不同的状态时,可启动不同的程序段。

② 根据功能划分可以知道,PLC需要将各个料仓是否有料的状态实时反馈给机器人。以1♯料仓为例,PLC只需将料仓产品检知传感器的接收信号反馈给机器人即可,梯形图如图5-3-9所示。

图 5-3-9 PLC将1♯料仓状态反馈机器人梯形图

其他的料仓状态信号的反馈程序均可参考图5-3-9进行编制。

③ 当"仓储取/放料"子程序编制完毕后,可在"仓储自检"时编制主程序的基础上调用该子程序。需要注意的是,仓储单元的仓储自检功能与取/放料动作不能同时起作用。

综上所述,应在主程序中设置互锁,如图5-3-10所示。

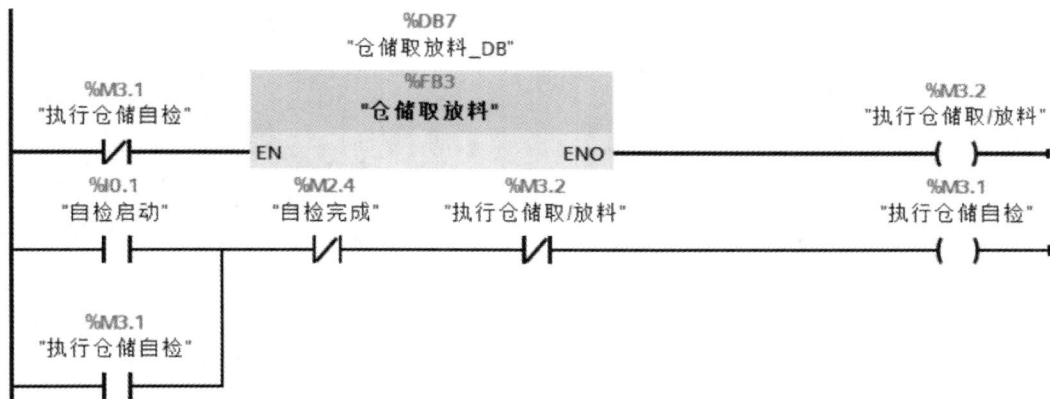

图 5-3-10 仓储取/放料主程序调用

(六)工业机器人扩展I/O模块配置

1. 工业机器人扩展I/O模块

当工业机器人的标准I/O板的I/O点位数无法满足实际应用需求时,可以为工业机器人添加扩展I/O模块。工业机器人扩展I/O模块包括两个组成部分:工业机器人扩展I/O适配器和I/O板卡。

(1)工业机器人扩展I/O适配器。

工业机器人扩展I/O适配器(见图5-3-11)支持DeviceNet通信,由于采用模块化的结构,因而可以自由增加、减少I/O板卡,从而满足数字量输入/输出和模拟量输入/输出要求。

(2)I/O板卡。

数字量输入模块用来采集现场的数字量信号。FR1108数字量输入模块(见图5-3-12)属PNP型(高电平有效),具有8个数字量输入点数。

数字量输出模块用于输出现场设备的数字量信号。FR2108数字量输出模块(见图5-3-13)属源型,具有8个数字量输出点数。

模拟量输出模块用于输出现场设备的模拟量信号。FR4004模拟量输出模块(见图5-3-14)属电压型(12 bit),具有4个模拟量输出点数。

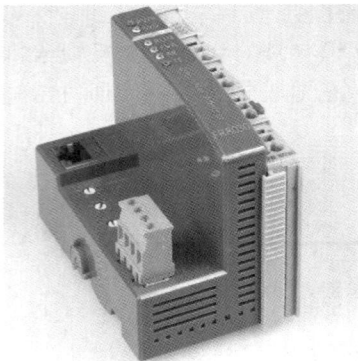

图 5-3-11　工业机器人扩展 I/O 模块适配器

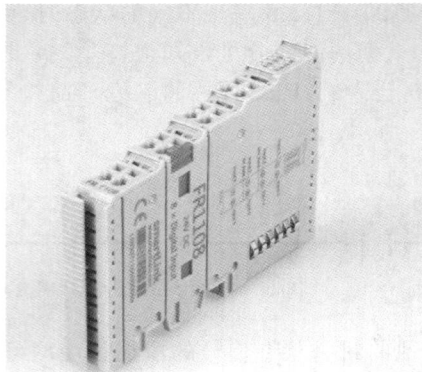

图 5-3-12　FR1108 数字量输入模块

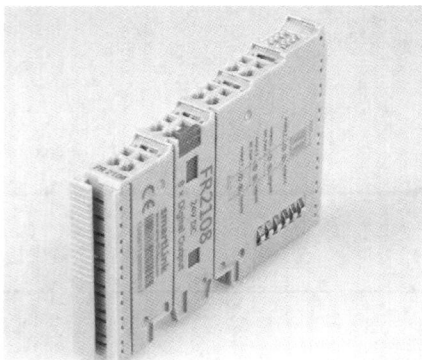

图 5-3-13　FR2108 数字量输出模块

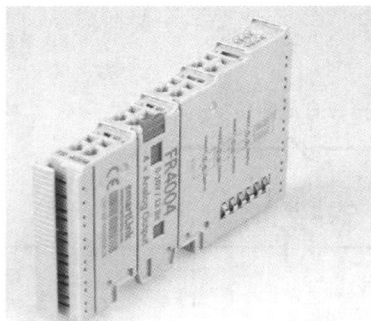

图 5-3-14　FR4004 模拟量输出模块

2. 工业机器人扩展 I/O 模块连接方式

工业机器人扩展 I/O 适配器配置有 7 个 I/O 板卡,它的 DeviceNet 接口和工业机器人控制柜前侧板上的 XS17 DeviceNet 接口通过信号线相连,如图 5-3-15 所示。

XS17
DeviceNet 接口

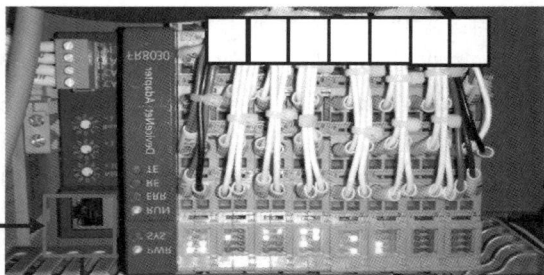

适配器
DeviceNet 接口

图 5-3-15　工业机器人扩展 I/O 模块连接方式

3. 工业机器人扩展 I/O 模块配置

(1)单击"ABB 主菜单"。

（2）单击"控制面板"，如图 5-3-16 所示。

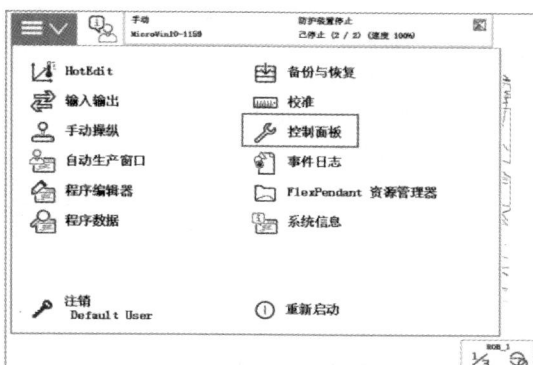

图 5-3-16　工业机器人扩展 I/O 模块配置操作步骤（2）

（3）单击"配置"，如图 5-3-17 所示。

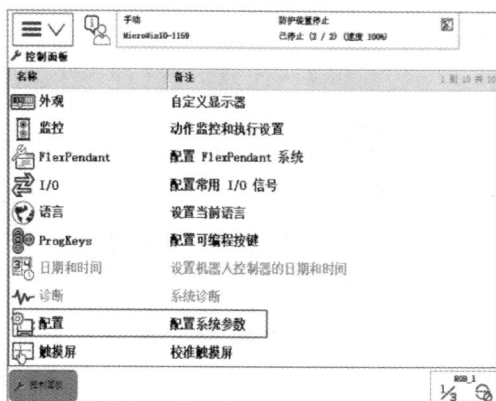

图 5-3-17　工业机器人扩展 I/O 模块配置操作步骤（3）

（4）单击"DeviceNet Device"，如图 5-3-18 所示。

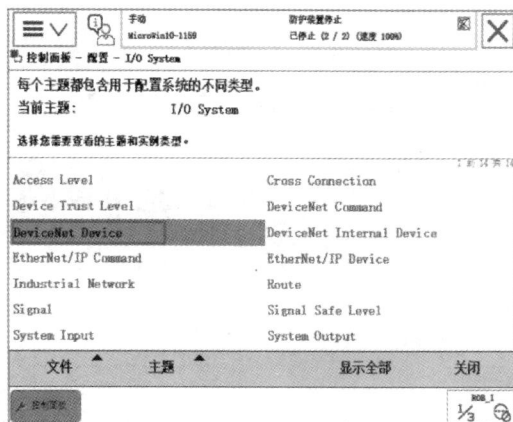

图 5-3-18　工业机器人扩展 I/O 模块配置操作步骤（4）

（5）单击"添加"，如图 5-3-19 所示。

图 5-3-19　工业机器人扩展 I/O 模块配置操作步骤（5）

（6）单击"DeviceNet Generic Device"，如图 5-3-20 所示。

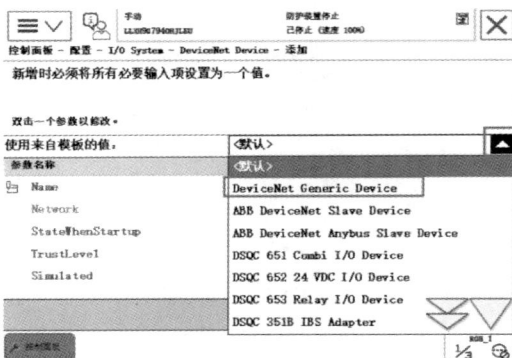

图 5-3-20　工业机器人扩展 I/O 模块配置操作步骤（6）

（7）选择"DeviceNet Generic Device"，如图 5-3-21 所示。

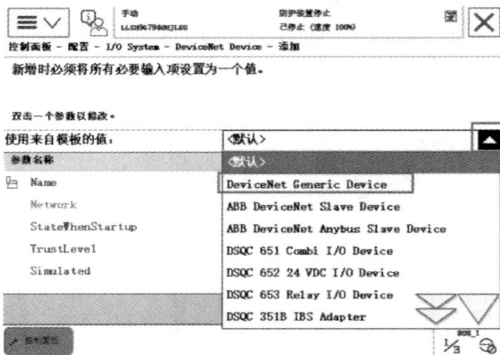

图 5-3-21　工业机器人扩展 I/O 模块配置操作步骤（7）

（8）将 I/O 板命名为"Board11"，如图 5-3-22 所示。

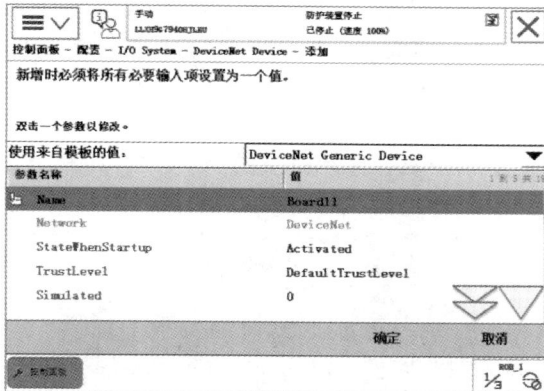

图 5-3-22 工业机器人扩展 I/O 模块配置操作步骤（8）

（9）按图 5-3-23 设置参数。

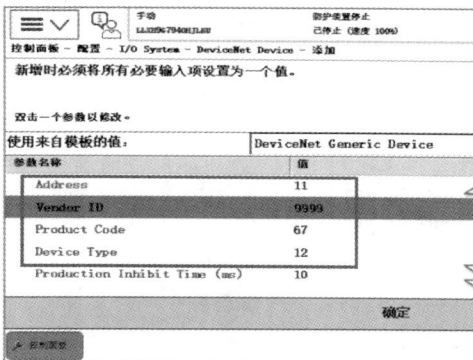

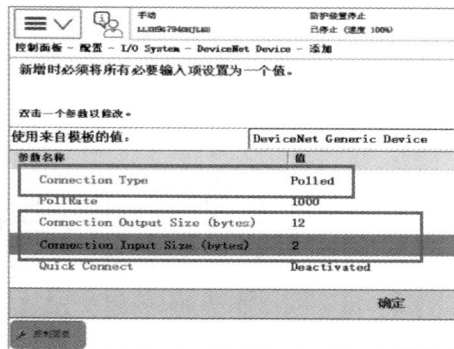

图 5-3-23 工业机器人扩展 I/O 模块配置操作步骤（9）

（10）单击"是"按钮（见图 5-3-24）进行重启。

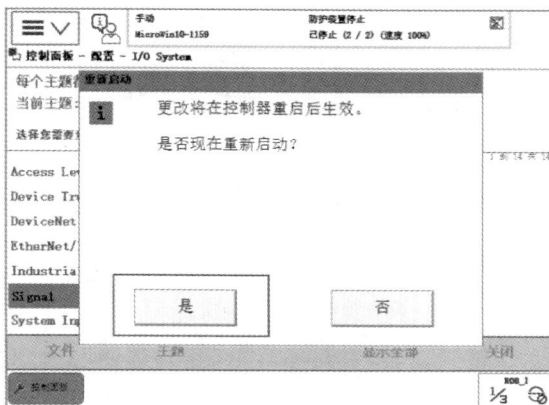

图 5-3-24 工业机器人扩展 I/O 模块配置操作步骤（10）

（七）工业机器人 Rapid 编程

主程序主要展示机器人从工具库取下工具开始，运动至仓储单元满足控制要求（具体控制要求为：工业机器人从仓储单元中将轮毂零件取出；工业机器人优先取出编号较大的仓位中的轮毂零件；若此轮毂零件已被取出过，则跳过此仓位；工业机器人将所持轮毂零件放回仓储单元；放入轮毂零件的仓位的编号为取出该轮毂零件的仓位的编号），然后再运动至工具库放下工具为止这一过程。整个过程需要执行单元、仓储单元（见图 5-3-25）以及总控单元参与。

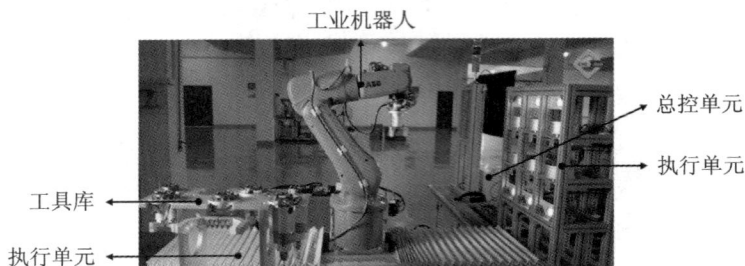

图 5-3-25　仓储单元布局图

（1）根据功能划分可以知道，机器人需要对当前的仓储单元状态进行探知，以便记录已取料仓的编号，并找到当前可以取轮毂零件的料仓。

① 我们可以用一个一维数组（StorageMark{6}）来标记已经被取过的料仓编号，如图 5-3-26 所示。

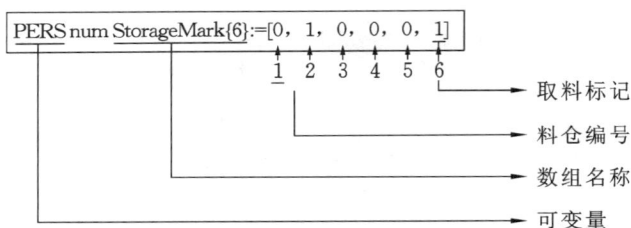

图 5-3-26　料仓编号一维数组

其中，若料仓被取过则标记为 1。图 5-3-26 表示 2♯料仓、6♯料仓已被取过轮毂零件。

② 我们需要为当前可以取的料仓编号用"可变量"（如 NumStorage）进行记录，如下所示：

```
PERS num NumStorage:=0
```

我们需要将料仓编号与该料仓的点位信息对应起来，因此对于料仓位置，我们也可以用一维数组来存储这些信息，如图 5-3-27 所示。

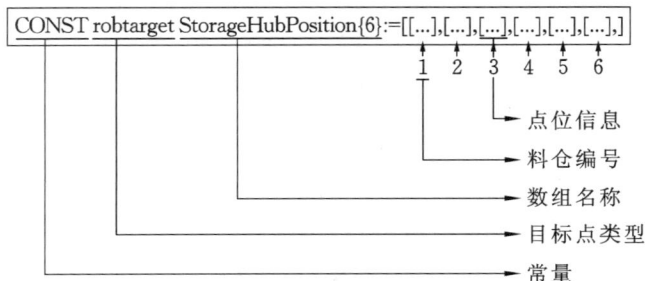

图 5-3-27　料仓点位信息一维数组

（2）变量、信号初始化。

将料仓推出信号（ToPGroStorageOut）复位为 0，即使所有料仓的初始状态均为缩回状态，并通过 WHILE 指令将料仓标记数组全部清零，程序如下：

```
NumStorage :=0;
WHILE NumStorage < 6 DO
Incr NumStorage;
StorageMark{NumStorage} :=0;
ENDWHILE
NumPosition :=0;
SetGO ToPGroStorageOut,0;
```

（3）判断取料仓位编号。

任务要求按照料仓编号由大到小取料，因此，先将 NumStorage 可取料仓编号赋值为"6"。

从第 6 个仓位开始计数（NumPosition = 6），当机器人得知该料仓没有物料（FrPDigStorage6Hub=0），或者该料仓已被标记为"已取料仓"（StorageMark{6}=1）时，将当前的料仓编号进行减 1 操作（Decr NumStorage），转而执行下一段程序，以此类推。

如果条件（FrPDigStorage6Hub=0 OR StorageMark{6}=1）均不满足，则后续程序均不满足其条件，意为当前料仓符合取料条件，并将该仓位标记为"已取状态"。

```
NumStorage :=6;
IF (NumPosition =6) AND (FrPDigStorage6Hub =0 OR StorageMark{6} =1)
Decr NumStorage;
IF (NumPosition =5) AND (FrPDigStorage5Hub =0 OR StorageMark{5} =1)
Decr NumStorage;
……
IF (NumPosition =1) AND (FrPDigStorage1Hub =0 OR StorageMark{1} =1)
Decr NumStorage;
StorageMark{NumStorage} :=1;
```

判断取料仓位编号子程序如下：

```
PROC FA1Judge()
NumStorage :=6;
IF (NumStorage =6) AND (FrPDigStorage6Hub =0 OR StorageMark{6} =1)
Decr NumStorage;
IF (NumStorage =5) AND (FrPDigStorage5Hub =0 OR StorageMark{5} =1)
Decr NumStorage;
IF (NumStorage =4) AND (FrPDigStorage4Hub =0 OR StorageMark{4} =1)
Decr NumStorage;
IF (NumStorage =3) AND (FrPDigStorage3Hub =0 OR StorageMark{3} =1)
Decr NumStorage;
IF (NumStorage =2) AND (FrPDigStorage2Hub =0 OR StorageMark{2} =1)
Decr NumStorage;
IF (NumStorage =1) AND (FrPDigStorage1Hub =0 OR StorageMark{1} =1)
Decr NumStorage;
IF NumStorage < > 0 StorageMark{NumStorage} :=1;
ENDPROC
```

（4）取料。

取料逻辑如图 5-3-28 所示。

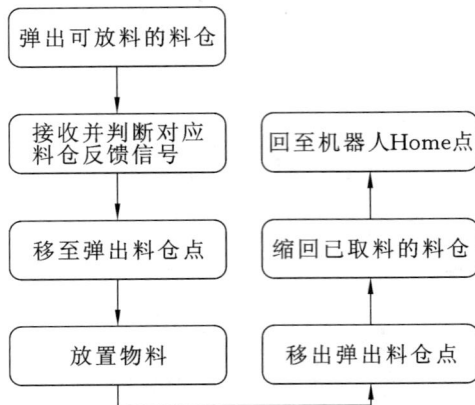

图 **5-3-28** 取料逻辑

对于"弹出可取料的料仓"，可以通过对组信号"ToPGroHubNumber"的赋值实现，所赋数值即为判断出的取料仓位编号"NumStorage"。

对于"判断料仓反馈信号"，需要保证仓位编号在 1～6 之间，即指令为"WaitUntil FrPGroStorageArrive＞0 AND FrPGroStorageArrive＜7；"，方可进行下一步动作。

取料子程序如下：

```
PROC PGetHub()
    MoveAbsJ HomeLeft\NoEOffs,v1000,z100,tool0;
    SetGO ToPGroStorageOut,NumStorage;
    WaitTime 1;
    WaitUntil FrPGroStorageArrive >0 AND FrPGroStorageArrive <7;
    MoveJ Offs(StorageHubPosition{FrPGroStorageArrive},0,-150,35),v400,fine,tool0;
    MoveL Offs(StorageHubPosition{FrPGroStorageArrive},0,0,35),v100,z10,tool0;
    MoveL Offs(StorageHubPosition{FrPGroStorageArrive},0,0,0),v50,fine,tool0;
    WaitTime 0.5;
    Set ToRDigGrip;
    WaitTime 0.5;
    MoveL Offs(StorageHubPosition{FrPGroStorageArrive},0,0,35),v100,fine,tool0;
    SetGO ToPGroStorageOut,0;
    MoveJ Offs(StorageHubPosition{FrPGroStorageArrive},0,-150,35),v400,z10,tool0;
    MoveAbsJ HomeLeft\NoEOffs,v1000,z100,tool0;
ENDPROC
```

（5）放料。

放料逻辑与取料逻辑基本相似，如图 5-3-29 所示。放料时，机器人在弹出料仓点位上需要置位抓取信号（ToRDigGrip），这与取料时该信号的状态相反。

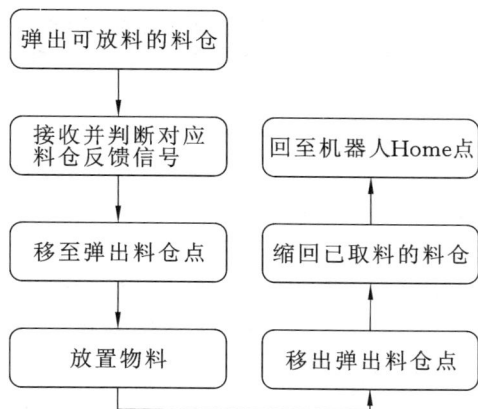

图 5-3-29　放料逻辑

放料子程序如下：

```
PROC PPutHub()
    MoveAbsJ HomeLeft\NoEOffs,v1000,z100,tool0;
    SetGO ToPGroStorageOut,NumStorage;
    WaitTime 1;
    WaitUntil FrPGroStorageArrive >0 AND FrPGroStorageArrive <7;
    MoveJ Offs(StorageHubPosition{FrPGroStorageArrive},0,-150,35),v400,fine,tool0;
    MoveL Offs(StorageHubPosition{FrPGroStorageArrive},0,0,35),v100,z10,tool0;
    MoveL Offs(StorageHubPosition{FrPGroStorageArrive},0,0,0),v50,fine,tool0;
    WaitTime 0.5;
    Reset ToRDigGrip;
    WaitTime 0.5;
    MoveL Offs(StorageHubPosition{FrPGroStorageArrive},0,0,35),v100,fine,tool0;
    SetGO ToPGroStorageOut,0;
    MoveJ Offs(StorageHubPosition{FrPGroStorageArrive},0,-150,35),v400,z10,tool0;
    MoveAbsJ HomeLeft\NoEOffs,v1000,z100,tool0;
ENDPROC
```

（八）调试运行

完成设备组态及梯形图程序编译后下载到 CPU 中，启动 CPU，将 CPU 切换至 RUN 模式，对机器人程序进行调试运行，并观察运行结果。

【工作评价】

对学生任务实施情况进行评价，评价表如表 5-3-4 所示。

表 5-3-4　PLC 控制机器人运动评价表

考核内容	考核要求	评分标准	配分	得分
电路及程序设计	（1）能正确分配 I/O 地址，并绘制 I/O 接线图； （2）能正确组态设备； （3）能根据控制要求，正确编制梯形图； （4）能正确编写机器人程序	（1）I/O 地址分配错或少，每个扣 5 分； （2）I/O 接线图设计不全或有错，每处扣 5 分； （3）CPU 组态、通信模块组态与现场设备型号不匹配，每项扣 10 分； （4）梯形图表达不正确或画法不规范，每处扣 5 分； （5）Rapid 程序表达不正确或画法不规范，每处扣 5 分	40	
安装与连线	能根据 I/O 接线图，正确连接电路	（1）连线错一处，扣 5 分； （2）损坏元器件，每只扣 5~10 分； （3）损坏连接线，每根扣 5~10 分	20	
调试与运行	能熟练使用编程软件编制程序且下载至 CPU，并按要求调试运行	（1）不能熟练使用编程软件进行梯形图和机器人 Rapid 程序的编辑、修改、转换、写入及监视，每项扣 2 分； （2）不能按照控制要求完成相应的功能，每项扣 5 分	20	
安全操作	确保人身和设备安全	违反安全文明操作规程，扣 10~20 分	20	
汇总			100	

项目 6
运动控制技术

◀【工作任务】

（1）能用 TIA 博途软件对学校的交流电机、步进电机、伺服电机进行编程调试；

（2）使用 BOP 板对变频器进行参数设置；

（3）使用 V-ASSISTANT 对伺服电机进行调试。

◀【知识目标】

（1）掌握交流电机、步进电机、伺服电机的机械结构特点；

（2）掌握变频器的手动调试方法；

（3）掌握步进驱动器的拨码调整方法；

（4）掌握伺服驱动器的软件调试方法。

◀【能力目标】

（1）具备根据运动控制要求确定控制方法的能力；

（2）具备解决调试过程常见故障的能力。

◀【素养目标】

（1）遵循标准，规范操作；

（2）工作细致，态度认真；

（3）团队协作，有创新精神；

（4）能够主动查找资料，主动展示自己的劳动成果。

◀ 6.1 知识任务：三相异步电机及变频器 ▶

【任务描述】

能够手动调试学校设备的变频器，对校内现有实训设备上的交流电机及变频器进行 TIA 博途软件组态并调试。

【任务目标】

（1）了解三相异步电机的结构、工作方式及工作原理；
（2）认识变频器的控制模块、功率模块、操作面板；
（3）知道 TIA 博途软件控制变频器启停控制字的含义；
（4）能够手动设定变频器的相关参数；
（5）能够用软件设定变频器的相关参数；
（6）能够控制三相异步电机以期望的转速启停、正反转。

【小组讨论】

本小组为第＿＿＿组，具体情况如表 6-1-1 所示。

表 6-1-1　小组具体情况

序号	姓名	学号	备注	序号	姓名	学号	备注
1				4			
2				5			
3				6			

【计划准备】

（1）思维导图软件；
（2）纸、笔记本；
（3）已安装 TIA 博途软件的电脑 1 台。
（4）G120 变频器样本。

【相关知识】

一、三相异步电机

（一）三相异步电机的结构

三相异步电机主要由定子和转子两个基本部分组成。定子主要由机座中的定子铁芯和定子绕组组成。转子主要由转子铁芯和转子绕组组成。此外，还有端盖、基座、轴承、风扇等部分。三相异步电机的结构如图 6-1-1 所示。

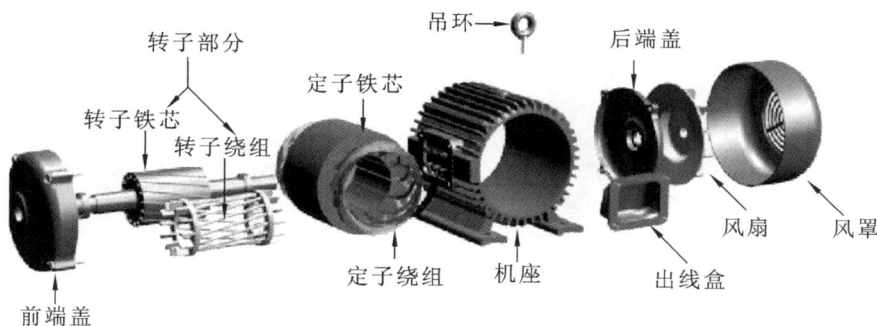

图 6-1-1 三相异步电机结构图

（二）三相异步电机的工作原理

为了说明三相异步电机的工作原理，我们做一个实验。如图 6-1-2 所示，在装有手柄的 U 形磁铁的两极间放置一个闭合的导体，当转动手柄带动磁铁旋转时，将发现导体也跟着旋转；若改变磁铁的旋转方向，则导体的旋转方向也跟着改变。

发生这种现象的原因是磁铁与闭合的导体发生相对运动，鼠笼式导体切割磁力线而在自身内部产生感应电动势和感应电流。感应电流又使导体受到一个电磁力的作用，于是导体就沿磁铁的旋转方向转动起来，转子转动的方向和磁极旋转的方向相同。这就是异步电机的基本原理。若要使异步电机旋转，必须有旋转的磁场和闭合的转子绕组。

三相异步电机有 A、B、C 相，电机的定子本身并不旋转，那旋转磁场是怎么生成的呢？图 6-1-3 所示为最简单的三相定子绕组 AX、BY、CZ，它们按照互差 120°的规律在空间对称布置，并且连接成星形以连接三相电源 U、V、W，然后三相对称电流（见图 6-1-3 和图 6-1-4）流过三相定子绕组。随着电流流过三相定子绕组，三相定子绕组中会产生旋转磁场，如图 6-1-5 所示。

$$\begin{cases} i_U = I_m \sin(\omega t) \\ i_V = I_m \sin(\omega t - 120°) \\ i_W = I_m \sin(\omega t + 120°) \end{cases}$$

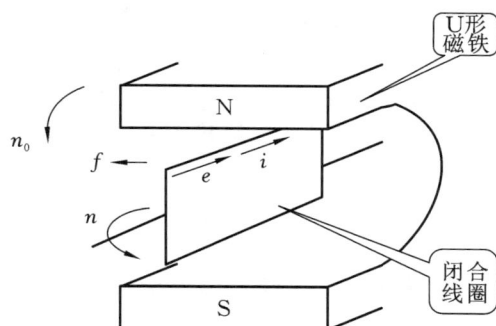

图 6-1-2 U 形磁铁带动闭合线圈旋转

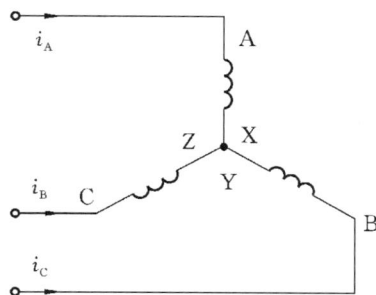

图 6-1-3 三相异步电机定子接线

当 $\omega t = 0°$（见图 6-1-4 中的 O 点）时，$i_A = 0$ A，AX 绕组中无电流；i_B 为负，BY 绕组中的电流从 Y 端流入、B 端流出；i_C 为正，CZ 绕组中的电流从 C 端流入、Z 端流出。由右手螺旋定则可得合成磁场的方向如图 6-1-5(a) 所示。

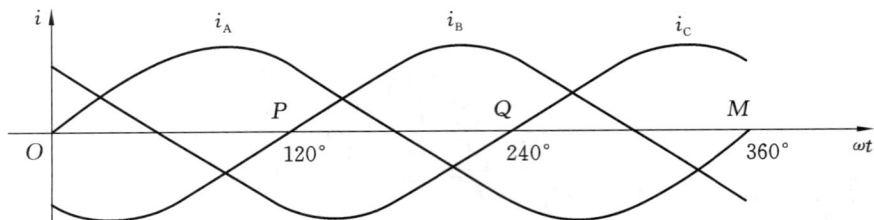

图 6-1-4　三相对称电流波形曲线

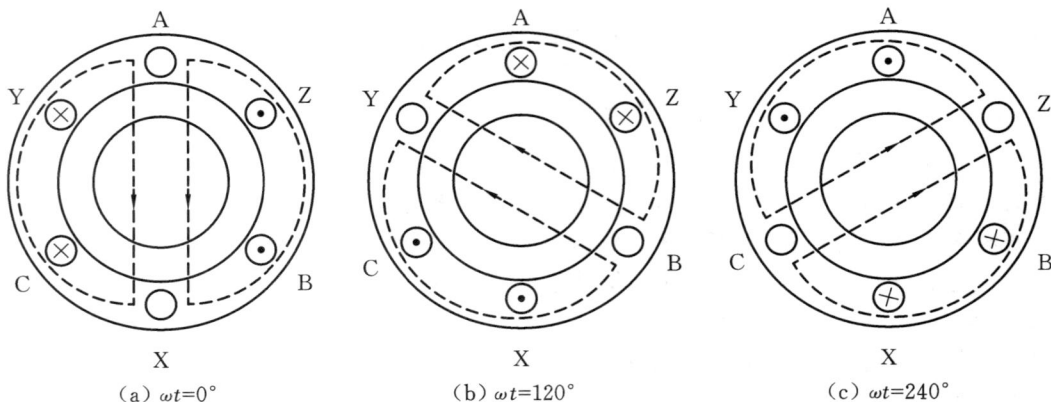

（a）$\omega t = 0°$　　　　　　（b）$\omega t = 120°$　　　　　　（c）$\omega t = 240°$

图 6-1-5　旋转磁场的形成

当 $\omega t = 120°$（见图 6-1-4 中的 P 点）时，$i_B = 0$ A，BY 绕组中无电流；i_A 为正，AX 绕组中的电流从 A 端流入、X 端流出；i_C 为负，CZ 绕组中的电流从 Z 端流入、C 端流出。由右手螺旋定则可得合成磁场的方向如图 6-1-5（b）所示。

当 $\omega t = 240°$（见图 6-1-4 中的 Q 点）时，$i_C = 0$ A，CZ 绕组中无电流；i_A 为负，AX 绕组中的电流从 X 端流入、A 端流出；i_B 为正，BY 绕组中的电流从 B 端流入、Y 端流出。由右手螺旋定则可得合成磁场的方向如图 6-1-5（c）所示。

由上面的分析可知，当定子绕组中的电流变化一个周期时，合成磁场也按电流的相序方向在空间旋转一周。随着定子绕组中的三相对称电流不断地作周期性变化，产生的合成磁场也不断地旋转，因此称为旋转磁场。旋转磁场的方向是由三相定子绕组中电流的相序决定的，若想改变旋转磁场的方向，只要改变通入定子绕组的电流相序，即将三根电源线中的任意两根对调即可。这时，转子的旋转方向也跟着改变，从而实现电机旋转方向的改变。

（三）三相异步电机的磁极对数、转速、转差率

1. 磁极对数 p

三相异步电机的极数就是旋转磁场的极数。旋转磁场的极数和三相定子绕组的安排有关。

当每相定子绕组只有一个线圈，定子绕组的始端之间相差 120°的空间角时，产生的旋转磁场具有一对极，即 $p = 1$。

当每相定子绕组为两个线圈串联，定子绕组的始端之间相差 60°空间角时，产生的旋转磁场具有两对极，即 $p = 2$。

同理，如果要产生三对极，即 $p = 3$ 的旋转磁场，则每相定子绕组必须有均匀安排在空间

的串联的三个线圈,定子绕组的始端之间相差 40°的空间角。极数 p 与定子绕组的始端之间的空间角 θ 的关系为

$$\theta = \frac{120°}{p}$$

2. 转速 n_0

三相异步电机旋转磁场的转速 n_0 与电机磁极对数 p 有关,它们的关系是

$$n_0 = \frac{60f}{p}$$

式中:n_0——旋转磁场的转速,单位为 r/min;

f——频率,单位为 Hz,我国电网频率为 50 Hz。

由上面的公式可以知道,旋转磁场的转速 n_0 取决于频率 f 和磁场极数 p。对某一个型号的异步电机而言,f 为工频 50 Hz;电机制造完毕,磁极对数 p 就已经定下来了,f 和 p 这两个参数通常是定值,所以磁场转速 n_0 是个常数。磁极对数与转速 n_0 的关系如表 6-1-2 所示。

表 6-1-2 磁极对数与转速的关系

p	1	2	3	4	5	6
$n_0/(\text{r/min})$	3000	1500	1000	750	600	500

3. 转差率 s

电机转子的转动方向与旋转磁场旋转的方向相同,但转子的转速 n 不可能达到与旋转磁场的转速 n_0 相等,否则转子与旋转磁场之间就没有相对运动,因而磁力线就不切割转子导体,转子电动势、转子电流以及转矩也就都不存在。也就是说,旋转磁场与转子之间存在转速差,因此我们把这种电机称为异步电机。又因为这种电机的转动原理建立在电磁感应基础上,故又称之为感应电机。

旋转磁场的转速 n_0 常称为同步转速。

转差率 s 是用来表示转子转速 n 与旋转磁场转速 n_0 相差的程度的物理量,即

$$s = \frac{n_0 - n}{n_0} = \frac{\Delta n}{n_0}$$

转差率是异步电机的一个重要的物理量。

当旋转磁场以同步转速 n_0 开始旋转时,转子因机械惯性尚未转动,转子的瞬间转速 $n = 0$ r/min,这时转差率 $s = 1$。转子转动起来之后,$n_0 - n$ 的差值减小,异步电机的转差率 $s < 1$。如果转轴上的阻转矩加大,则转子转速 n 降低,即异步程度加大,进而产生足够大的感应电动势和电流,产生足够大的电磁转矩,这时转差率 s 增大。反之,转差率 s 减小。异步电机运行时,转子转速与同步转速一般很接近,转差率 s 很小。在额定工作状态下,$s = 0.015 \sim 0.06$。

将上面的公式变形后,可以得到电动机的转速常用公式:

$$n = \frac{1-s}{n_0}$$

例 6-1-1 有一台三相异步电机,它的额定转速 $n = 975$ r/min,电源频率 $f = 50$ Hz,求该电机的极数和在额定负载状态下的转差率 s。

解 该电机的额定转速接近而略小于同步转速,而同步转速对应于不同的磁极对数有一系列固定的数值。显然,与 975 r/min 最相近的同步转速 $n_0 = 1000$ r/min,查表 6-1-2

可知与此相应的磁极对数 $p=3$,因此,在额定负载状态下的转差率为

$$s=\frac{n_0-n}{n_0}=\frac{1000-975}{1000}\times100\%=2.5\%$$

（四）识读三相异步电机的铭牌

1. 三相异步电机的外形及符号

三相异步电机的外形图如图 6-1-6 所示,符号如图 6-1-7 所示。

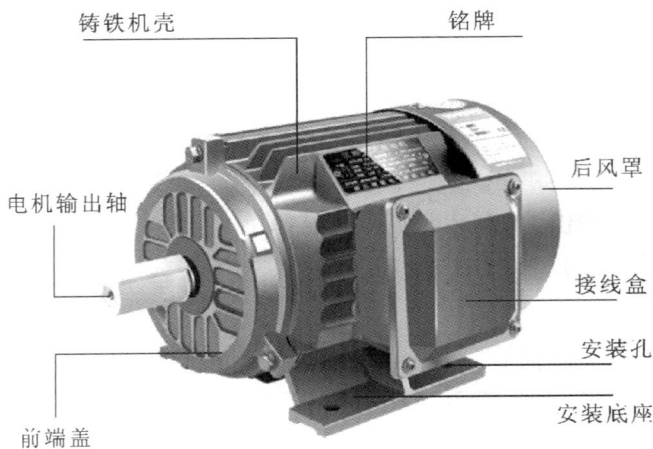

图 6-1-6　三相异步电机的外形图

图 6-1-7　三相异步电机的符号

2. 三相异步电机的铭牌

铭牌在三相异步电机的机座上,标有电机的型号和主要技术参数。杭州强力电机有限公司生产的三相异步电动机的铭牌如图 6-1-8 所示。

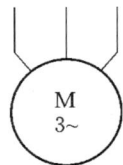

图 6-1-8　三相异步电机铭牌示例

（1）型号。

三相异步电机的型号一般由大写印刷体的汉语拼音字母和阿拉伯数字组成,示例如图 6-1-9 所示。

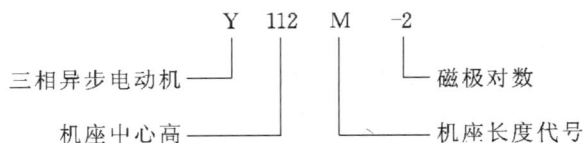

图 6-1-9　三相异步电机型号示例

（2）技术参数。

如图 6-1-8 所示，该三相异步电动机的额定功率为 4 kW，额定电压为 380 V，额定工作时的接法为三角形接法，额定电流为 8.2 A，额定频率为 50 Hz，额定转速为 2840 r/min，效率为 84.2%，工作制为 S_1（即连续工作制），绝缘等级为 B 级，防护等级为 IP44。三相异步电动机的主要技术参数如下。

① 额定功率 P_N：三相异步电动机处于额定运行状态时，轴上输出的机械功率，单位为 kW。

② 额定电压 U_N：三相异步电动机处于额定运行状态时，定子绕组上应加的线电压，单位为 V。

③ 额定电流 I_N：三相异步电动机在额定电压下运行，输出功率达到额定值，流入定子绕组的线电流，单位为 A。

④ 额定频率 f_N：加在三相异步电动机定子绕组上的允许频率，单位为 Hz。

⑤ 额定转速 n_N：三相异步电动机在额定电压、额定频率和额定输出的情况下的转速，单位为 r/min。

⑥ 噪声量：该指标随三相异步电动机容量及转速的不同而不同（容量及转速相同的三相异步电动机，噪声量指标又分"1"和"2"两段），单位为 dB（A）。

⑦ 电机工作制定额：电机在额定运行时的持续时间，是衡量电机是否能够长时间运行的指标。电机工作制定额分为连续（S_1）、短时（S_2）及断续（S_3）三种。

⑧ 绝缘等级：三相异步电动机内部所有绝缘材料允许的最高温度等级。它决定了三相异步电动机工作时允许的温升。

⑨ 防护等级：提示三相异步电动机防止杂物与水进入的能力。它由外壳防护标志字母 IP 加上 2 位具有特定含义的数字代码表示。

（五）识读接线端子

打开接线盒盖，可以看到三相对称定子绕组的接线端子，编号分别为 U1-U2、V1-V2、W1-W2。根据图 6-1-8 所示的铭牌，应将定子绕组连接成三角形，即如图 6-1-10 所示。图 6-1-11 所示为星形接法。

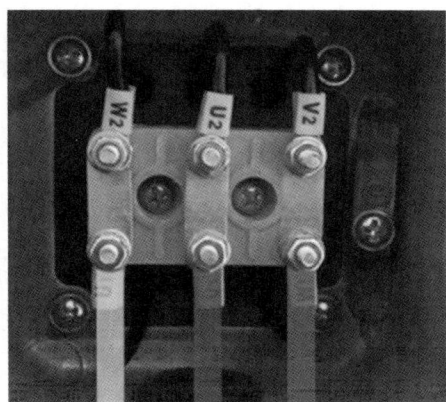

（a）三角形接法实物图　　　　（b）三角形接法示意图

图 6-1-10　三角形接法实物图与示意图

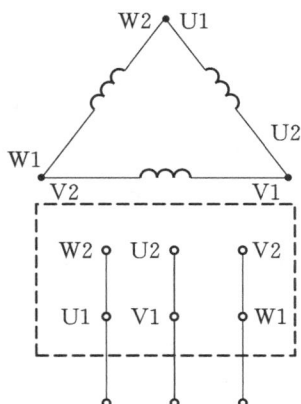

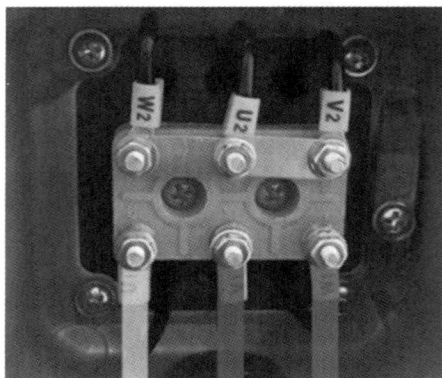

（a）星形接法实物图　　　　　（b）星形接法示意图

图 6-1-11　星形接法实物图与示意图

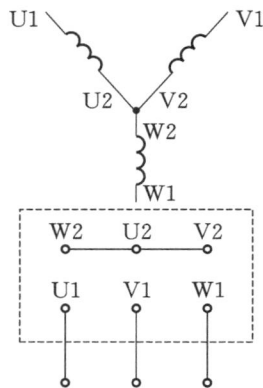

二、变频器

变频器(variable-frequency drive,VFD)是应用变频技术与微电子技术,通过改变交流电机工作电源频率的方式来控制交流电机的电力控制设备。

（一）变频器的作用

我们以人身体的一个动作为例来看一下变频器在工业自动化领域的作用。用手拿起一支笔时,我们的眼睛相当于传感器,我们通过它找到这支笔所在的位置,我们的大脑相当于我们身体的控制中心,它向我们的手发出了一个指令,而变频器和交流电机就相当于手,是执行机构,有了变频器之后,我们拿起这支笔的速度既可以快一点,也可以慢一点,所以变频器的使用场合为需要调节转速的地方或者交流电机转速需要变化的地方。

（二）变频器的选型

1. 变频器的类型选择

变频器的正确选择对于控制系统的正常运行是非常关键的。在对变频器进行选型时,我们的主要依据是变频器所驱动的负载特性,即依据负载和负载的周边环境来选择变频器。变频器通常分为以下三种类型。

（1）通用型普通变频器（一般采用 V/F 控制）。

通用型普通变频器一般为恒转矩控制,主要用于控制设备运行速度。西门子 SINAMICS V20 变频器就属于这一类型。

（2）矢量型高性能变频器（采用转矩控制）。

转矩控制即我们常用的恒功率控制,一般用于收放卷场合,如纸张、薄膜、铜带、钢卷等需要收放的场合,都是通过转矩来控制的,这类场合都需要选用矢量型高性能变频器。西门子 SINAMICS G120 变频器就具备矢量型高性能变频器的特性。

（3）风机水泵型变频器（适用于 2 次方律负载）。

2 次方律负载即风机水泵型负载,如水泵、油泵、风机都属于这一类负载。对于这种负载,一般来说,不管是西门子、三菱、ABB,还是台达、汇川等品牌,都有专门的风机水泵型变频器供选用。西门子 MICROMASTER 420 变频器即为风机水泵型变频器。

这三种变频器要求最低、价格最低的是风机水泵型变频器,要求最高、价格最高的是矢量型高性能变频器,通用型普通变频器介于两者之间。若在应当使用风机水泵型变频器的场合,当下没有现成的该类型变频器,可以用通用型普通变频器或矢量型高性能变频器来替代;若在应当使用通用型普通变频器的场合,当下没有现成的该类型变频器,可以用矢量型高性能变频器来替代,但不能用风机水泵型变频器来替代。也就是说,高端的变频器可以兼容低端变频器,只是有点大材小用、性价比不高。

2. 变频器的电压选择

在我国,变频器的电压主要有两种:一种是 3 相 AC 380 V,能够带动的功率较大;另一种为单相 AC 220 V,能够带动的功率较小。以西门子 SINAMICS V20 变频器为例,单相功率可以达到 3 kW,三相功率可以达到 30 kW。

变频器的特性是交流变直流,然后再逆变成交流,如图 6-1-12 所示。也就是说,不管是单相输入电压还是三相输入电压,都整流成直流,直流没有单相、两相、三相之分,但是最终的输出一定是三相电压。输出电压一般与输入电压相同,若输入电压为三相 AV 380 V,输出电压也为三相 AV 380 V;若输入电压为单相 AV 220 V,输出电压也为三相 AV 220 V。

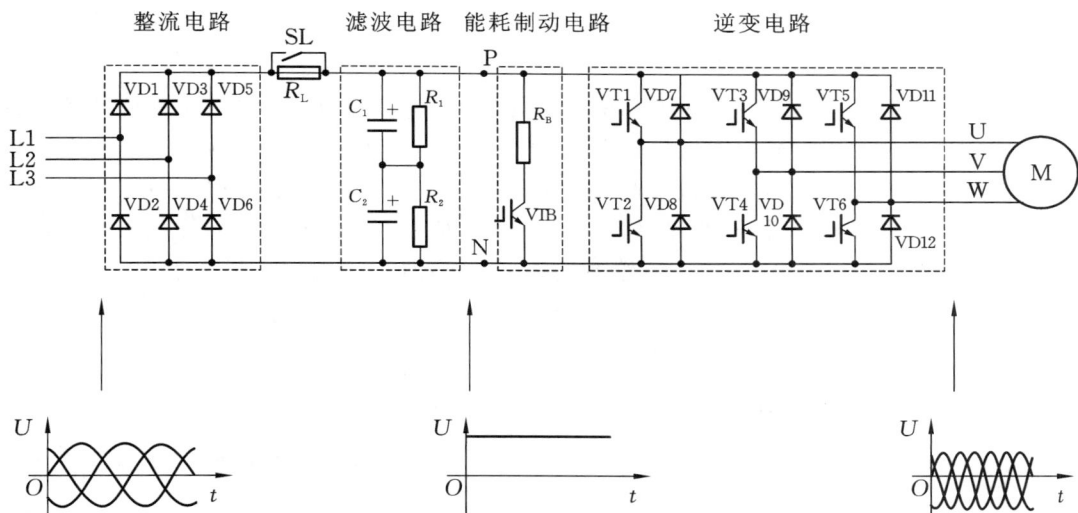

图 6-1-12 变频器工作原理

在变频调速系统中,降速的基本方法就是逐步降低给定频率。当拖动系统的惯性较大时,电机转速的下降将跟不上电机同步转速的下降,即电机的实际速度比它的同步速度高,此时电机转子绕组切割旋转磁场磁力线的方向和电机恒速运行时正好相反,转子绕组的感应电动势和电流的方向也都相反,所产生的电磁转矩也就和电机旋转方向相反,电机将出现负转矩,此时的电机实际为发电机,系统处于再生制动状态,将拖动系统的动能回馈到变频器直流母线上,产生的感应电压会与输入侧 380 V 的电压进行叠加,使直流母线电压不断上升,所产生的电压有可能会大于电容 C_1 和 C_2 的耐压值以及 VT1~VT6 等 IGBT 管的耐压值,会击穿电容或 IGBT 管,从而导致变频器损坏等。

当电机拖动负载惯性较大,电机不能立马停下时,就会产生发电现象。这时候需要有一个通道,用以将产生的能量释放掉,制动电阻就起了这个作用。在图 6-1-12 中,制动电阻 R_B

接在直流的母线端,在 P 和 N 之间,用于吸收多余的能量,当 VTB 检测到电压值过大时,即开启制动电阻 R_B 这条电路,制动电阻 R_B 很小,功率很大,这样就能迅速消耗掉产生的能量,从而保护其余的元器件。

3. 变频器的功率选择

变频器的功率需要依据负载功率及负载电流进行选择。一般常用的变频器功率为 $0.12\sim250$ kW,如何根据具体情况来选择呢?

负载电机有自己的额定功率和额定电流,我们所选择的变频器的额定功率和额定电流应当大于负载电机的额定功率和额定电流。我们通常会关注功率而忽略电流,假设变频器电流小于电机电流,则在使用过程中,变频器会频繁报过流或过载的故障。

一般负载的情况分为:轻载,即负载转矩不大于电机额定转矩的 80%;满载,即负载转矩为电机额定转矩的 $90\%\sim100\%$;易过载,即在受到冲击或者转动惯量较大的场合,负载容易过载。对于轻载情况,变频器功率及电流与电机相同即可;对于满载和易过载情况,变频器按大一档进行选择,如电机额定功率为 5.5 kW、额定电流为 11 A,可以选用额定功率为 7.5 kW、额定电流为 13 A 的变频器。在冲击特别大的场合,如岩石粉碎机等,变频器可以按大两档选用。

4. 变频器选择的其他注意事项

不要用变频器驱动除三相异步电动机以外的任何负载,单相异步电动机不能使用变频器。一台变频器同时控制多台电动机时,变频器额定的输出电流要大于或等于多台电动机的额定电流之和,且为了保护电动机,在每个电动机之前都要安装热继电器 FR。一台变频器逐一控制多台电动机时,同样要在每个电动机之前安装热继电器 FR,且增加交流接触器去进行电动机切换。逐一控制时,应在变频器和电动机停机状态下进行电动机切换,不能在变频器运行中进行接触器的通断操作,这是因为变频器运行中接通电动机,会产生电动机额定电流的 $6\sim8$ 倍的电流。

(三)西门子 SINAMICS G120 变频器的基本使用

SINAMICS G 系列变频器功率为 $0.37\sim6600$ kW,是满足有关控制动态性能的基本和中等需求的理想选择。

1. SINAMICS G120 变频器的基本组成

SINAMICS G120 变频器是一款模块化变频器。它包括三个基本部件,如图 6-1-13 所示。在采购时,需要单独购买这三个基本部件。

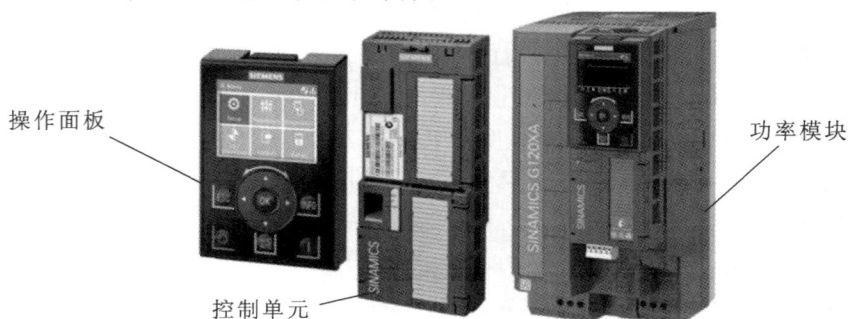

操作面板 功率模块

控制单元

图 6-1-13 SINAMICS G120 变频器的组成

（1）功率模块用于为电机供电。通以交流电以后整流及逆变的过程在该部分完成。功率模块型号较多。

（2）控制单元（control unit，简称 CU）用于控制和监测功率模块。西门子 SINAMICS G120 变频器的核心是控制单元，变频器的各种运行控制就是由它来完成的。控制单元上集成有多种接口，方便用户在调试过程中进行操作和使用。控制单元需要与功率模块相匹配。

（3）基本操作面板（BOP-2）和智能操作面板（IOP）用于操作和监测变频器。基本操作面板（BOP-2）（见图 6-1-14）性价比较高；智能操作面板（IOP）能看到的参数比基本操作面板要多一些，上传、下载也更加方便一些。

图 6-1-14   基本操作面板（BOP-2）

2. SINAMICS G120 变频器控制单元与功率模块的组合应用

从表 6-1-3 中可以看出，除了 CU250S-2 控制单元与 PM230 功率模块不能配对外，其余各型号的控制单元均可以与不同功率的功率模块相配合。

表 6-1-3   控制单元与功率模块的组合表

控制单元	功率模块			
	PM230	PM240-2	PM240	PM250
CU230P-2	√	√	√	√
CU240B-2	√	√	√	√
CU240E-2	√	√	√	√
CU250S-2	—	√	√	√

控制单元的使用场合如下。

（1）CU230P-2、CU240B-2 系列：专用于泵、风机、压缩机、水处理。

（2）CU240E-2 系列：适用于普通机械制造领域，如输送带、混料机和挤出机（无编码器），进行开环控制。

（3）CU250S-2 系列：适用于要求苛刻的场合，如挤出机和离心机，可以进行闭环控制，也可以进行开环控制。

功率模块的说明如下。

（1）功率模块 PM230 的设计针对的是具备平方特性的泵、风机和压缩机。此模块未集成制动斩波器(单象限应用),集成了 A 级或 B 级滤波器,防护等级为 IP55。0.37 kW 至 90 kW的功率模块 PM230 是泵、风机、压缩机用 SINAMICS G120P 变频器的组成部分。

(2)功率模块 PM240-2 配备了集成的制动斩波器(四象限应用),能够胜任普通机械制造领域的诸多应用。功率模块 PM240 同样如此,但是,框架型号为 FSGX 的 PM240 功率模块没有集成式制动斩波器。为此,可以选择使用一个插入式制动模块。

(3)功率模块 PM250 的应用领域与功率模块 PM240-2/PM240 相同。此功率模块能够将制动能直接回馈至供电系统(四象限应用,不需要制动电阻)。

(四)变频器 BOP 板的使用

1. 变频器调试软件

对于 SINAMICS G120 变频器参数设置软件,我们可以选用 STARTER 软件,它的下载链接为:https://support.industry.siemens.com/cs/document/26233208/sinamics-starter? dti=0&lc=en-CN。

STARTER 软件界面如图 6-1-15 所示。

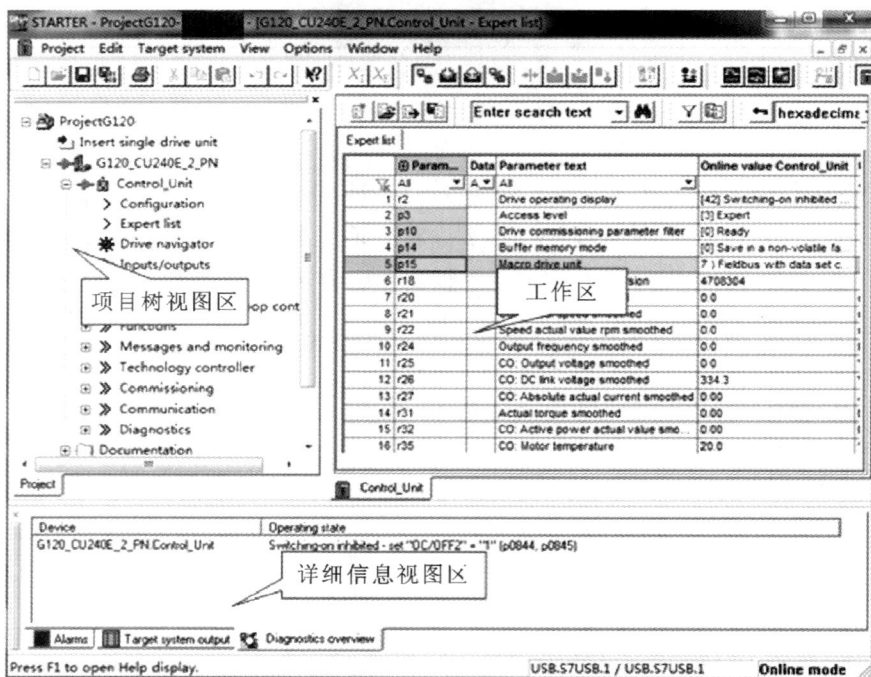

图 6-1-15 STARTER 软件界面

我们也可以选用 TIA 博途软件自带的 Startdrive 软件。该软件可以对所有的 SINAMICS G120 变频器直接实现参数设置、上传下载、监控、优化、初始化、恢复出厂设置、快速调试等功能,且效率较高。

Startdrive 软件下载地址为:https://support.industry.siemens.com/cs/document/ 109794362/sinamics-startdrive-v17? dti=0&lc=en-WW。

Startdrive 软件界面如图 6-1-16 所示。

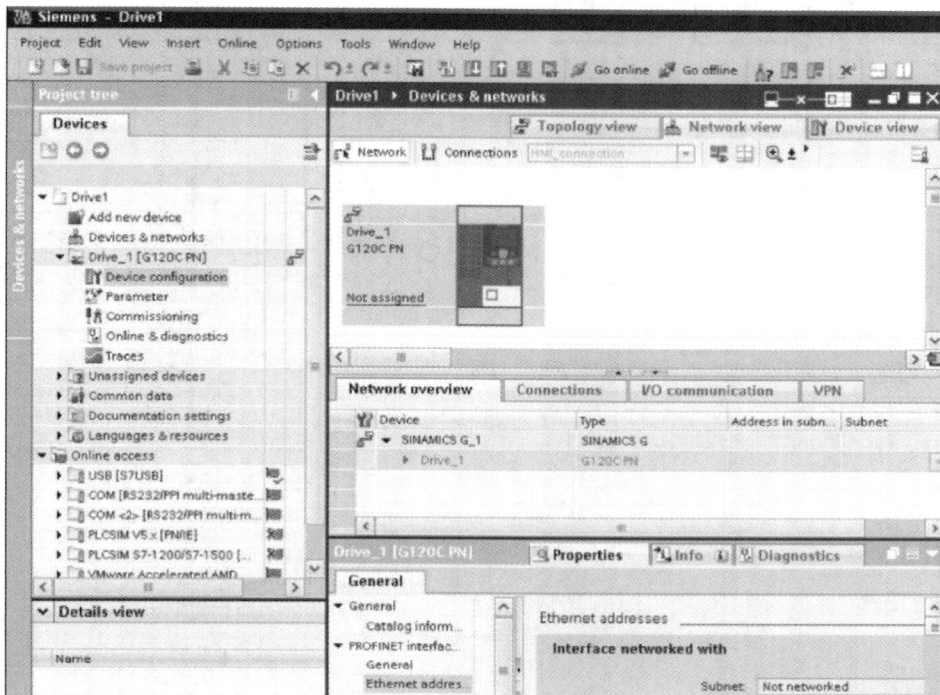

图 6-1-16　Startdrive 软件界面

2. 变频器 BOP 板说明

在没有电脑或者软件控制时，我们需要用 BOP 板来调整或修改变频器参数，它的界面如图 6-1-17 所示。

BOP 板有以下六大功能。

（1）MONITORING：监视模块。在这个功能模块中，可以查看运行速度、电压和电流值等参数。

（2）CONTROL：控制模块。它与 BOP 板上的 HANDAUTO 键结合起来用，主要用于对 BOP 板的控制，如手动、点动控制和手动与自动控制等。

图 6-1-17　BOP 板界面

（3）DIAGNOSTICS：诊断模块。通过该功能模块，可以查看历史记录、是否有故障、当前故障是什么、状态字和复位故障等。

（4）PARAMETER：参数模块。通过该功能模块，可以查看和修改参数。

（5）SETUP：调试向导模块，用于快速调试。

（6）EXTRAS：附加模块。通过该功能模块，实现设备的工厂复位和数据备份，把设置参数从 RAM 中读取到 EPPROM 中，实现掉电保持功能。也可以把设置参数存在 BOP 板之中，再下载到变频器里。

BOP 板菜单各子项明细如图 6-1-18 所示。

BOP 板上各按键的名称和功能如表 6-1-4 所示，屏幕上展示的图标的含义如表 6-1-5 所示。

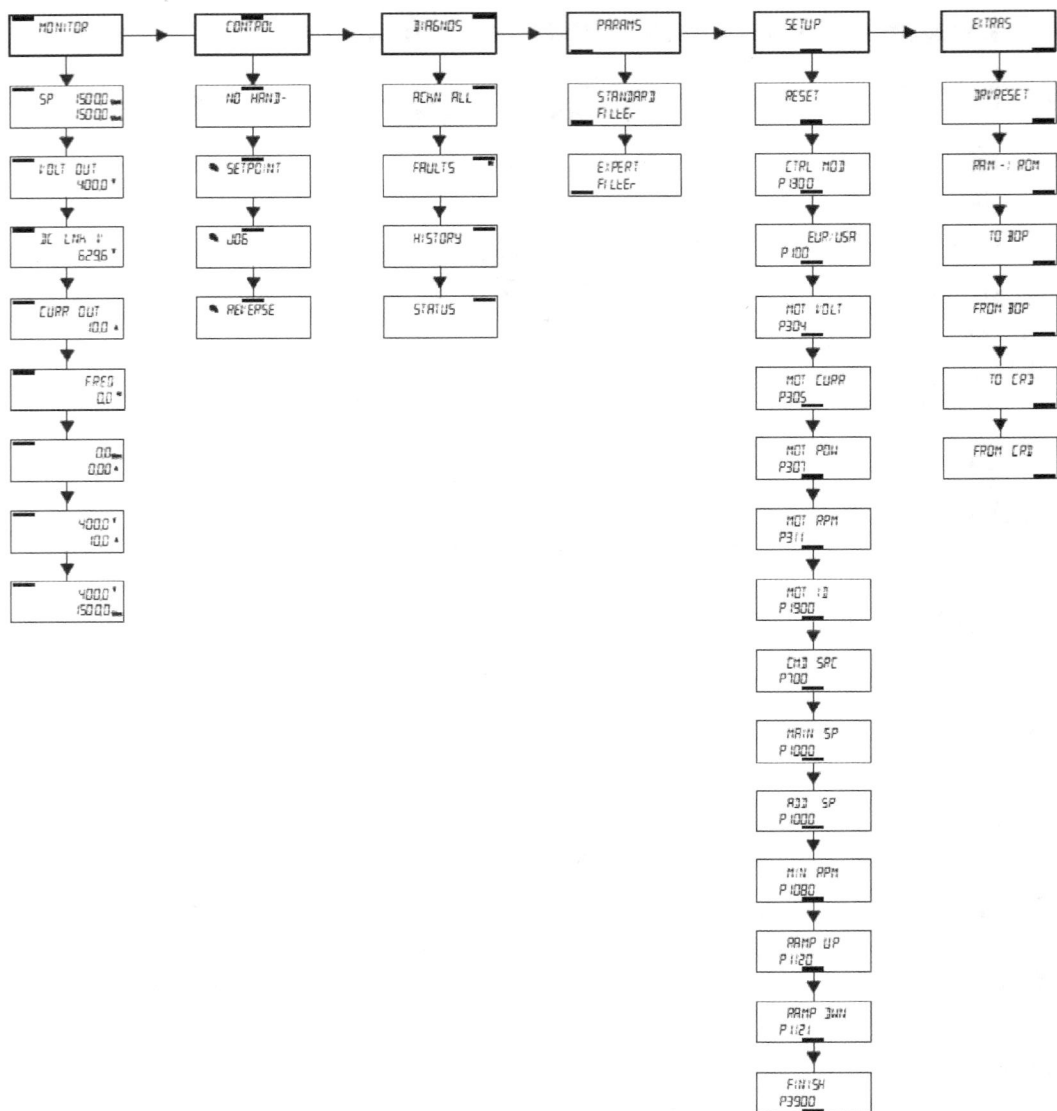

图 6-1-18　BOP 板菜单各子项明细

表 6-1-4　BOP 板上各按键名称和功能

按键	名称	功能
OK	确认键	（1）浏览菜单时，按确认键确定选择一个菜单项。 （2）进行参数操作时，按确认键允许修改参数；再次按确认键，确认输入的值并返回上一页。 （3）当屏幕显示故障时，确认键用于清除故障
▲	向上键	（1）浏览菜单时，按向上键向上移动选择。 （2）编辑参数值时，按向上键增加参数值。 （3）如果激活手动模式和点动功能，同时长按向上键和向下键，则：当反向功能开启时，关闭反向功能；当反向功能关闭时，开启反向功能

续表

按键	名称	功能
▼	向下键	（1）浏览菜单时，按向下键向下移动选择。 （2）编辑参数值时，按向下键减小参数值
ESC	退出键	（1）如果按下时间不超过 2 秒，则返回到上一页；如果正在编辑数值，新数值不会被保存。 （2）如果按下时间超过 3 秒，则屏幕返回到状态显示。 　在参数编辑模式下使用退出键时，除非先按确认键，否则数据不会被保存
I	开机键	（1）在自动模式下，开机键未被激活，即使按下它也会被忽略。 （2）在手动模式下，按下开机键，变频器启动，变频器将显示驱动器运行图标
○	关机键	（1）在自动模式下，关机键不起作用，即使按下它也会被忽略。 （2）如果按下时间超过 2 秒，变频器将执行 OFF2 命令，电机将关闭停机。 （3）如果按下时间不超过 3 秒，变频器将执行以下操作：如果两次按关机键不超过 2 秒，将执行 OFF2 命令；如果在手动模式下，变频器将执行 OFF1 命令，电机将在参数 P1121 中设置的减速时间内停机
HAND AUTO	手动/自动键	该按键用于切换 BOP（手动）和现场总线（自动）之间的命令源。 （1）在手动模式下，按手动/自动键将变频器切换到自动模式，并禁用开机键和关机键。 （2）在自动模式下，按手动/自动键将变频器切换到手动模式，并启用开机键和关机键。 　在电机运行时，也可切换手动模式和自动模式

表 6-1-5　BOP 板屏幕上展示的图标的含义

符号	功能	状态	备注
✖	命令源	手动	当手动模式启用时，显示该图标。当自动模式启用时，该图标不显示
◐	变频器状态	变频器和电机运行	这是一个静态图标，不旋转
JOG	点动	点动功能激活	
✋	故障/报警	故障或报警等待：闪烁的符号，故障；稳定的符号，警告	如果检测到故障，变频器将停止运行，用户必须采取必要的纠正措施，以清除故障。报警是一种状态（如过热），它并不会导致变频器停止运行

（1）使用 BOP 板恢复出厂设置的过程如下。

调至 [SETUP] 状态，按下 [OK] 键，屏幕上显示 [RESET]，再次按下 [OK] 键，屏幕上显示 [RESET2] -0，右下角默认为"no"，即不重置为出厂设置，按 [▲] 键，屏幕右下角变为"YES"（[RESET2] YES），按下 [OK] 键后，屏幕上显示"BUSY"（[-BUSY]），运行 15 秒钟左右，屏幕上显示"DONE"（[-DONE-]），完成恢复出厂设置。

（2）SINAMICS G120 变频器快速调试（含电机优化）。

恢复出厂设置以后，快速调试的参数太多（有几千个），此时可以把无关参数隔离开（可以把端子控制、通信设置隔开），这相当于用一个宏程序来控制多个参数，然后经过优化再来使用。

当系统恢复出厂设置后，系统直接进入快速调试界面（[DRV APPL] P96），P96 即为第一个快速调试参数，即是选择普通的 V/F 控制（即恒转速控制），还是选择高性能的转矩控制，若选择恒转速控制，按下 [OK] 键后，屏幕上显示 [STANDAR] ，右下角的数字"1"即代表选择了 V/F 控制（若通过按 [▲] 键选择了数字"2"，则代表选择了高性能的转矩控制），按下 [OK] 键，屏幕上显示 [EUR/USA] P100 。可以看到，接下来要设置的是参数 P100，P100 用于设定电机是否为标准电机，即50 Hz 的电机。若采用标准电机，则按下 [OK] 键，设定此参数为"0"，此时屏幕上显示 [KW 50 HZ] 0，表示 P100 为"0"。接下来系统自动跳到 P210 参数设定界面（[INV VOLT] P210）。该参数表示输入电压，按下 [OK] 键，可以看到电压显示为 220 V（[INV VOLT] 220），此处按实际情况选择是采用 220 V电压还是采用 380 V 电压。接下来调整 P300 参数（[MOT TYPE] P300）。P300 参数代表电机类型，异步电机为"1"（[INDUCT] ），按下 [OK] 键，确认为异步电机。接下来设定 P304 参数（[MOT VOLT] P304）。该参数表示电机的额定电压，如 [MOT VOLT] 230 。根据电机实际电压选取电机的额定电压，依据为电机铭牌。接下来设置 P305 参数（[MOT CURR] P305）。该参数表示电机的额定电流，按 [▲]、[▼] 键进行电流参数调节，调节到与电机的额定电流参数一致。接下来调节电机的额定功率即 P307 参数（[MOT POW] P307）。同样，按 [▲]、[▼] 键进行电机功率参数的调节（单位为 kW），调节到与电机的额定功率一致。再调节 P310 参数（[MOT FREQ] P310）。该参数表示电机频率，为 50 Hz，直接按 [OK] 键即可。P311 参数（[MOT RPM] P311）表示电机的额定转速，根据电机铭牌填入即可。P335 参数表示电机的冷却方式，若采用不带风扇的自冷方式，则该参数应调整为"0"（[SELF] 0）。P501 参数（[TEC APPL] P501）表示标准驱动，若为标准驱动，则该参数为 0。最后，设置 P15 参数 [MAC PAR] P15 。该参数用于决定是选择端子接入还是选择通信模式，选择端子接入则设定为"12"，选择通信模式则设定为"7"。后续很多参数的设置直接按照 P15 的宏设置直接往下进行。P1080 参数（[MIN RPM] P1080）表示最小转速，我们设置为"0"。P1082 参数表示最大转速，设定值略大于或等于电机的额定转速。P1120 参数（[RAMP UP] P1120）表示电机的加速时间，设定在 10 s 左右。P1121 参数表示电机的减速时间，按默认即可。P1135 参数表示紧急停车，设定为"0"。P1900 参数（[MOT ID] P1900）表示参数已经全部设置完毕，电机开始优化。电机静态优化选择 2，按 [OK] 键，此时变频器对所有参数进行静态检测,屏幕上出现"FINISH"( ),按下 键,此时会提示 ,询问是否完成,系统默认的是"no",我们要改为"YES"( ),从而完成设定。此时屏幕上会出现"BUSY"( ),表示变频器正在对各个参数进行静态参数计算。静态参数计算完成出现"DONE"后,跳转监控"MONITOR"界面 。此时务必注意要进行电机优化,按下面板上的 键,屏幕上出现 图标( ),表示处于手动模式,此时不需要设定频率,直接按下开机按钮 ,就能听到电机发出嗡嗡的响声。同时,界面上出现"MOT ID"的提示( ),即开始电机优化。优化完毕,电机嗡嗡的声音消失,界面上出现 。至此快速调试及电机优化全部完成,变频器可以用了。

(五) S7-1200 PLC 与 SINAMICS G120 变频器的通信

1. 通信标准报文

对于 S7-1200 PLC 与 SINAMICS G120 变频器的通信,我们使用的是报文 1。在报文 1 中,STW1 为控制字,NSOLL 为主设定值,ZSW1 为状态字,NIST 为状态值。控制字用于实现变频器启动、停转、正转、反转的控制;主设定值表示给变频器多大的转速或者频率。各类型报文的含义见表 6-1-6。

表 6-1-6　各类型报文的含义

报文	PZD1	PZD2	PZD3	PZD4	PZD5	PZD6	PZD7	PZD8	PZD9
1(速度设定 16 位)	STW1	NSOLL							
	ZSW1	NIST							
2(速度设定 32 位)	STW1	NSOLL		STW2					
	ZSW1	NIST		ZSW2					
3(速度设定 32 位位置编码器)	STW1	NSOLL		STW2	G1_STW				
	ZSW1	NIST		ZSW2	G1_ZSW	G1_XIST1		G1_XIST2	
4(速度设定 32 位位置编码器,DSC)	STW1	NSOLL		STW2	G1_STW	XERR		KPC	
	ZSW1	NIST		ZSW2	G1_ZSW	G1_XIST1		G1_XIST2	

注:STW1——控制字 1;STW2——控制字 2;G1_STW——第一编码器控制字;NSOLL——速度设定;ZSW2——状态字 2;G1_ZSW——第一编码器状态字;ZSW1——状态字 1;XERR——位置偏差;G1_XIST1——第一编码器实际位置 1;NIST——实际速度;KPC——位置控制器比例系数;G1_XIST2——第一编码器实际位置 2。

2. 变频器控制字 STW

如表 6-1-7 所示,变频器控制字的每一位都有特定含义。它的高四位我们不用,第 11 位表示电机的正反转,即电机正转该位为"0",电机反转该位为"1";第 10 位表示是否由 PLC 进行控制,由于电机正转、反转、停转均由 PLC 进行控制,因此该位为"1";最后一位(第 bit00 位)为"1"表示电机进入运行就绪的状态,为"0"表示电机按斜坡函数发生器的减速时间 P1121 制动,达到静态后变频器会关闭电机,该位需要由上升沿触发。把 16 位控制字连起来,即有:047E 表示电机停转,047F 表示电机正转,0C7F 表示电机反转。

表 6-1-7　变频器控制字的含义

停止 047E	正转 047F		反转 0C7F	位 bit	含义
E	0	F	1	F	1	00	bit00＝0:电机按斜坡函数发生器的减速时间 P1121 制动,达到静态后变频器会关闭电机。 bit00＝1:变频器进入运行就绪状态。另外,bit03＝1 时,变频器接通电机
	1		1		1	01	bit01＝1:电机立即关闭,惯性停车。 bit01＝0:可以接通电机(ON 指令)
	1		1		1	02	bit02＝0:快速停机,电机按减速时间 P1135 制动,直到达到静态。 bit02＝1:快速停机无效(OFF3),可以接通电机
	1		1		1	03	bit03＝0:禁止运行,立即关闭电机(脉冲封锁),快速停车。 bit03＝1:允许运行,接通电机(脉冲使能)
7	1	7	1	7	1	04	bit04＝0:取消运行程序段任务,轴以最大减速度制动,直到达到静态;变频器不执行当前的运行程序段任务。 bit04＝1:不取消运行程序段任务,允许轴移动或移动到目标位置
	1		1		1	05	bit05＝0:暂停,轴以设定的减速度倍率制动,直到达到静态;变频器仍在执行当前的运行程序段任务。 bit＝1:不暂停,允许轴继续移动或继续移动到目标位置
	1		1		1	06	bit06＝1:激活运行程序段任务,且设定值直接给定/MDI;变频器命令轴移动到目标位置
	0		0		0	07	bit07＝1:应答变频器中的故障。如果仍存在 ON 指令,变频器进入接通禁止状态
4	0	4	0	C	0	08	bit08＝1:正向点动
	0		0		0	09	bit09＝1:反向点动
	1		1		1	10	bit10＝0:不由 PLC 控制,变频器忽略来自现场总线的过程数据。 bit10＝1:由 PLC 控制,由现场总线控制,变频器会采用来自现场总线的过程数据
	0		0		1	11	bit11＝0:停止回参考点,按原来方向运行。 bit11＝1:启动回参考点,改变旋转方向运行,即设定值反向(换向运行)
0	0	0	0	0	0	12	保留
	0		0		0	13	bit13＝1:用电动电位计(MOP)升速
	0		0		0	14	bit14＝1:用电动电位计(MOP)降速
	0		0		0	15	bit15＝1:远程控制

3. 变频器的主设定值 NSOLL

PZD 任务报文的第 2 个字是主设定值,也就是主频率设定值,由主设定值信号源提供(参看样本资料参数 P1000,此处不再说明),数值以十六进制数的形式发送。西门子变频器转速规定值范围为 16♯0000～16♯4000,变频器的频率与转速成正比,若电机以额定转速,即 50 Hz 频率工作,则 16♯4000H(十进制为 16 384)对应的就是最大频率 50 Hz;16♯2000H 在数值上为 16♯4000H 的一半,所对应的频率应该是最大频率 50 Hz 的一半,即 25 Hz;负数则反向。

(六) 变频器组态及程序编写

1. 组态

SINAMICS G120 变频器的组态要与实际硬件相匹配,详见图 6-1-19。这里用的变频器是 SINAMICS G120 CU240E-2PN,具体操作是:选中"网络试图",从右侧"硬件目录"中选择"其它现场设备"→"PROFINET IO"→"Drives"→"SIEMENS AG"→"SINAMICS"→"SINAMICS G120 CU240E-2PN(-F) V4.5"。

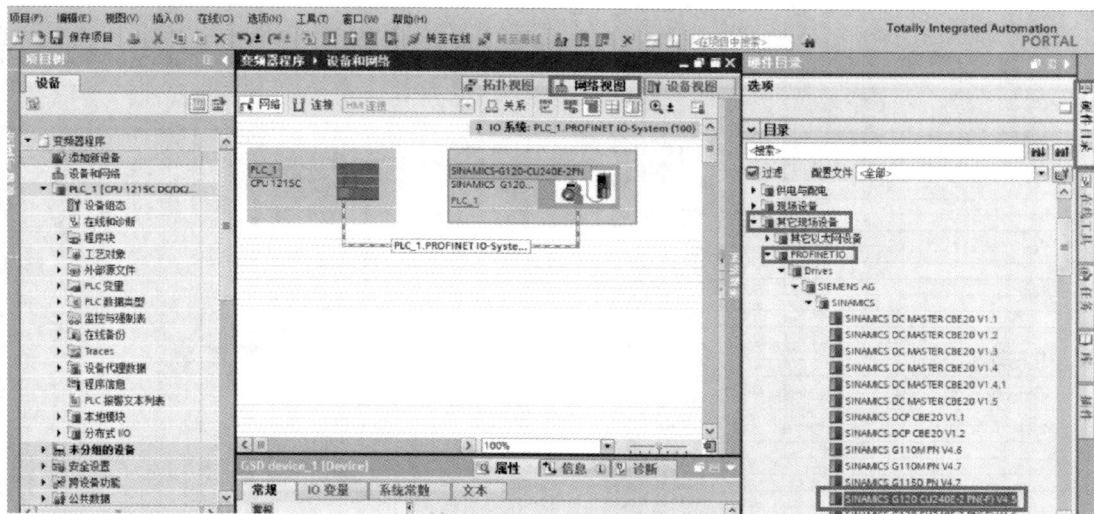

图 6-1-19 变频器的组态

2. 报文添加

变频器组态时报文的添加如图 6-1-20 所示。在"设备视图"中,从右侧"硬件目录"中选择"子模块"→"标准报文 1,PZD-2/2",将它拖动到左侧"插槽 13"的位置;I 区默认地址为 68～71,用于存储状态字和实际值,这两个我们暂时没有用到;Q 区地址为 QW68,该地址所存放的数据用于控制电机的正转、反转、停转(分别用控制字"16♯047F""16♯0C7F""16♯047E"进行控制);QW70 用于控制电机的速度。

若切换到"在线访问"以后发现实际的变频器的名称或 IP 地址与组态的变频器的名称或 IP 地址不一致,如图 6-1-21 所示,我们可以对右侧"PROFINET 设备名称"框内的"sinamics-g120-cu240e-2pn"进行更改,改为"g120",使组态的名称与实物的名称一致。

当变频器转至在线时,可以从变频器参数中查看或修改部分变频器参数,详见图 6-1-22。

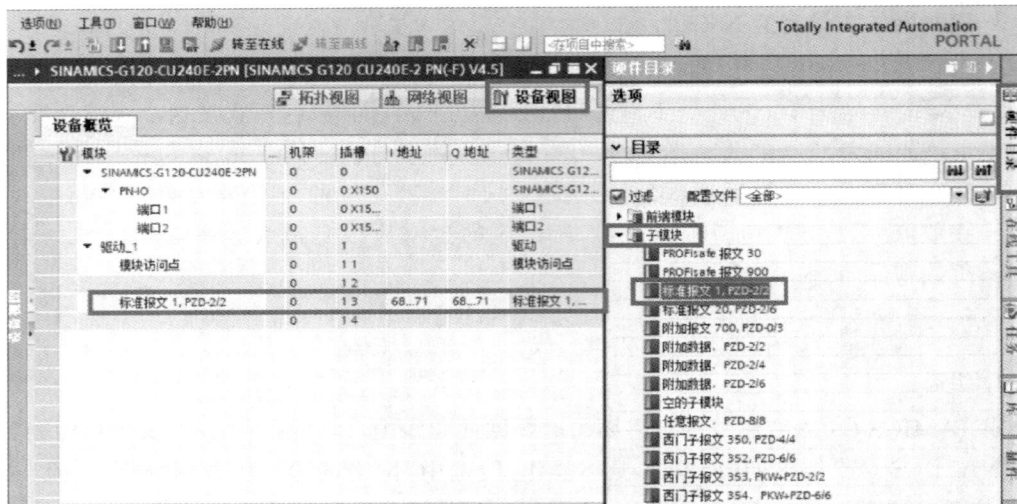

图 6-1-20　变频器组态时报文的添加

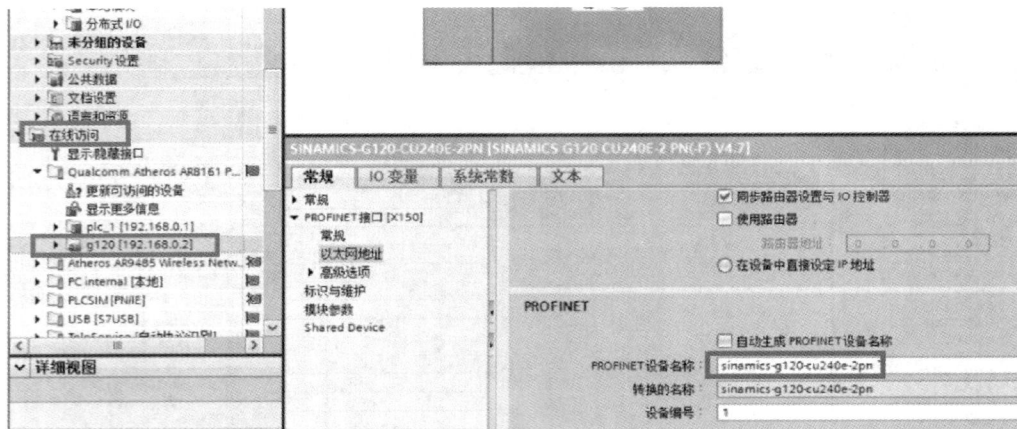

图 6-1-21　变频器组态名称的修改

图 6-1-22　变频器在线修改参数

若有参数修改,则在目录树"在线访问"处选择变频器→"调试"→"保存/复位"→"保存",如图 6-1-23 所示,这样所做的修改才有效。

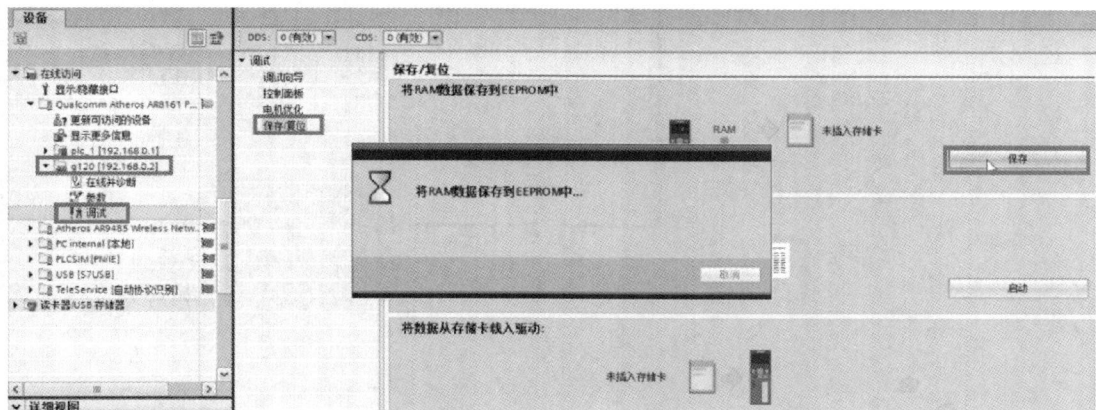

图 6-1-23　保存在线修改的参数

修改完毕后,选择 PLC,将刚才的组态下载到 PLC 之中,这样就可以使变频器动起来。具体操作方法为:转至在线→"监控表与强制表"→"监控表_1",在其中新建 QW68、QW70 两个变量,分别输入正转"16♯047F"及速度"16♯1000",单击"监控"→"写入值"即可看到电机转动了起来。在 QW68 中再次写入"16♯047E",电机会停止下来。用此方法可以验证组态是否正确。监控变频器转向与转速参数如图 6-1-24 所示。

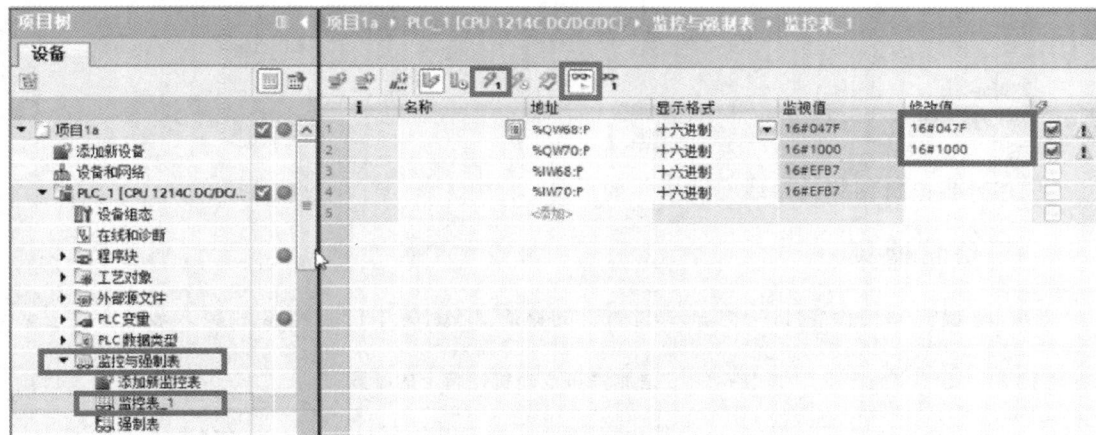

图 6-1-24　监控变频器转向与转速参数

3. 程序编写

图 6-1-25 和图 6-1-26 所示的两段程序分别为变频器控制电机正转、电机反转和将电机转速设定为额定转速百分比的程序,请学生自行分析程序中的"3199""1151"以及速度控制中的"16384"是什么。请学生根据学校设备的实际情况,编写一段程序,控制异步电机的运动。

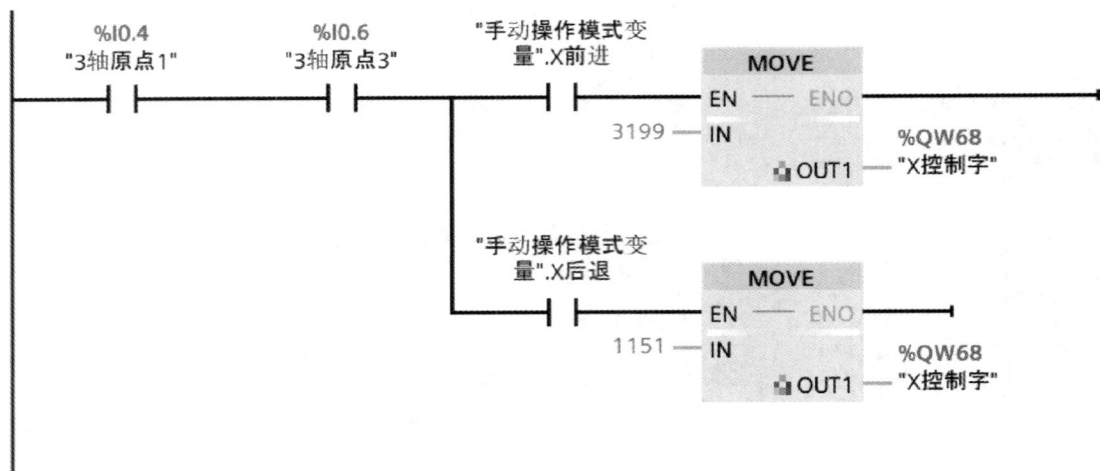

图 6-1-25　电机正反转设定

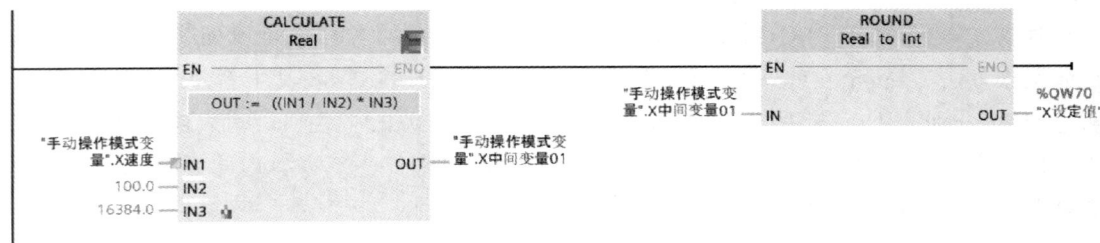

图 6-1-26　电机转速占额定转速百分比设定

【实践操作 1】

三相异步电机铭牌及接线实践操作如下。

一、信息搜集

（1）请观察学校设备上三相异步电动机的铭牌，将铭牌中的技术参数填入表 6-1-8 中。

表 6-1-8　三相异步电动机铭牌上的参数

型号	额定功率/kW	额定电流/A	效率/(%)	功率因数	接法	绝缘等级	工作制

（2）本书电子档资料中附有"西门子交流异步电动机样本"，或通过网址下载"1LG0 低压交流异步电动机产品样本"，从样本中确定电动机的安装方式及相关尺寸，并填写表 6-1-9 和表 6-1-10。

表 6-1-9　三相异步电动机的安装方式

请查找样本,将"B3""B35""B5"等安装方式代号写入上面相应的空格,并说明各用于何种场合:

B3 安装方式用于:＿＿＿＿＿＿＿＿＿＿＿＿＿＿＿＿＿＿＿＿＿＿＿＿＿＿＿＿＿＿＿＿＿＿＿＿。

B35 安装方式用于:＿＿＿＿＿＿＿＿＿＿＿＿＿＿＿＿＿＿＿＿＿＿＿＿＿＿＿＿＿＿＿＿＿＿＿。

B5 安装方式用于:＿＿＿＿＿＿＿＿＿＿＿＿＿＿＿＿＿＿＿＿＿＿＿＿＿＿＿＿＿＿＿＿＿＿＿＿。

表 6-1-10　三相异步电动机参数

电动机型号	额定功率/kW	额定转速/(r/min)	额定转矩/(N·m)	△接法电压/V	B3 安装方式电动机输出轴直径/mm	B3 安装方式底座安装孔间距/mm

二、三相异步电机定子绕组电阻测量

图 6-1-27 所示的三相异步电机型号为 JW6314、磁极对数为 2、转速为 1500 r/min,测量每个定子绕组的电阻,并将实测值填入表 6-1-11 中。若为其他型号的三相异步电机,也可打开接线盒进行测量。

图 6-1-27　三相异步电机实物图

表 6-1-11　三相异步电机定子绕组电阻测量

万用表表笔接	U1-V2	U1-U2	U1-W2	V1-V2	V1-W2	W1-W2
电阻测量值/Ω						

从测量结果来看,可以得到什么结论?

＿＿＿

【工作评价】

对学生任务实施情况进行评价,评价表如表 6-1-12 所示。

表 6-1-12　三相异步电机铭牌及接线评价表

评价项目	评价标准	配分	得分
三相异步电动机的铭牌参数	参与小组讨论,积极查找资料	5	
	主动代表小组回答相关问题	4	
	铭牌参数记录正确	16	
三相异步电动机的安装方式	参与小组讨论,积极查找资料	5	
	主动代表小组回答相关问题	5	
	安装方式查找正确	9	
	应用场合说明正确	6	
通过样本查找三相异步电动机参数	参与小组讨论,积极查找资料	5	
	主动代表小组回答相关问题	5	
	Y90S-4 电动机参数查找正确	12	
	Y112M-2 电动机参数查找正确	12	
三相异步电机电阻测量	参与小组讨论,积极查找资料	5	
	主动代表小组回答相关问题	5	
	定子绕组电阻测量值在合理范围内	6	
汇总		100	

【实践操作 2】

变频器调试及编程实践操作如下。

一、信息搜集

(1)请观察学校设备上变频器的铭牌,将铭牌中的技术参数填入表 6-1-13 中。

表 6-1-13　变频器铭牌上的参数

	功率模块	控制单元	操作面板
型号			
作用			

(2)变频器的功率与电动机的功率的大小关系是＿＿＿＿＿＿

(3)思考:变频器能改变直流电机的频率么?为什么?

（4）以下三种变频器在兼容性方面有：_____＞_____＞_____。

A：通用型普通变频器　　　B：矢量型高性能变频器　　C：风机水泵型变频器

（5）操作：从功率模块上拆下操作面板及控制单元，再安装回去（见图 6-1-28）。

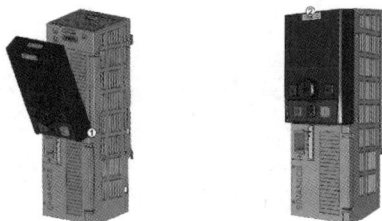

图 6-1-28　拆卸变频器 BOP 板与 CU 控制单元

（6）请根据学校实际情况，在图 6-1-29 中画出变频器与电机的接线图。

图 6-1-29　变频器与电机的接线图

若实际使用的元器件比图 6-1-29 上多，可以补充。

二、手动调试

（1）用 BOP 板将变频器手动恢复至出厂设置，并快速调试电机，使得能够通过手动控制电机正反转。

记录调试过程中出现的问题及解决办法。

_____

_____

_____

（2）用 Startdrive 软件对变频器进行调试。

记录调试过程中出现的问题及解决办法。

_____

_____

_____

三、组态、编程和调试

（1）正确在 TIA 博途软件中选择 PLC 和变频器的型号，并能正确选择报文。
记录组态过程中出现的问题。

_____

_____

_____

（2）能用程序控制变频器的运动方向及速度。
记录编程过程中出现的问题。

_____

_____

_____

【工作评价】

对学生任务实施情况进行评价，评价表如表 6-1-14 所示。

表 6-1-14　变频器调试及编程评价表

评价项目	评价标准	配分	得分
变频器基础知识	参与小组讨论，积极查找资料	5	
	主动代表小组回答相关问题	5	
	变频器铭牌参数记录正确	6	
	变频器的功率与电动机的功率比较正确	3	
	对变频器能否改变直流电机的频率这一问题回答正确	5	
	能够从功率模块上拆下操作面板及控制单元，并再安装回去	6	
	变频器的接线正确	5	
手动调试变频器	参与小组讨论，积极查找资料	5	
	主动代表小组回答相关问题	5	
	能够用 BOP 板将变频器手动恢复至出厂设置	5	
	能够用 BOP 板完成电机快速调试	10	
	能够用 Startdrive 软件对变频器进行调试	10	
变频器组态、编程、调试	参与小组讨论，积极查找资料	5	
	主动代表小组回答相关问题	5	
	在 TIA 博途软件中，能正确选择 PLC 和变频器的型号	5	
	能正确选择报文	5	
	能够通过编程对变频器的速度及运动方向进行调试	10	
汇总		100	

◀ 6.2 知识任务:步进电机与步进电机驱动器 ▶

【任务描述】

制作"步进电机调试"思维导图,清晰化、结构化地展示步进电机的结构、步进电机驱动器的调试方法和相关的编程流程,并将实训室现有的步进电机调试运行到指定位置。

【任务目标】

(1)了解步进电机的结构、驱动方式;

(2)了解步进电机驱动器与步进电机的接线;

(3)能够独立完成步进电机轴工艺设置及组态;

(4)能够手动调试单个步进电机的运动;

(5)能够控制单个步进电机的启停;

(6)能够实现两个步进电机的联动,使它们完成预定动作。

【小组讨论】

本小组为第_____组,具体情况如表 6-2-1 所示。

表 6-2-1　小组具体情况

序号	姓名	学号	备注	序号	姓名	学号	备注
1				4			
2				5			
3				6			

【计划准备】

(1)思维导图软件;

(2)纸、笔记本;

(3)已安装 TIA 博途软件的电脑 1 台;

(4)步进电机、步进电机驱动器样本。

【相关知识】

一、步进电机

(一)步进电机的结构

步进电机也叫步进器,是将电脉冲信号转变为角位移或线位移的开环控制元件。通过控制施加在电机线圈上的电脉冲信号的顺序、频率和数量,可以实现对步进电机的转向、速度和旋转角度的控制。配合以直线运动执行机构或齿轮箱装置,可以实现更加复杂、精密的线性运动控制要求。步进电机结构图如图 6-2-1 所示,外形图如图 6-2-2 所示。它一般由前后端盖、轴承、中心轴、转子铁芯、定子铁芯、定子组件、波纹垫圈、螺钉等部分构成。步进电机利用电磁学原理将电能转换为机械能,由缠绕在电机定子齿槽上的线圈驱动。通常情况下,一根绕成圈状的金属丝叫作螺线管;而在电机中,绕在定子齿槽上的金属丝则叫作绕组、线圈或相。

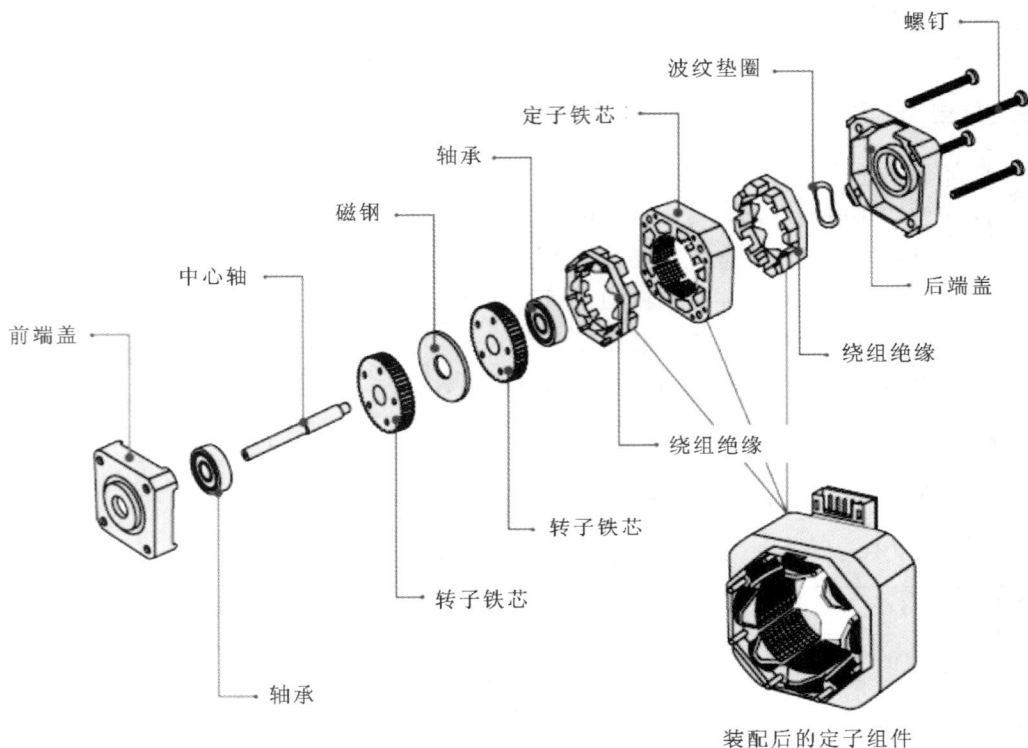

图 6-2-1 步进电机结构图

图 6-2-2 步进电机外形图

（二）步进电机的工作原理

步进电机控制系统由步进电机控制器、步进电机驱动器、步进电机三个部分组成,如图 6-2-3 所示。步进电机控制器一般为 PLC,本书用的是西门子 S7-1200 PLC。它发出脉冲信号给步进电机驱动器。步进电机驱动器把接收到的脉冲信号转化为电脉冲信号,驱动步进电机转动。步进电机控制器每发出一个脉冲信号,步进电机就旋转一个角度,步进电机的运行是以固定的角度一步一步旋转实现的。步进电机控制器可以通过控制脉冲信号的数量来控制步进电机的旋转角度,从而实现准确定位;通过控制脉冲信号的频率精确控制步进电机的旋转速度。

图 6-2-3　步进电机控制系统的组成

1. 脉冲信号

脉冲信号是一个电压反复在 ON 和 OFF 之间改变的电信号。一个 ON/OFF 周期被记为一个脉冲。单个脉冲信号指令使电机出力轴转动一步。对应电压 ON 和 OFF 情况下的信号电平分别称为高电平和低电平。脉冲信号图如图 6-2-4 所示。

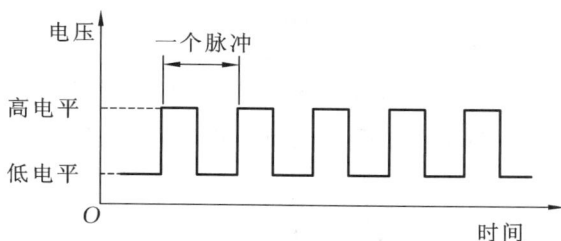

图 6-2-4　脉冲信号图例

2. 步距角

步距角是指输入一个脉冲信号,步进电机转子相应的角位移。它与控制绕组的相数、转子齿数和通电方式有关。步距角越小,运转的平稳性越好。

假设转子只有两个齿,定子为三相通电,且通电顺序为 A→B→C→A,这种方式称为单三拍运行,如图 6-2-5 所示。当 A 相通电时,转子的齿与 A 相磁极对齐,如图 6-2-5(a)所示;当 B 相通电时,由 B 相磁极产生磁力,转子的齿与 B 相磁极对齐,如图 6-2-5(b)所示,此时转子转过 60°;当 C 相通电时,由 C 相磁极产生磁力,转子的齿与 C 相磁极对齐,如图 6-2-5(c)所示,此时转子又转过 60°;如此循环。此时,步距角为 60°。

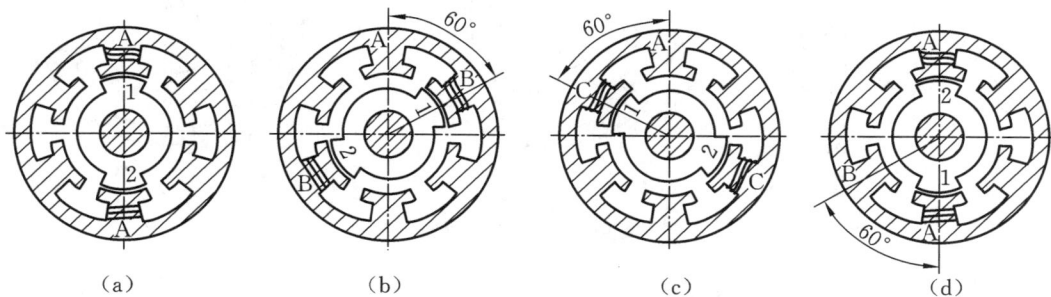

(a)　　　　　　　(b)　　　　　　　(c)　　　　　　　(d)

图 6-2-5　单三拍运行图

通电顺序为 AB→BC→CA→AB,称为双三拍运行,如图 6-2-6 所示。当 AB 相通电时,由于 A、B 两相同时产生电磁力,二者合力的方向处于两相之间,因此转子的齿处于 A、B 相之间,如图 6-2-6(a)所示;相磁极合力方向对齐;当 BC 相通电时,由 B、C 两相磁极产生电磁力,转子的齿处于 B、C 相之间,如图 6-2-6(b)所示,此时转子转过 60°;当 CA 相通电时,由 C、A 两相磁极产生电磁力,转子的齿处于 C、A 相之间,如图 6-2-6(c)所示,此时转子又转过 60°;如此循环。此时,步距角也为 60°。

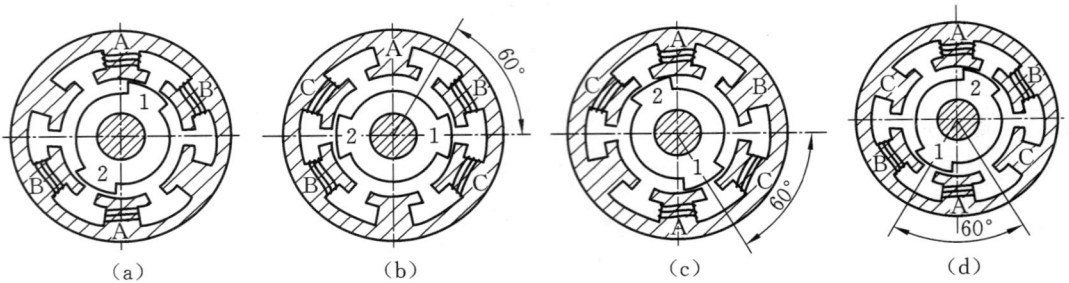

图 6-2-6　双三拍运行图

通电顺序为 A→AB→B→BC→C→CA→A,称为六拍运行,如图 6-2-7 所示。此种方式结合了单三拍与双三拍的特点,运行过程请自行分析,不再赘述。此时,步距角也为 30°。

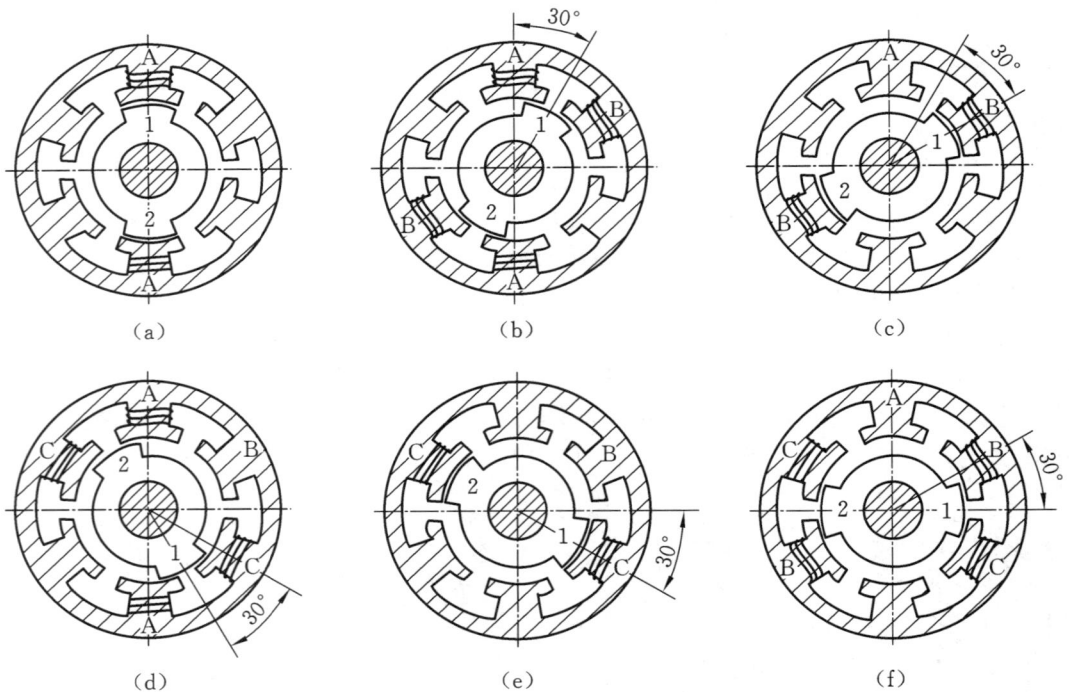

图 6-2-7　六拍运行图

通过上面的分析可知,步距角其实也是步进电机的定子绕组每改变一次通电状态,转子转过的角度。通过分析可知:转子齿数越多,步距角越小;定子相数越多,步距角越小;通电方式的节拍越多,步距角越小。

步距角 θ_b 的计算公式为:

$$\theta_b = \frac{360°}{m \cdot Z \cdot C}$$

式中：m——定子相数；

Z——转子齿数；

C——通电方式，当单相轮流通电或者双相轮流通电时，$C=1$；当单双相轮流通电时，$C=2$。

步进电机以一个固定的步距角转动，这个角度称为基本步距角。基本步距角为 1.8° 的步进电机一般为两相步进电机，基本步距角为 1.2° 的步进电机一般为三相步进电机。两相步进电机步距角示意图如图 6-2-8 所示。

3. 转动角度

步进电机的转动距离正比于施加在步进电机驱动器上的脉冲信号数（脉冲数）。步进电机转动角度和脉冲数的关系如下所示：

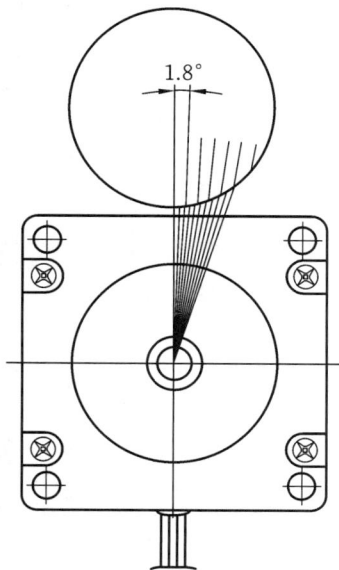

图 6-2-8　两相步进电机步距角示意图

$$\theta = \theta_b \times A$$

式中：θ——电机输出轴转动角度；

θ_b——步距角；

A——脉冲数。

步进电机转动角度与脉冲数之间的关系示意图如图 6-2-9 所示。

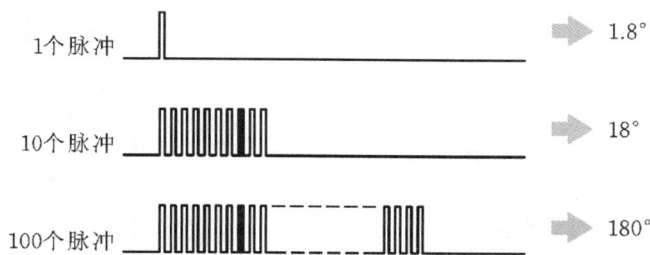

图 6-2-9　步进电机转动角度与脉冲数之间的关系示意图

4. 转速

步进电机的转速与施加在步进电机驱动器上的脉冲信号的频率（脉冲频率）成比例。步进电机的转速与脉冲频率的关系如下（整步模式）：

$$N = \frac{\theta_b}{360°} \times f \times 60$$

式中：N——电机输出轴转速，单位为 r/min；

θ_b——步距角；

f——脉冲频率，单位为 Hz。

步进电机转速与脉冲频率之间的关系示意图如图 6-2-10 所示。

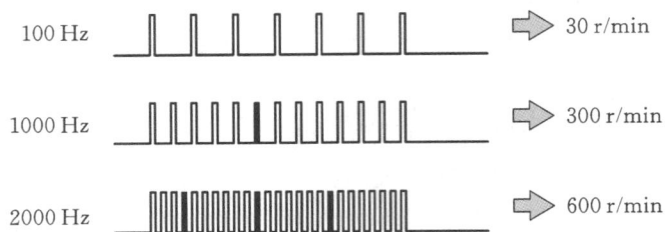

图 6-2-10　步进电机转速与脉冲频率之间的关系示意图

二、步进电机驱动器

步进电机不能直接接到直流或交流电源上，必须使用专用的驱动电源，即步进电机驱动器。步进电机驱动器是一种将电脉冲信号转化为角位移的执行机构。步进电机驱动器接收到一个脉冲信号后，它就驱动步进电机按设定的方向转动一个固定的角度（即步距角）。DPL-425 步进电机外形图如图 6-2-11 所示。

（一）步进电机驱动器的接口和功能

步进电机驱动器的接口如图 6-2-12 所示。

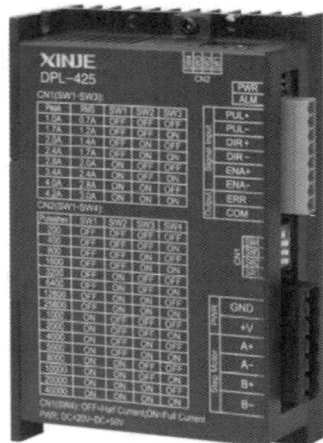

图 6-2-11　DPL-425 步进电机驱动器外形图

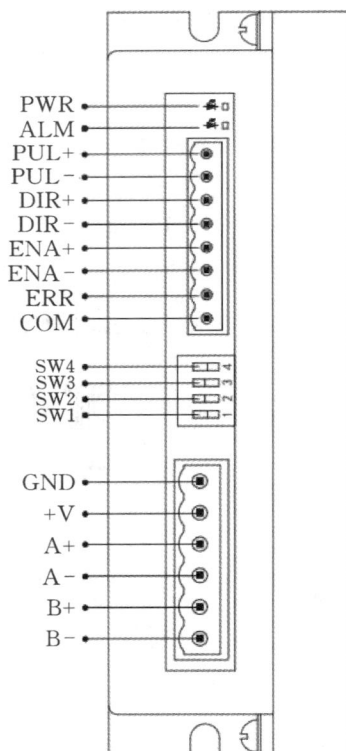

图 6-2-12　步进电机驱动器的接口

1. 控制信号接口

步进电机驱动器控制信号接口说明如表 6-2-2 所示。

表 6-2-2　步进电机驱动器控制信号接口说明

接口	信号	说明
PUL+	脉冲信号	上升沿有效,每次脉冲信号由低变高时,步进电机运行一步。PUL 高电平时为 24 V,低电平时为 0~0.5 V
PUL−		
DIR+	方向信号	高电平时为 24 V,低电平时为 0~0.5 V。对应步进电机运转的两个方向,若改变信号状态,步进电机的运转方向也随之发生变化。步进电机的初始运行方向取决于步进电机的接线,互换任意一相可改变步进电机的初始运行方向
DIR−		
ENA+	使能/释放信号	用于释放步进电机,当"ENA+"接 24 V、"ENA−"接低电平时,步进电机驱动器将切断步进电机各相电流而使步进电机处于自由状态,步进脉冲将不被响应。此时,步进电机驱动器和步进电机的发热和温升将降低。不使用此功能时,可以将步进电机释放信号端悬空
ENA−		

2. 功率接口

步进电机驱动器功率接口说明如表 6-2-3 所示。

表 6-2-3　步进电机驱动器功率接口说明

接口	功能	说明
GND	直流电源接地	—
+V	直流电源正极	介于供电电压最小值与最大值间,宜采用推荐值
A+,A−	步进电机 A 相	互换 A+、A−,可改变步进电机的运转方向
B+,B−	步进电机 B 相	互换 B+、B−,可改变步进电机的运转方向

注意：

电源电压千万切忌接反;电源工作范围为 DC 20~50 V,本书用的是 24 V 供电电源。

两相步进电机的两相线圈与步进电机驱动器的接线如图 6-2-13 所示。

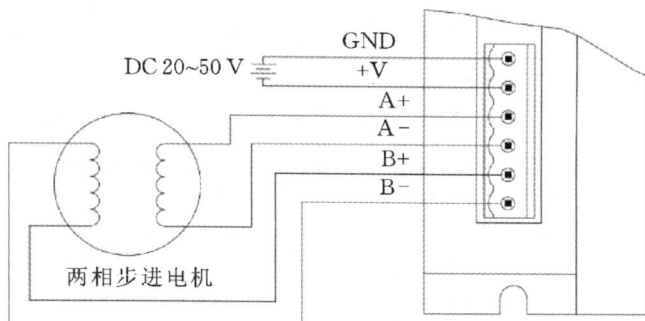

图 6-2-13　两相步进电机的两相线圈与步进电机驱动器的接线

3. 功能设定

步进电机驱动器采用 CN1 四位拨码开关设定电流输出值、半流/全流、自整定,采用 CN2 四位拨码开关设定每转脉冲数。具体功能设定如下。

CN1 的 SW1～SW3:设定电流输出值。

CN1 的 SW4:设定半流/全流(SW4＝OFF,半流状态;SW4＝ON,全流状态)。CN1 的 SW4 在 1 秒之内往返拨动一次,选定自整定功能。

CN2 的 SW1～SW4:用来设定每转脉冲数。

(1) 电流设定。

工作(动态)电流值由 CN1 的 SW1～SW3 三位拨码开关控制,详细设置如表 6-2-4 所示。

表 6-2-4　步进电机驱动器 CN1 拨码开关均值电流(转矩)设置

峰值电流/A	均值电流/A	SW1	SW2	SW3
1.0	0.7	OFF	OFF	OFF
1.7	1.2	OFF	OFF	ON
2.0	1.4	OFF	ON	OFF
2.4	1.7	OFF	ON	ON
2.8	2.0	ON	OFF	OFF
3.4	2.4	ON	OFF	ON
4.0	2.8	ON	ON	OFF
4.2	3.0	ON	ON	ON

对于两相四线制步进电机,步进电机驱动器均值电流应当设置为步进电机相电流的 70%,步进电机驱动器峰值电流一般约为步进电机驱动器均值电流的 1.4 倍。均值电流的设置会影响步进电机转矩的大小:电流越大,转矩越大;电流越小,转矩越小。

静态电流可用 CN1 的 SW4 拨码开关设定,OFF 表示静态电流设为动态电流的一半,ON 表示静态电流与动态电流相同。在一般用途中,应将 CN1 的 SW4 设成 OFF,使得电机和驱动器的发热减少、可靠性提高。脉冲串停止后 0.4 秒左右,电流自动减至一半左右(实际值的 60%),发热量理论上减至 25%。

半流指电机停转时,定子锁住转子的力会下降为一半,可以减少电机的发热量和节能。

增高电压或者增大电流,都会增加步进电机的发热量,步进电机温度过高会产生热退磁,所以应尽量选择有一定余量的电机规格;在电机力矩足够的情况下,应尽量把电流设置到比额定电流略小一点的挡位,这样可以延长步进电机和步进电机驱动器的使用寿命。

(2) 每转脉冲数设定(细分设定)。

每转脉冲数由 CN2 的 SW1～SW4 四位拨码开关控制,详细设置如表 6-2-5 所示。

表 6-2-5　步进电机驱动器 CN2 拨码开关细分设定

每转脉冲数/个	SW1	SW2	SW3	SW4
200	OFF	OFF	OFF	OFF
400	OFF	OFF	OFF	ON
800	OFF	OFF	ON	OFF

续表

每转脉冲数/个	SW1	SW2	SW3	SW4
1000	ON	OFF	OFF	OFF
1600	OFF	OFF	ON	ON
2000	ON	OFF	OFF	ON
3200	OFF	ON	OFF	OFF
4000	ON	OFF	ON	OFF
5000	ON	OFF	ON	ON
6400	OFF	ON	OFF	ON
8000	ON	ON	OFF	OFF
10 000	ON	ON	OFF	ON
12 800	OFF	ON	ON	OFF
20 000	ON	ON	ON	OFF
25 600	OFF	ON	ON	ON
40 000	ON	ON	ON	ON

（3）参数自整定功能。

通过参数自整定功能,能够针对不同步进电机自动生成最优运行参数,最大限度地发挥步进电机的性能。若 CN1 的 SW4 在 1 秒之内往返拨动一次,步进电机驱动器便可自动完成步进电机参数识别以及控制参数自整定。在步进电机、供电电压等条件发生变化时,应进行一次参数自整定,否则,步进电机可能会运行不正常。注意,此时不能输入脉冲,方向信号也不应变化,两次参数自整定之间的时间间隔不应小于 3 秒。参数自整定功能的实现方法如下:①SW4 由 ON 拨到 OFF,然后在 1 秒内再由 OFF 拨回到 ON;②SW4 由 OFF 拨到 ON,然后在 1 秒内再由 ON 拨回到 OFF。

（4）保护功能。

① 状态指示灯。

电源指示灯 PWR:绿灯亮时,处于正常工作状态。

报警指示灯 ALM:红灯亮时,进入报警状态,说明此时出现了过压、过流或短路;红灯等间隔闪烁为过压报警,红灯常亮为过流或短路报警。

② 故障输出。

当步进电机驱动器出现过压、过流或短路时,由 ERR、COM 端子输出故障信号。

③ 过流、过压保护。

当电源电压大于上限电压 DC 50 V,或步进电机电流大于设定值的 120% 时,保护电路采取保护措施,关断 PWM 输出,报警指示灯给出相应的报警信息。

注意:

当以上保护电路动作后,步进电机驱动器无法正常工作,只有消除故障,重新上电,电源指示灯变绿后,方可使步进电机驱动器恢复。

（二）典型接线图

步进电机驱动器与开关电源、步进电机、PLC 的接线简图如图 6-2-14 所示。

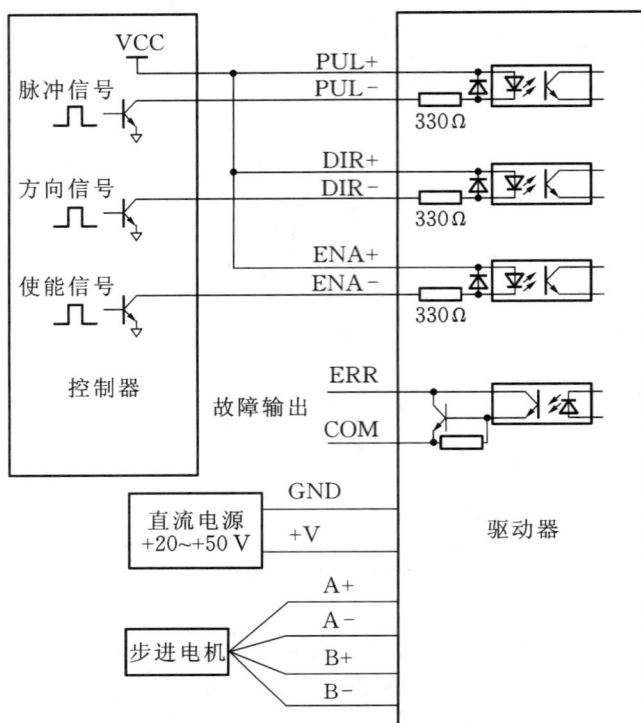

图 6-2-14　步进电机驱动器与开关电源、步进电机、PLC 的接线简图

三、步进电机驱动器的细分与步距角的区分

为了了解步进电机驱动器的细分，先要澄清步进电机步距角这个概念。步距角，也就是在没有减速齿轮的情况下，给一个脉冲信号，步进电机转子所转过的角度。

步进电机的步距角表明控制系统（PLC）每发送一个脉冲信号，步进电机转子所旋转的角度。或者说，每输入一个脉冲信号，步进电机转子转过的角度称为步距角。也能够这样描绘：定子操控绕组每改动一次通电方法，称为一拍；每一拍转子转过的机械角度称为步距角，通常用 θ_b 表示。常见的步距角有 $3°/1.5°$、$1.5°/0.75°$、$3.6°/1.8°$。步距角为 $1.8°$ 的两相步进电机（小电机），转一圈所用的脉冲数为 $n=360/1.8$ 个$=200$ 个。

步距角的误差不会长时间堆集，只与输入脉冲信号数相对应，使得步进电机既能够用于组成结构较为简略而又具有一定精度的开环控制系统，也能够在要求更高精度时用于组成闭环控制系统。

步进电机给出的步距角为 $7.5°/15°$，表明半步作业时步距角为 $7.5°$、整步作业时步距角为 $15°$。这两个步距角能够称为步进电机的基本步距角，它们不一定是步进电机实际作业时的真实步距角，真实的步距角和步进电机驱动器有关。

什么是步进电机驱动器的细分？

简略地讲，细分数就是指步进电机运转时的真实步距角是基本步距角（整步）的几分之一。若步进电机驱动器作业在 10 细分状况下，真实步距角只为基本步距角的十分之一。也就是说:当步进电机驱动器作业在不细分的整步状况下时,步进电机控制器每发一个步进脉冲,步进电机转动 1.8°;而当步进电机驱动器作业在 10 细分状况下时,步进电机只滚动了 0.18°。这就是细分的基本概念。

更为准确地描绘步进电机驱动器细分特性的是运转拍数。运转拍数指步进电机运转时每转一个齿距所需的脉冲数。某步进电机有 50 个齿,假如运转拍数设置为 160,那么该步进电机旋转一圈一共需要 50×160 步=8000 步,步距角为 360°÷8 000=0.045°。细分与步距角的关系如表 6-2-6 所示。

表 6-2-6　细分与步距角的关系

步进电机基本步距角	每转脉冲数	运行拍数	细分数	步进电机运行时的真实步距角
0.9°/1.8°	200	8	步进电机驱动器工作在 2 细分即半步状态下	0.9°
0.9°/1.8°	400	20	步进电机驱动器工作在 5 细分状态下	0.36°
0.9°/1.8°	800	40	步进电机驱动器工作在 10 细分状态下	0.18°
0.9°/1.8°	1600	80	步进电机驱动器工作在 20 细分状态下	0.09°
0.9°/1.8°	3200	160	步进电机驱动器工作在 40 细分状态下	0.045°

细分功能完全是由步进电机驱动器靠准确操控步进电机的相电流实现的,与步进电机无关。

四、步进电机的组态及程序编写

(一)步进电机接线图纸识读

实训室现有步进电机实训台如图 6-2-15 所示。由两台步进电机及一个小交流电机控制 3 根轴,组成一个小的车库系统。

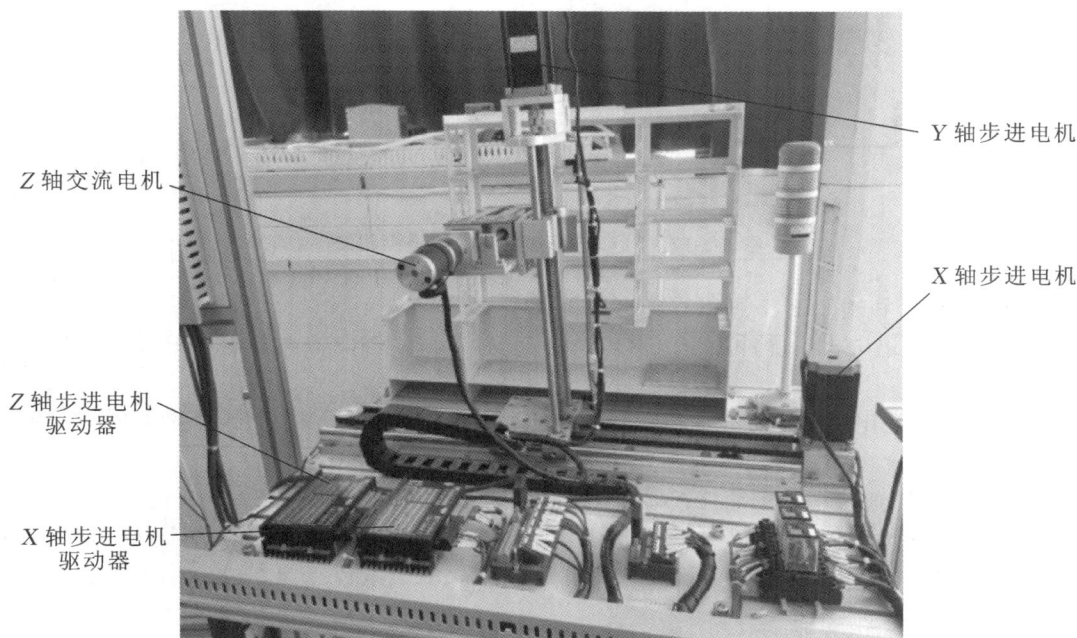

图 6-2-15　某实训室的小型立体车库系统

PLC 与设备之间的输入、输出侧图纸分别如图 6-2-16 及图 6-2-17 所示。

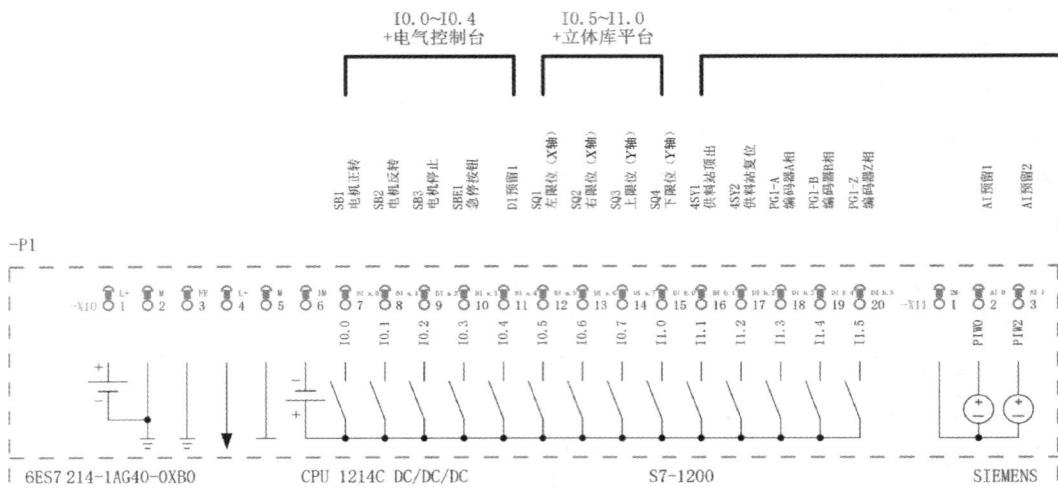

图 6-2-16　PLC 与设备之间的输入侧图纸

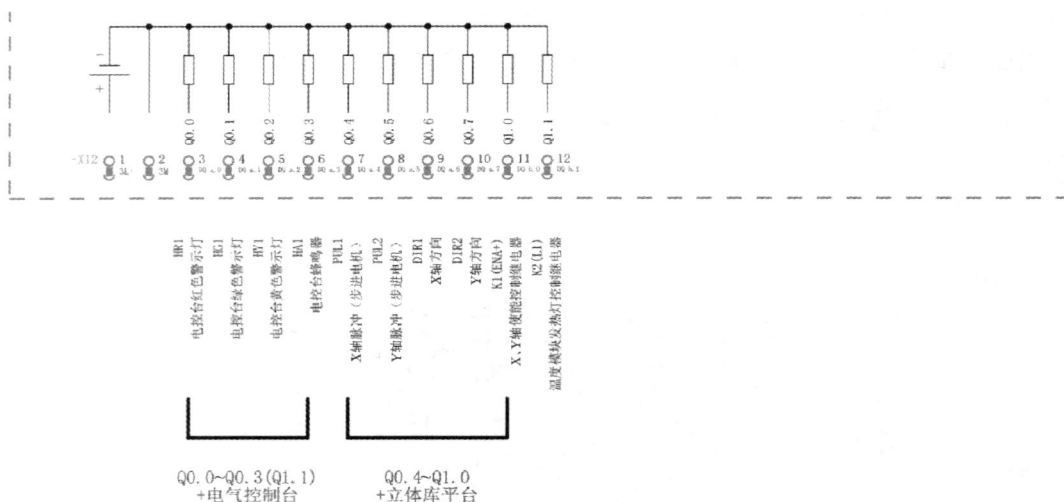

图 6-2-17　PLC 与设备之间的输出侧图纸

由图 6-2-16 和图 6-2-17 可以看到有以下几个 I/O 点：

（1）X 轴步进电机的脉冲由 PLC Q0.4 的点位控制，X 轴的方向控制由 PLC Q0.6 的点位控制；

（2）Y 轴步进电机的脉冲由 PLC Q0.5 的点位控制，Y 轴的方向控制由 PLC Q0.7 的点位控制；

（3）X 轴、Y 轴共用一个使能控制继电器，点位为 PLC Q1.0；

（4）X 轴左极限位置传感器点位为 PLC I0.5，右极限位置传感器点位为 PLC I0.6；

（5）Y 轴上极限位置传感器点位为 PLC I0.7，下极限位置传感器点位为 PLC I1.0。

（二）步进电机的轴工艺

选择"工艺对象"→"新增对象"，新建两个轴工艺，分别命名为"X 轴轴工艺""Y 轴轴工艺"，在"基本参数"下的"常规"视窗,X 轴、Y 轴轴工艺都选择"PTO(Pulse Train Output)"模式,即脉冲控制,如图 6-2-18 所示。

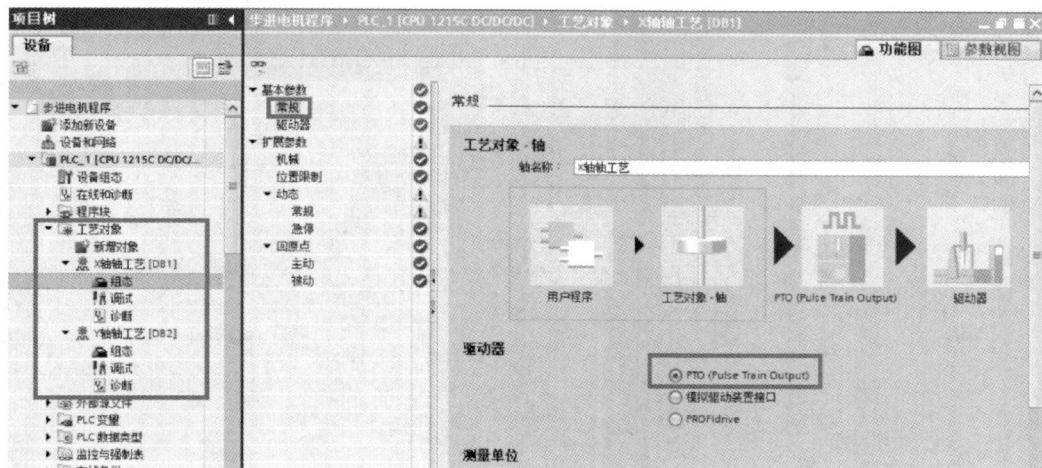

图 6-2-18 新增工艺对象操作

X 轴的脉冲发生器选择"Pulse_1","信号类型"栏中自动出现前面已经选过的 PTO 模式,"X 轴轴工艺_脉冲"设定为"％Q0.4","X 轴轴工艺_方向"设定为"％Q0.6",如图 6-2-19 所示。Y 轴的脉冲和方向的设置此处不再赘述,请大家自行完成。

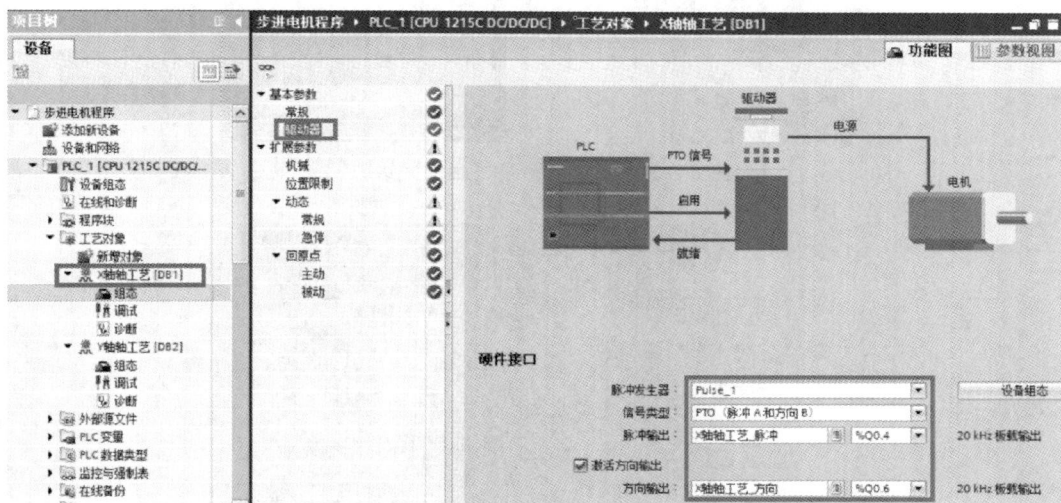

图 6-2-19 脉冲及方向设定操作

选择"扩展参数"下的"机械",在"机械"视窗设置"电机每转的脉冲数"以及"电机每转的负载位移",如图 6-2-20 所示。"电机每转的脉冲数"表示电机转动一圈需要多少个脉冲。以实训室电机(见图 6-2-21)为例,该电机型号为"57BYGH112",步距角为 1.8°,因为一圈是 360°,所以在不细分的情况下,转动一圈需要 200 个脉冲。

"电机每转的负载位移"表示电机转动一圈,拖动负载走多少距离。对于 X 轴而言,负载即为同步带拖动的滑台,如图 6-2-22 所示,因此"电机每转的负载位移"也就表示 X 轴电机转动一圈,该滑台走了多少毫米。

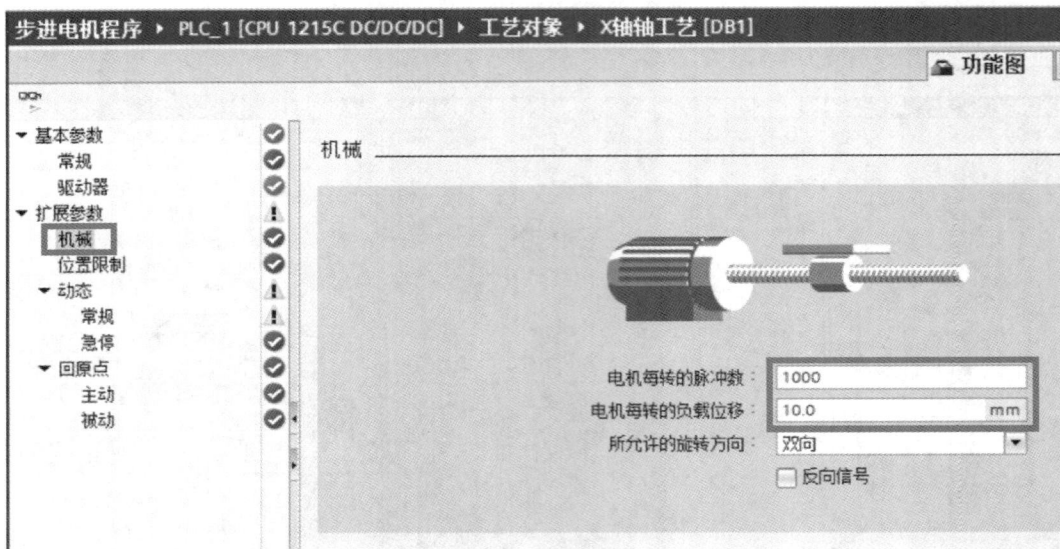

图 6-2-20 "电机每转的脉冲数"和"电机每转的负载位移"设定操作

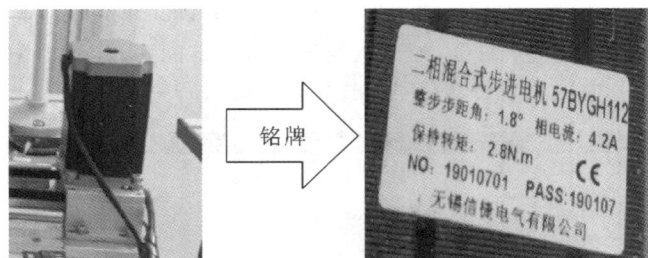

图 6-2-21 实训室步进电机及其铭牌

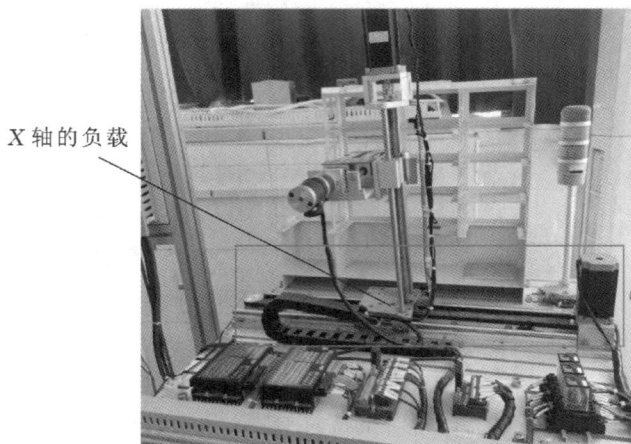

图 6-2-22 X 轴的负载

经测量同步带的间距为 38 mm(见图 6-2-23),由电机运动一圈,滑台运行的距离为同步带带轮的周长,得:$L = \pi D = 3.14 \times 38$ mm $= 119.32$ mm。

所以,"电机每转的负载位移"为 119.32 mm。

X 轴"电机每转的脉冲数"和"电机每转的负载位移"设定如图 6-2-24 所示。

图 6-2-23 同步带间距测量

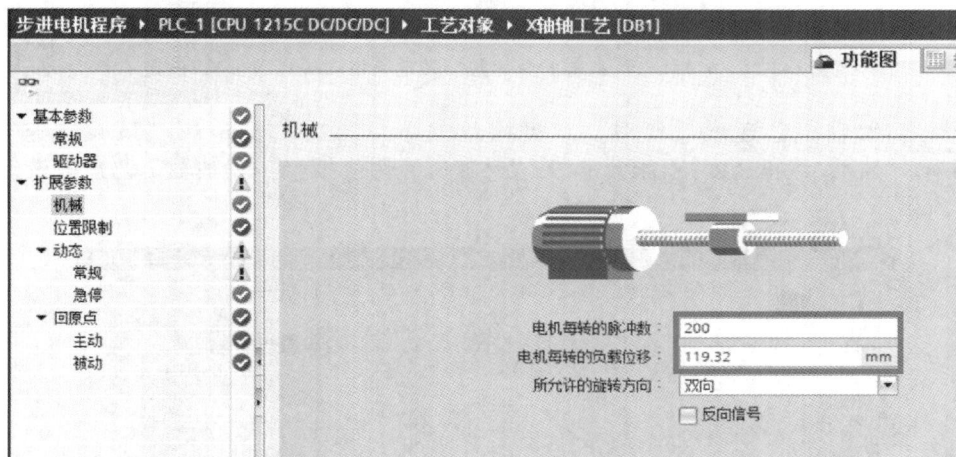

图 6-2-24 X 轴"电机每转的脉冲数"和"电机每转的负载位移"设定

Y 轴电机型号与 X 轴一致,所以在不细分的情况下,转动一圈也需要 200 个脉冲,即"电机每转的脉冲数"也为 200 个。

Y 轴的负载为 Y 轴电机所拖动的台面那一部分,如图 6-2-25 所示。它是通过滚珠丝杠带动的,滚珠丝杠的螺距经测量为 4 mm,所以 Y 轴"电机每转的负载位移"也为 4 mm。

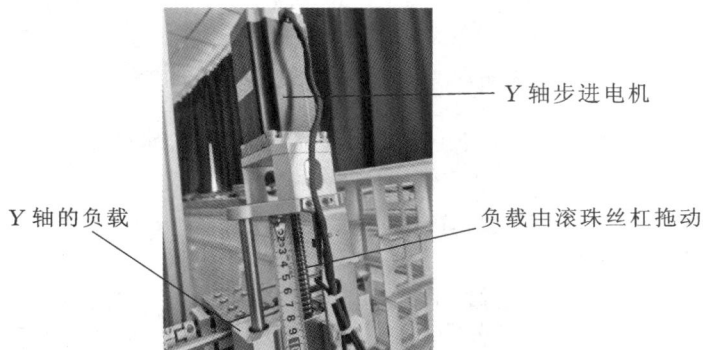

图 6-2-25 Y 轴负载

Y 轴"电机每转的脉冲数"和"电机每转的负载位移"设定如图 6-2-26 所示。

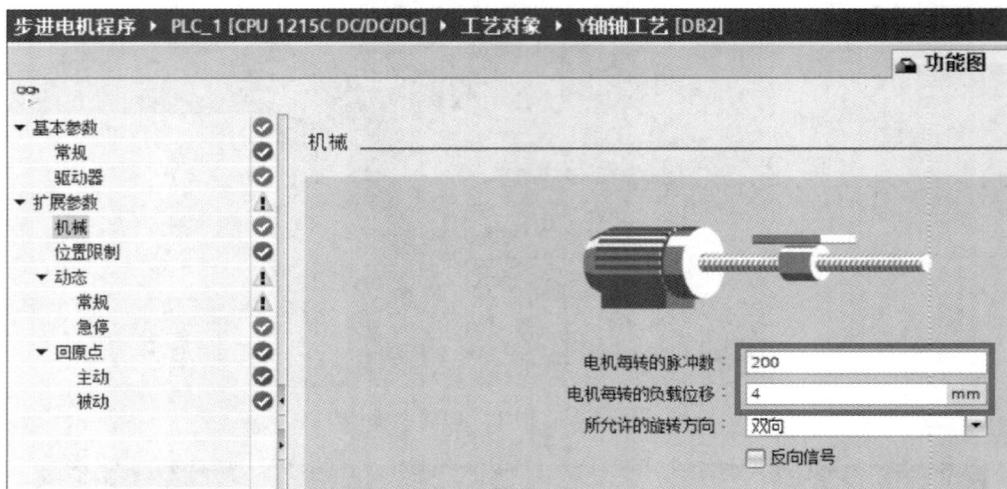

图 6-2-26　Y 轴"电机每转的脉冲数"和"电机每转的负载位移"设定

进行 X 轴轴工艺速度设定时,"速度限值的单位"选择"mm/s","最大转速"设为 60 mm/s。"启动/停止速度"不能大于"最大转速",否则会报错。X 轴轴工艺速度设定如图 6-2-27 所示。

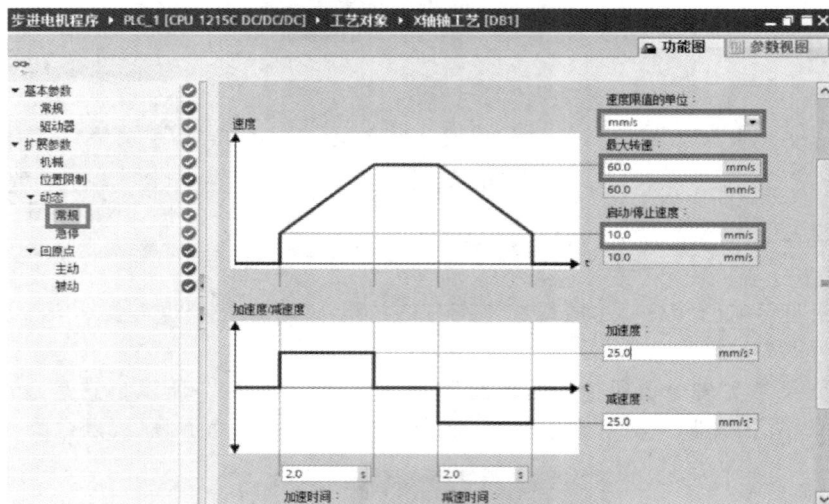

图 6-2-27　X 轴轴工艺速度设定

"回原点",选择"主动"回原点,即在通过原点位时会减速,然后反向再次通过原点。"输入归位开关",即原点位置开关,也就是检测原点位置的传感器,选择 X 轴左侧或右侧的传感器均可。"选择电平"可以根据传感器型号来选择:对于 NPN 型传感器,选择"低电平";对于 PNP 型传感器,选择"高电平"。

设定"接近/回原点方向"前,需要对步进电机进行调试,双击"调试",选择"激活",激活后,按下"正向"或"反向",如图 6-2-28 所示,电机会转动起来,从而判断出哪边是正方向、哪边是负方向。若选择"反向"运动是朝向原点位运动,则"接近/回原点方向"选择"负方向";

若选择"正向"运动是朝向原点位运动,则"接近/回原点方向"选择"正方向"。"归位开关一侧"用于设定遮挡原点位置开关的遮光板是停在遮光板靠前的位置,还是停在遮光板靠后的位置,设定为"上侧"或者"下侧"均可。设定"接近速度"时,"接近速度"设定值不能超过前面设定的"最大速度",否则会报错。主动回原点相关设置如图 6-2-29 所示。

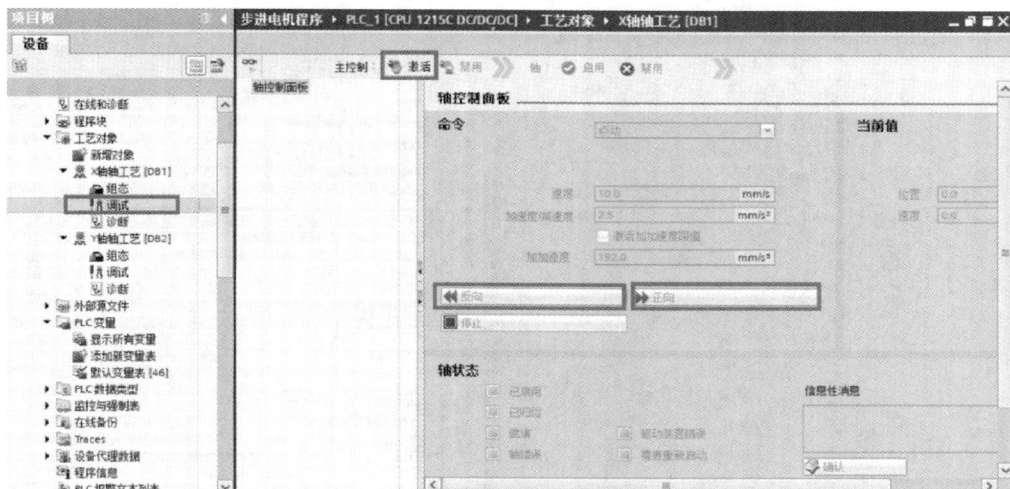

图 6-2-28 X 轴的手动调试

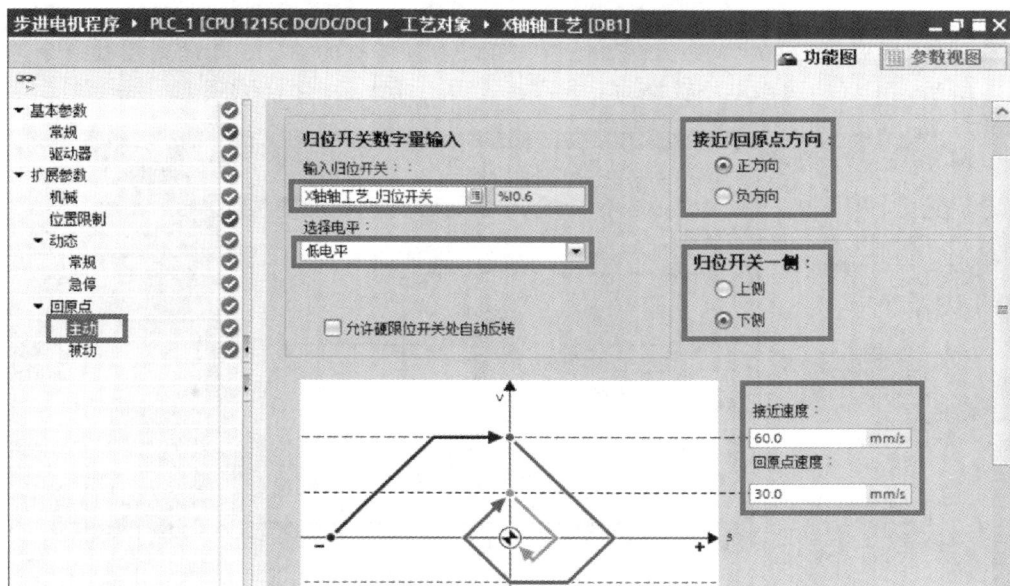

图 6-2-29 主动回原点相关设置

（三）运动控制指令

通过控制面板调试好轴工艺的参数后,就可以开始根据工艺要求编写控制程序了。

使用"添加新块",新建两个"FC 块",分别编写 X 轴控制以及 Y 轴控制的程序,并将这两个 FC 块拖曳到主程序 Main 中,如图 6-2-30 所示。

需要说明的是,打开"X 轴控制"的 FC1 块,在软件右侧"指令"的"工艺"中找到运动控制

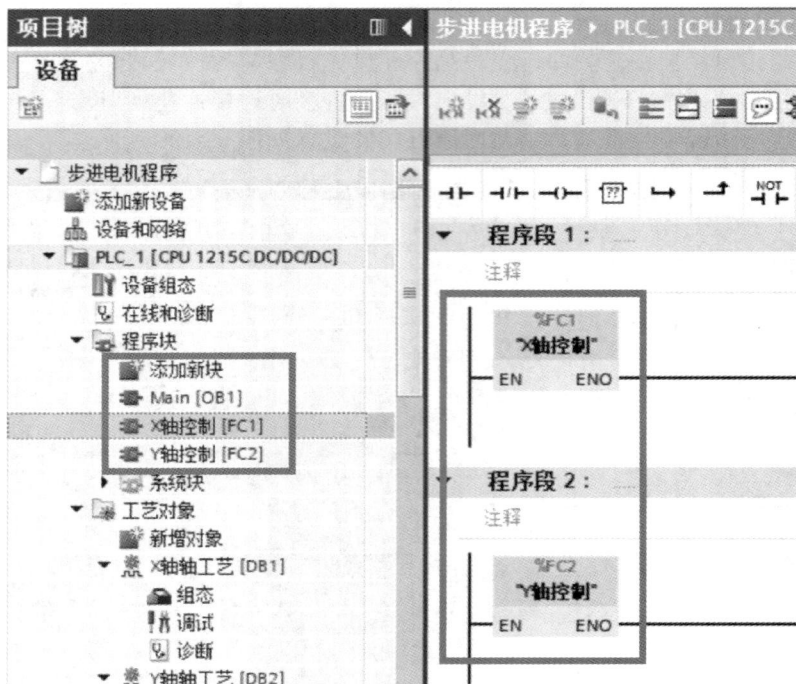

图 6-2-30　主程序添加 **X** 轴、**Y** 轴控制程序

指令文件夹,展开 S7-1200"Motion Control",可以看到所有的 S7-1200 运动控制指令,如图 6-2-31 所示。可以使用拖曳或双击的方式在程序段中插入运动控制指令。

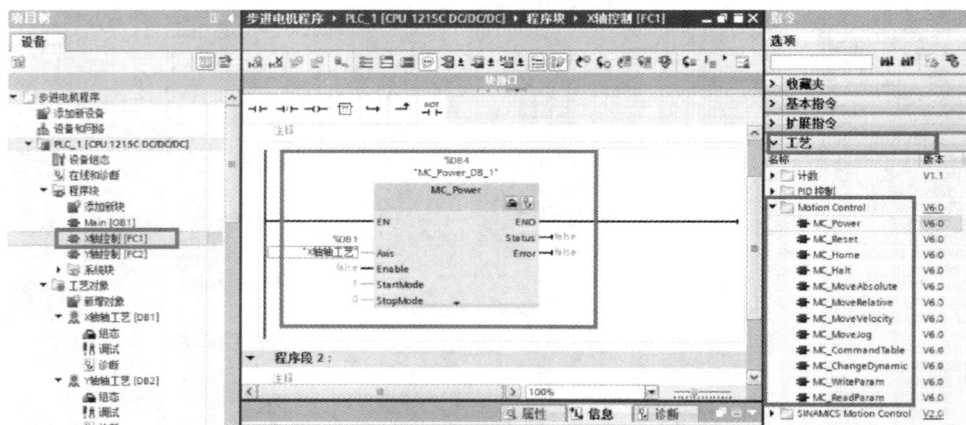

图 6-2-31　S7-1200 的运动控制指令

1. MC_Power 启动/禁用轴指令

单击 MC_Power 指令方框下的小黑色三角形,可以看到完整的 MC_Power 指令,如图 6-2-32 所示。

(1) EN:输入端,是 MC_Power 指令的使能端,不是轴的使能端。

MC_Power 指令必须在程序里一直调用,并保证 MC_Power 指令在其他 Motion Control 指令的前面调用。

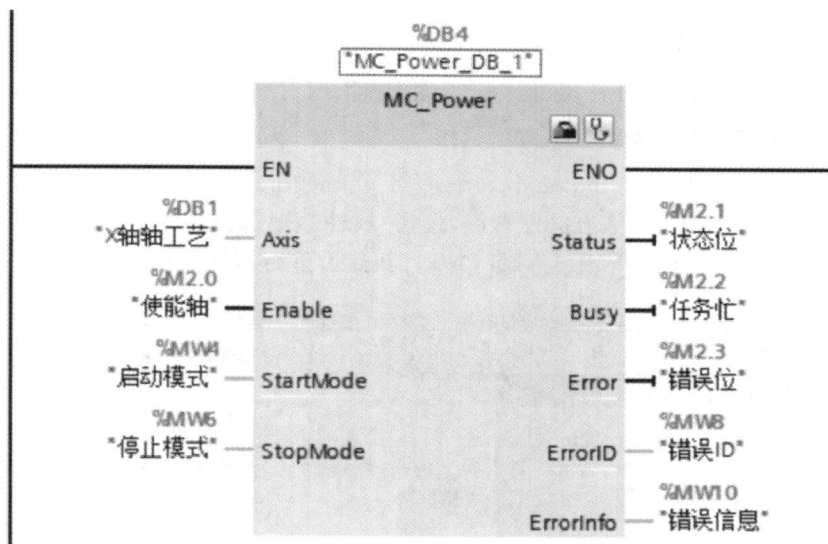

图 6-2-32 MC_Power 指令

（2）Axis：指定这个指令控制的是哪根轴。

（3）Enable：轴使能端。

① Enable＝0：根据组态的"StopMode"中断当前所有作业，停止并禁用轴。

② Enable＝1：如果组态了轴的驱动信号，则 Enable＝1 时将接通驱动器的电源。

（4）StartMode：指定轴启动模式。

① StartMode＝0：启用位置不受控的定位轴即速度控制模式。

② StartMode＝1：启用位置受控的定位轴即位置控制模式（默认模式）。

注意：

使用带 PTO（pulse train output）驱动器的定位轴时忽略 StartMode 参数；只有在信号检测（false 变为 true）期间才会评估 StartMode 参数。

（5）StopMode：指定轴停止模式。

① StopMode＝0：紧急停止。

如果禁用轴的请求处于待决状态，则轴将以组态的急停减速度进行制动。轴在变为静止状态后被禁用。

② StopMode＝1：立即停止。

如果禁用轴的请求处于待决状态，则会输出该设定值，并禁用轴。轴将根据驱动器中的组态进行制动，并转入停止状态。

③ StopMode＝2：带有加速度变化率控制的紧急停止。

如果禁用轴的请求处于待决状态，则轴将以组态的急停减速度进行制动。如果激活了加速度变化率控制，会将已组态的加速度变化率考虑在内。轴在变为静止状态后被禁用。

（6）ENO：使能输出。

（7）Status：轴的使能状态。

（8）Busy：标记 MC_Power 指令是否处于活动状态。

（9）Error：标记 MC_Power 指令是否产生错误。

（10）ErrorID：当 MC_Power 指令产生错误时，用 ErrorID 表示错误号。

（11）Errorinfo：当 MC_Power 指令产生错误时，用 Errorinfo 表示错误信息。

2. MC_Home 回原点指令

先建立一个数据块，新建"home_position"与"home_mode"两个参数，如图 6-2-33 所示。在左侧目录树"数据块_1"上单击鼠标右键，选择"属性"，把选择属性里"优化的块访问"复选框中的钩（属性 ☑优化的块访问）取消，然后进行编译，就可以看到偏移量了。

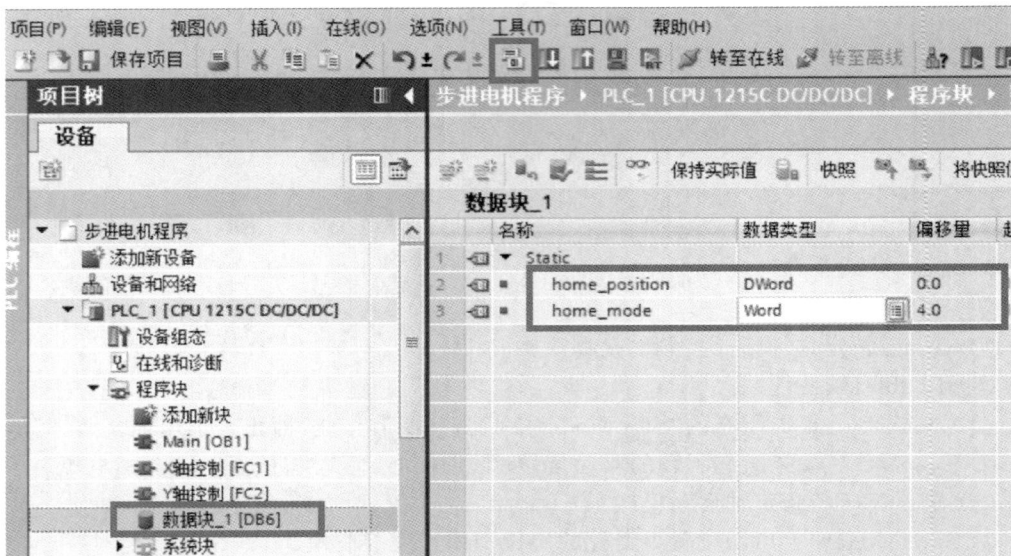

图 6-2-33 添加数据块，新建参数

新添加一个"MC_Home"的 DB 块，将刚新建的参数分别拖入"Position"和"Mode"的管脚下，如图 6-2-34 所示。该指令的功能是使轴归位。设置参考点，用来将轴坐标与实际的物理驱动器位置进行匹配。在轴做绝对位置定位前一定要触发 MC_Home 指令。部分输入/输出管脚没有具体介绍，请大家参考 MC_Power 指令中的说明（可以选中该模块，按键盘上的"F1"键获取帮助文件）。

（1）Position：位置值。

① Mode＝1：对当前轴位置的修正值。

②Mode＝0、2 或 3：轴的绝对位置值。

（2）Mode：回原点模式值。

① Mode＝0：绝对式直接回原点，轴的位置值为参数 Position 的值。

② Mode＝1：相对式直接回原点，轴的位置值等于当前轴位置与参数 Position 的值之和。

③ Mode＝2：被动回原点，轴的位置值为参数 Position 的值。

④ Mode＝3：主动回零点，轴的位置值为参数 Position 的值。

下面详细介绍 Mode＝0 和 Mode＝1，Mode＝2 和 Mode＝3 按照前面轴工艺的设置执行，此处不再讲解。

Mode＝0 表示绝对式直接回原点。在该模式下，MC_Home 指令被触发后轴并不运行，也不会去寻找原点开关。MC_Home 指令执行后的结果是轴所在位置的坐标值直接更新成

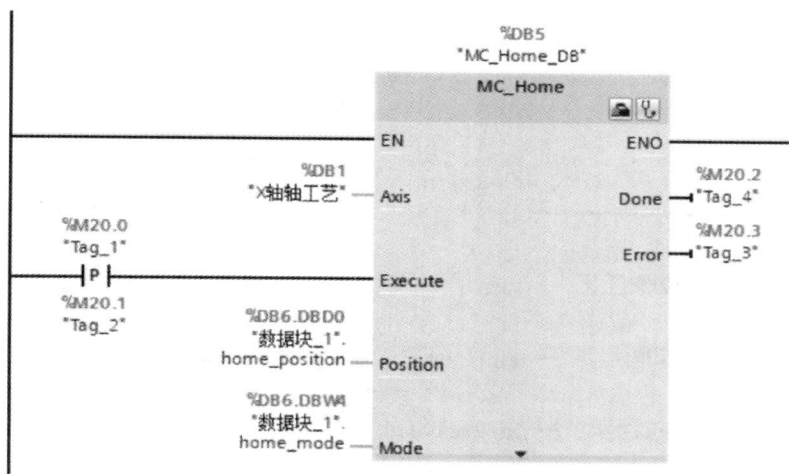

图 6-2-34 MC_Home 指令

新的坐标,新的坐标值就是 MC_Home 指令 Position 管脚的数值。例如$\begin{smallmatrix}0.0 & Position\\ 0 & Mode\end{smallmatrix}$,Position ＝0.0 mm,轴的当前坐标值也就更新成了 0.0 mm。该坐标值属于绝对坐标值,也就是相当于轴已经建立了绝对坐标系,可以进行绝对运动。

该模式的优点在于 MC_Home 指令在该模式可以让用户在没有原点开关的情况下进行绝对运动操作。

Mode＝1 表示相对式直接回原点。与 Mode＝0 相同,以该模式触发 MC_Home 指令后轴并不运行,只是更新当前位置值。更新的方式与 Mode＝0 不同,而是将在轴原来坐标值的基础上加上 Position 数值后得到的坐标值作为轴当前位置的新值。例如$\begin{smallmatrix}10.0 & Position\\ 1 & Mode\end{smallmatrix}$,触发 MC_Home 指令后,轴的位置值变成了"原来坐标值＋10 mm",若之前的坐标值为 200 mm,则现在为 210 mm,轴上其他位置的点位坐标也同时更新,整体在之前的基础上偏移了 10 mm。

3. MC_MoveJog 点动指令

MC_MoveJog 指令(见图 6-2-35)的功能为在点动模式下以指定的速度连续移动轴。需要注意的是,正向点动和反向点动不能同时触发。部分管脚没有具体介绍,请大家参考 MC_Power 指令的帮助文件。

(1) JogForward:正向点动。

它不是用上升沿触发。JogForward＝1 时,轴运行;JogForward＝0 时,轴停止。这类似于按钮功能,按下按钮,轴就运行;松开按钮,轴停止运行。

(2) JogBackward:反向点动,使用方法与 JogForward 一样。

在执行 MC_MoveJog 指令时,为了保证 JogForward 和 JogBackward 不能同时触发,可以用逻辑指令来进行互锁。

(3) Velocity:点动速度设定。Velocity 的数值可以实时修改、实时生效。

4. MC_MoveAbsolute 绝对位置指令

MC_MoveAbsolute 指令(见图 6-2-36)的功能为使轴以某一速度进行绝对位置定位。在使能该指令之前,轴必须回原点。该指令用上升沿触发。

(1) Position:绝对目标位置值。

(2) Velocity:绝对运动的速度。

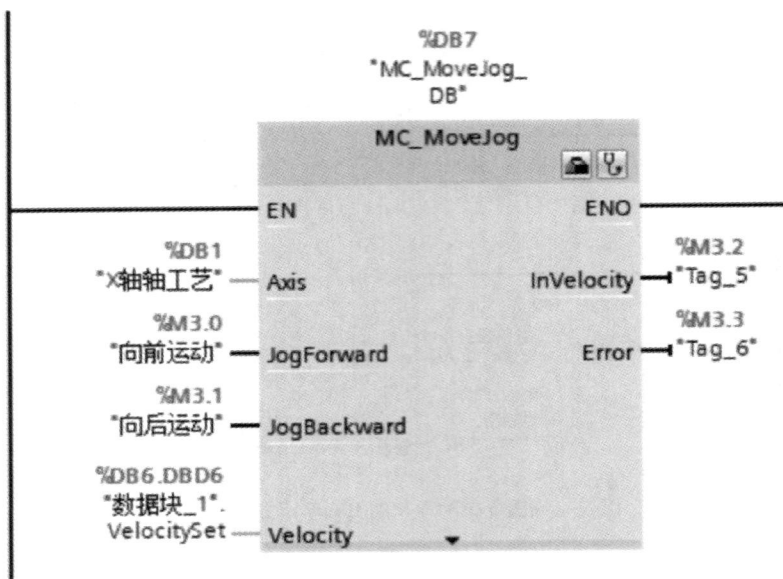

图 6-2-35　MC_MoveJog 指令

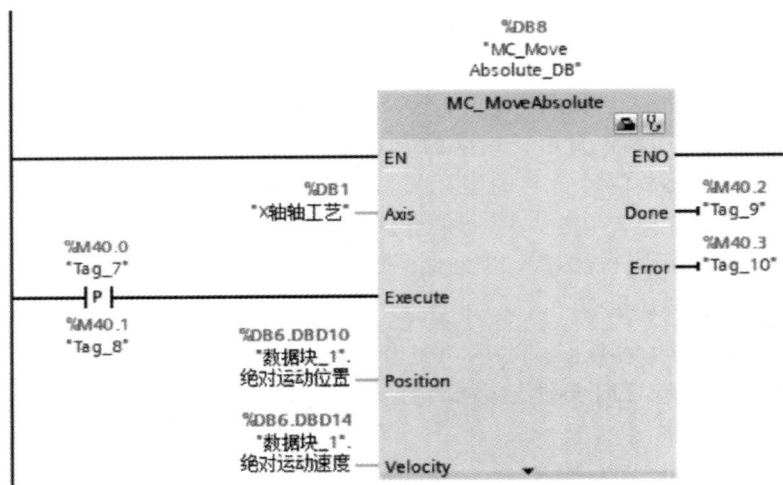

图 6-2-36　MC_MoveAbsolute 指令

【实践操作 1】

步进电机铭牌及接线实践操作如下。

（1）请观察学校设备上步进电机铭牌，将铭牌中的技术参数填入表 6-2-7 中。

表 6-2-7　步进电机铭牌上的参数

步进电机品牌	步进电机型号	电机相电流	步进驱动器 CN1 拨码开关状态（ON/OFF）		
			SW1：	SW2：	SW3：

步进电机驱动器均值电流选取_____A。

（2）设备硬件连线（见图 6-2-37，可以自己画端子排及短接片）。

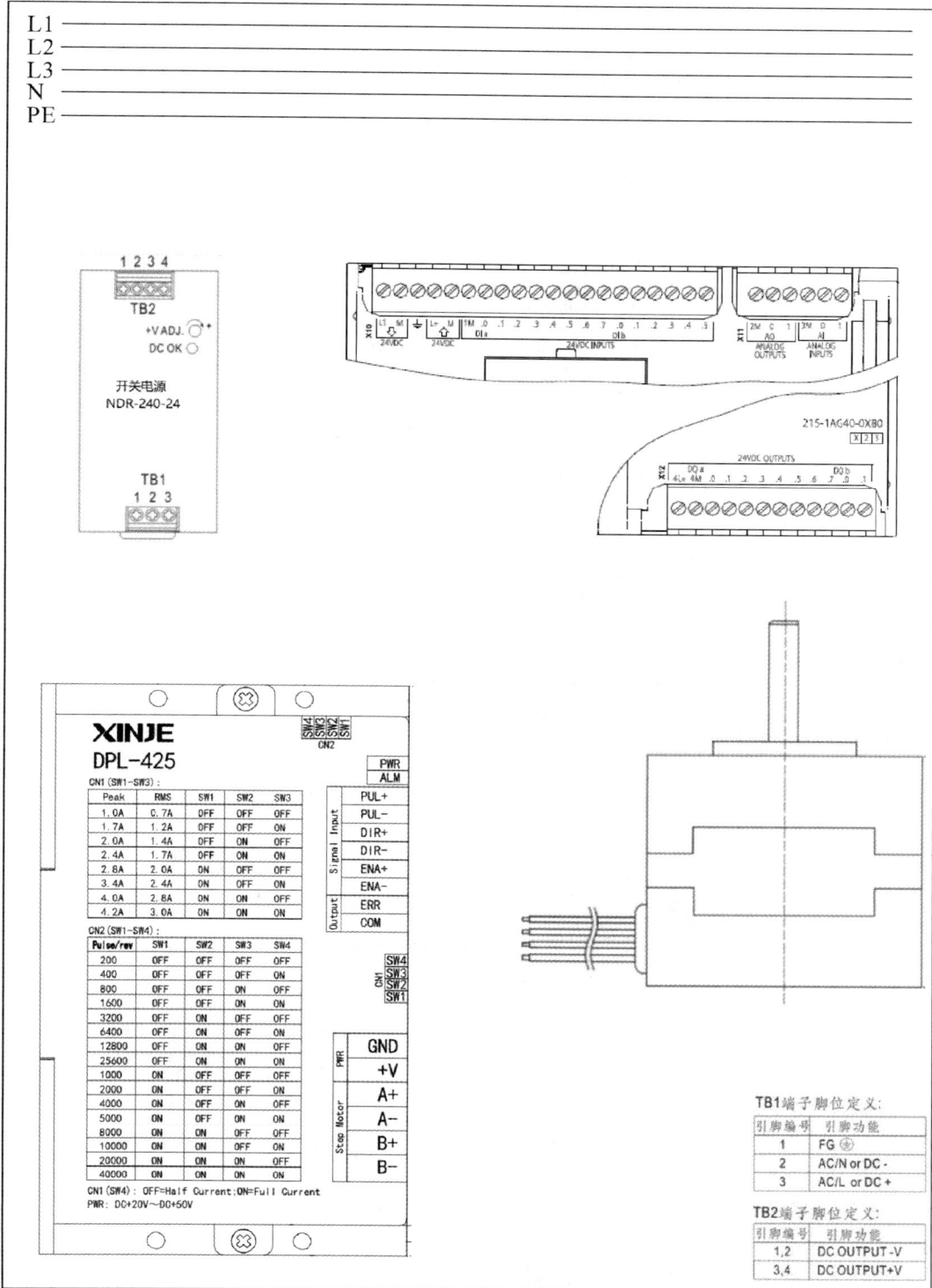

图 6-2-37　步进电机与步进电机驱动器及 PLC 接线

【工作评价】

对学生任务实施情况进行评价,评价表如表 6-2-8 所示。

表 6-2-8   步进电机铭牌及接线评价表

评价项目	评价标准	配分	得分
步进电机的基础知识	参与小组讨论,积极查找资料	5	
	主动代表小组回答相关问题	5	
	正确记录步进电机的品牌	5	
	正确记录步进电机的型号	5	
	正确记录步进电机的额定电流	15	
	正确记录步进电机驱动器 CN1 拨码开关状态	15	
	加分项:能说出该步进电机在 4 细分时转一圈需要多少个脉冲	5	
硬件设备连线	参与小组讨论,积极查找资料	5	
	主动代表小组回答相关问题	5	
	能够主动观察实训室实物的连线	10	
	正确画出各个部件的连线示意图	30	
	加分项:查找资料说明如何判断两相步进电机实物上的四根线,如何区分 A+、A−、B+、B−	5	
汇总(若含加分项,则为 110 分)		100	

【实践操作 2】

步进电机的调试及编程实践操作如下。

一、手动调试

(1) 完成轴工艺的组态,能够在轴工艺调试界面对 X 轴、Y 轴进行手动的点动、回原点操作,能够判断出回原点的正方向与负方向。写出调试过程及调试过程中遇到的问题。

_____

_____

_____

_____

_____

_____

_____

(2) 人为将细分驱动器的每转脉冲数设为 800 个,设定 X 轴每转脉冲数为 800 个时,步进电机驱动器上 CN2 的 SW1～SW4 的状态为(打钩即可):

SW1:□ON □OFF   SW2:□ON □OFF

SW3:□ON □OFF   SW4:□ON □OFF

在此状态下,组态的电机每转的脉冲数设为 400 个,请让 X 轴运动 150 mm(方向自定),用尺子进行测量,观察 X 轴实际运行了多长距离。写出调试过程、调试结果以及调试过程中遇到的问题。

_____

_____

_____

_____

_____

_____

_____

二、编程调试

(1) 正确在 TIA 博途软件中点动控制 X 轴、Y 轴的运动。

记录操作过程出现的问题及解决办法。

_____

_____

_____

_____

_____

_____

_____

_____

_____

(2) 能用程序控制步进电机从原点位走到 4 号仓位。

记录编程过程中出现的问题及解决方案。

_____

_____

_____

_____

_____

_____

_____

_____

【工作评价】

对学生任务实施情况进行评价,评价表如表 6-2-9 所示。

表 6-2-9　步进电机的调试及编程评价表

评价项目	评价标准	配分	得分
手动调试步进电机	参与小组讨论,积极查找资料	5	
	主动代表小组回答相关问题	5	
	能够判断步进电机运动的正负方向	5	
	能够点动控制步进电机运行	10	
	能够手动回原点	15	
	能够正确写出 CN2 的 SW1~SW4 的状态	5	
	X 轴每转的脉冲数为 800 个时,电子齿轮比设为 400,让 X 轴运行150 mm,实际运行距离为 75 mm	15	
用程序调试步进电机	参与小组讨论,积极查找资料	5	
	主动代表小组回答相关问题	5	
	能够用程序点动控制 X 轴、Y 轴的运动	10	
	能够自动回原点	5	
	在自动回原点后,能运行到 4 号料仓位置	15	
汇总		100	

◀ 6.3　知识任务:伺服电机及伺服驱动器 ▶

【任务描述】

能够制作"伺服电机及伺服驱动器"思维导图,结构化展示伺服电机的结构、伺服驱动器的硬件接口,并对实训室的伺服电机进行编程、调试。

【任务目标】

(1) 了解伺服电机的结构;

(2) 了解闭环控制;

(3) 了解伺服驱动器的工作原理;

(4) 能够对伺服驱动器进行组态;

(5) 能够通过编码器反馈值实现简单的速度闭环控制。

【小组讨论】

本小组为第＿＿＿＿组,具体情况如表 6-3-1 所示。

表 6-3-1 小组具体情况

序号	姓名	学号	备注	序号	姓名	学号	备注
1				4			
2				5			
3				6			

【计划准备】

(1) 思维导图软件;
(2) 纸、笔记本;
(3) 已安装好 TIA 博途软件的电脑;
(4) 伺服电机样本、伺服驱动器样本。

【相关知识】

一、伺服的基本知识

(一) 伺服系统的概念及组成

伺服系统是以物体的位置、方向、速度等为控制量,以跟踪输入给定值的任意变化为目的,所构成的自动化闭环控制系统。伺服系统是具有负反馈的闭环控制系统,由控制器、伺服驱动器、伺服电机和反馈装置组成,指令信号可以是位置信号、方向信号、速度信号,这些信号给到伺服驱动器,伺服驱动器经过各个环转变后最终输出电流,给到伺服电机,由伺服电机输出所需要的转矩。在输出过程中,位置速度反馈装置实时地把速度、位置等状态反馈给伺服驱动器,这样,只要指令信号有变化,伺服驱动器就会立马有响应。伺服系统结构图如图 6-3-1 所示。

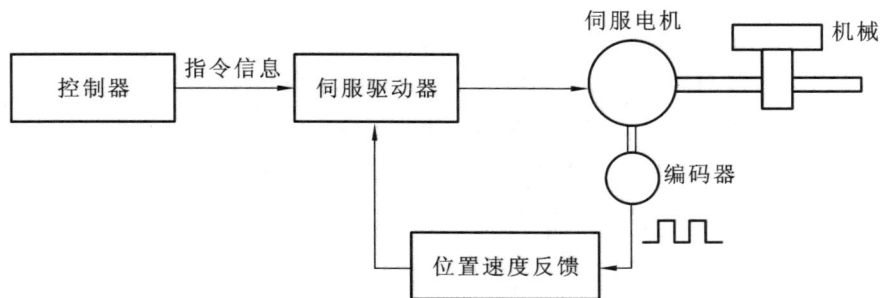

图 6-3-1 伺服系统结构图

(二) 伺服的原理

在图 6-3-2 中,伺服驱动器中的电流控制、速度控制、位置控制分别代表什么意思呢? 我

们看到电流控制后面是电流检测,并形成负反馈,对转矩进行调整;速度环和位置环会通过
编码器接口分别得到速度的反馈信号和位置的反馈信号,然后做出相减,进行比较。我们还
可以看到,位置环是速度环的外环,电流环是速度环的内环,速度环是位置环的内环。各个
环从外到内传递。若我们给出的是位置环反馈,由于位置环是最外环,不能直接控制伺服电
机运动,只有电流才能控制电机运动,因此,速度环向内传递,会将运动位移按照运动时间的
要求进行转化,从而得到一个速度。电机要得到速度,需要由力来实现,而力的大小与电流
成正比,也就是说速度环最终向下传递到电流环,转化为电流控制,给伺服电机一个特定的
扭矩。

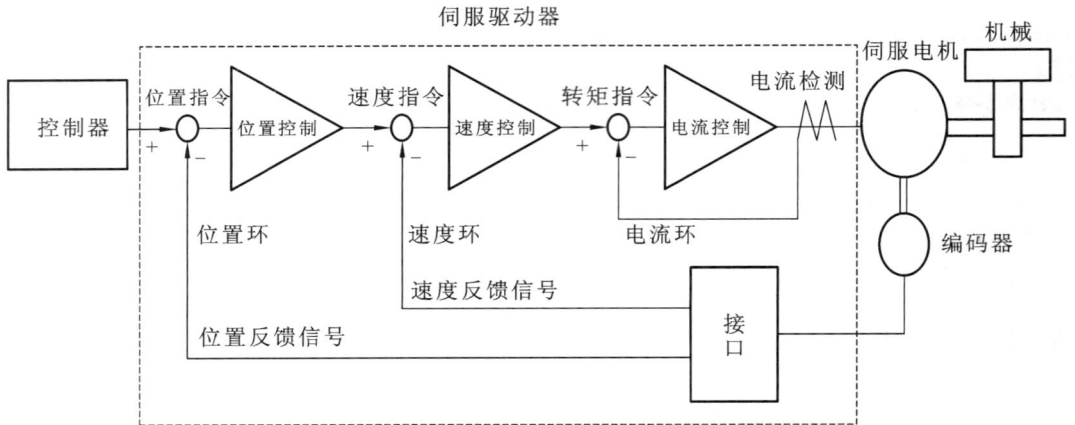

图 6-3-2　伺服驱动器的基本原理

对三个环进行调试时,应该先对哪个环进行调试呢?应当最先对电流环进行调试,因为
电流环是最内环,是调试的基础。调试完电流环以后,对速度环进行调试,最后对位置环进
行优化调试。这才是正确的步骤。

（三）伺服系统与变频器的区别

伺服系统与变频器的区别如表 6-3-2 所示。

表 6-3-2　伺服系统与变频器的区别

区别	详细解释
应用场合不同	伺服系统主要用于频繁启停、高速高精度要求的场合。 变频器主要用于控制对象比较缓和的调速系统
控制方式不同	伺服系统是具有位置控制、速度控制以及转矩控制方式的闭环控制系统。 变频器一般是具有速度控制方式的开环控制系统
性能表现不同	伺服控制比变频器控制精度高、低速转矩性能好
电机类型不同	伺服电机通常是交流同步电机,需要编码器,体积较小。 变频器一般使用交流异步电机,可以不用编码器,体积相对较大

（四）伺服电机的三种控制方式

在控制中,常会听到一个词,即 PID。在现场大约 60% 的闭环控制都是通过 PID 来实现
的。在伺服系统当中,PID 即 proportional（比例）、integral（积分）、differential（微分）的缩

写。顾名思义,PID控制算法是集比例、积分和微分三种环节于一体的控制算法。它是连续系统中技术最为成熟、应用最为广泛的一种控制算法。在转矩控制电流环中,采用的是PI控制,没有D;在速度环中,采用的也是PI控制;而在位置环中,只有比例增益P,I和D都没有了。所以,在参数调整时,要注意到底调哪个参数。

伺服电机的三种控制方式如表6-3-3所示。

表 6-3-3　伺服电机的三种控制方式

位置控制	速度控制	转矩控制
电机带动负载从一个位置运动到另一个位置,或从一个角度运动到另一个角度	电机带动负载以非常稳定的速度旋转(调速范围宽,低速特性好)	电机以一定的转矩运转
电流环 速度环 位置环	电流环 速度环	电流环

二、伺服电机的特点

(一)伺服电机定转子的特点

伺服电机使用的是三相同步电机,具有以下特点:转子中没有三相异步电机中的鼠笼条;转子上有很多贴片,且贴片采用的是永磁铁(如钕铁硼)材料。伺服电机的转子本身自带磁场,而不像异步电机靠感应电流产生磁场。

伺服电机转子的永磁铁贴片有以下两种安装方式。

(1)表贴式,永磁铁贴片贴在表面。表贴式具有结构简单、制造成本较低、转动惯量小等优点。

(2)内嵌式,需要在转子上打孔,将永磁铁贴片填充进去。如果转速够快,如1×10^4 r/min甚至3×10^4 r/min,还是采用内嵌式较好。转子冲片机械强度高,安装永磁体贴片后转子不易变形。

(二)伺服电机自身的特点

(1)紧凑,体积小(相较于同功率的三相异步电机而言)。

(2)在很宽的速度范围内具有高连续扭矩或有效扭矩。

(3)由于转子转动惯量低,动态响应水平高($T=J\omega$,其中 T 为输出扭矩,J 为转动惯量,ω 为角加速度。$\omega=T/J$,转动惯量 J 越小,角加速度 ω 越大,动态响应越高)。

(4)适用于快速而精确的定位和同步任务(如齿轮同步、凸轮同步)。

(5)低转矩脉动。

(6)短时间内具有高过载能力,这意味着在很宽的速度范围内具有很高的最大扭矩。

(7)高效率。伺服电机的效率通常可以达到95%以上。

(8)免维护(与直流电机相比)。

（9）非常强大,高防护等级(IP65,其中"6"表示完全防止外物侵入,且可完全防止灰尘进入;"5"表示防止来自各方向由喷嘴喷射出的水进入仪表造成损坏)。

(三) 伺服电机的结构

伺服电机(见图 6-3-3)包含电机轴、转子、定子、编码器。需要注意的是,严禁敲击编码器,也不得敲击轴,否则容易损坏编码器码盘。

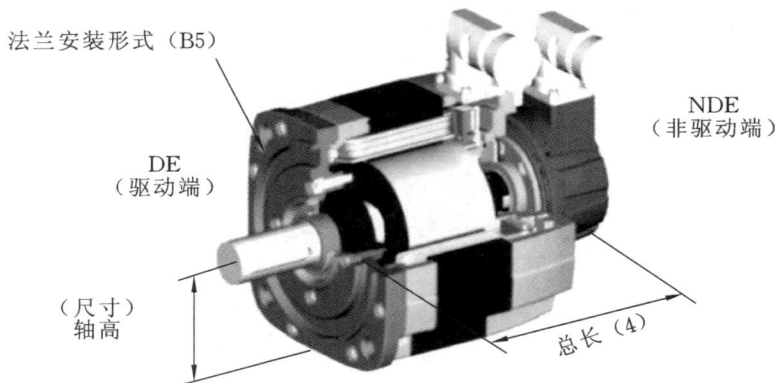

图 6-3-3　伺服电机结构说明

(四) 伺服曲线的简要说明

1. 伺服电机过载曲线

对于伺服电机,可以有短时 300% 的短时过载能力,也就是说在 10 s 的周期内,允许过载 0.3 s。伺服电机过载曲线如图 6-3-4 所示。

2. 伺服电机温度降容曲线

伺服驱动器对环境温度、对海拔都有一些要求。经测绘可得到伺服电机的温度降容曲线和海拔降容曲线。伺服驱动器在工作时有特定的温度要求,从图 6-3-5 看出,当环境温度大于 45 ℃时,伺服电机输出功率就已经不是 100% 了。环境温度升至 55 ℃时,伺服电机输出功率只有之前的 80%。

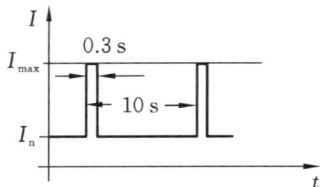

$I_{max}=3\times I_n$

图 6-3-4　伺服电机过载曲线

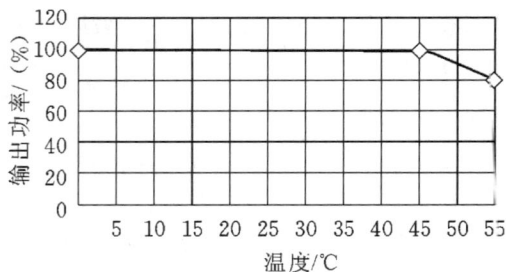

图 6-3-5　伺服电机温度降容曲线

3. 伺服电机转速-扭矩曲线

伺服电机转速-扭矩曲线如图 6-3-6 所示。在图中,A 曲线为 S_1 工作制,即可以连续运行的工作制;B 曲线为 S_6 工作制,即间歇运行的工作制。如果伺服驱动器和伺服电机工作

在 S_1 工作制下,则伺服电机可以再不受任何影响,连续运行;若伺服驱动器和伺服电机工作在 A 曲线之上、B 曲线之下,则伺服电机只能间歇运行。

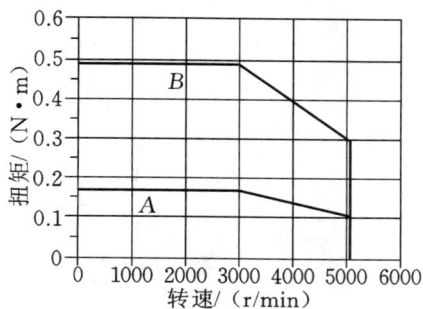

图 6-3-6　伺服电机转速-扭矩曲线

4. 伺服电机轴向力与径向力曲线

轴向力是沿着电机轴的方向,径向力是沿着垂直于电机轴的方向。以同步带电机轴为例,垂直于轴线方向的就是径向力,离电机轴根部越远,径向力越大,时间长了可能会损坏电机,这个力究竟能有多大要根据轴向力与径向力的表来查找确定。伺服电机的径向力大小还与转速相关:转速越低,径向力越小;转速越高,径向力越大,如图 6-3-7 所示。

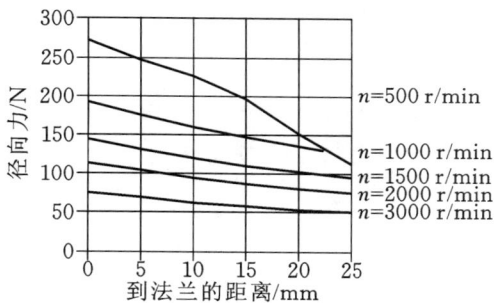

图 6-3-7　伺服电机径向力曲线

三、伺服驱动器

1. SINAMICS V90 PTI 版本

SINAMICS V90 PTI 版本(见图 6-3-8)的伺服驱动器通信接口为 RS485 接口,可以支持 Modbus RTU 或者 USS 通信方式,含有一个 50 针的 S8 接口,可以满足脉冲输入、模拟量输入/输出、编码器脉冲输出、10 个数字量输入和 6 个数字量输出的要求。除此之外,它针对 200 V 的驱动器会有电机抱闸信号输出。

2. SINAMICS V90 PN 版本

SINAMICS V90 PN 版本(见图 6-3-9)的伺服驱动器含有两个 PROFINET 接口、一个 S8 接口(是一个 20 针的接口,SINAMICS V90 PN 版本的信号方式较少,主要是满足 I/O 接口的要求)。它支持 4 个数字量输入和 2 个数字量输出。除此之外,它针对 200 V 的驱动器也会有电机抱闸信号输出。

状态指示
RDY：就绪/报警指示灯
COM：通信指示灯

集成操作面板
六个7段数码管
五个按钮

电源接线端子

电机接线端子

制动电阻
如果内部制动电阻的阻值不够，
可以将DCP和R2的连接断开，
将DCP和R1连接外部制动电阻

屏蔽接线板，用于接地线与
屏蔽层的连接

RS485接口

标准mini USB插口，可连
接上位机

SD卡插槽

安全扭矩关断

电机抱闸接线端子

50针控制/状态接口
外部脉冲串输入
DI/DO，AI/AO
编码器仿真脉冲输出

电机编码器接口

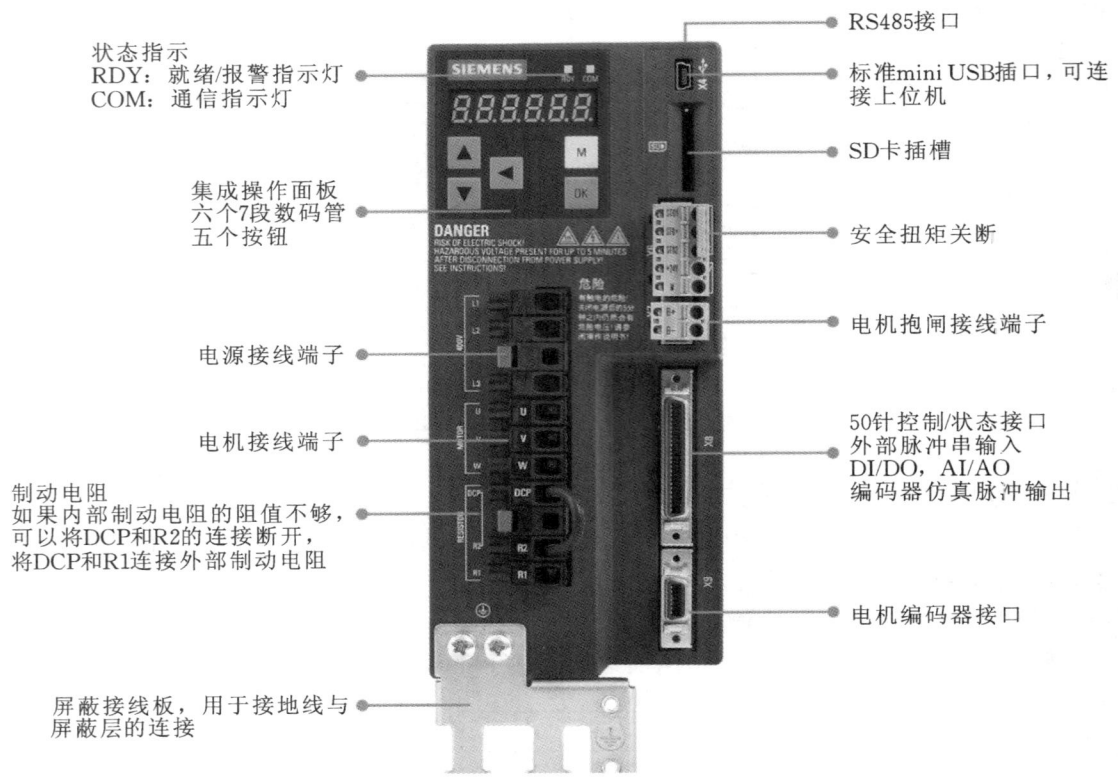

图 6-3-8 SINAMICS V90 PTI 版本

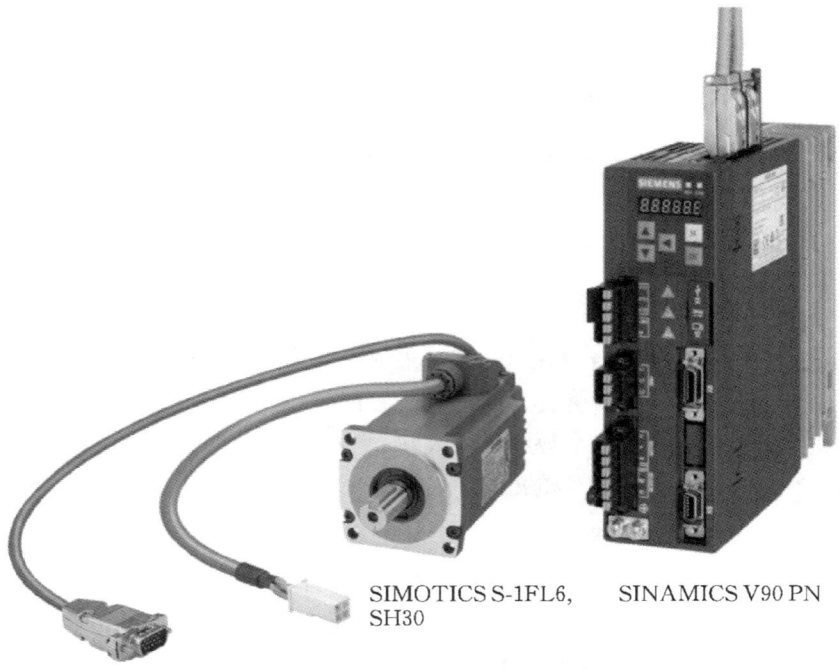

SIMOTICS S-1FL6,
SH30

SINAMICS V90 PN

图 6-3-9 SINAMICS V90 PN 版本

3. 伺服驱动器的技术参数

两种版本的伺服驱动器技术参数对比如表 6-3-4 所示。

表 6-3-4　两种版本的伺服驱动器技术参数对比

	SINAMICS V90 PTI 版本（PTI）	SINAMI CSV90 PROFINET 版本（PN）
功率范围	1/3 AC 220～240 V（−15%～＋10%）:0.1～0.75 kW。 3 AC 220～240 V（−15%～＋10%）:1～2 kW。 3 AC 380～480V（−15%～＋10%）:0.4～7 kW	
过载能力	300%过载 300 ms,间隔 10 s	
接口类型	USS/Modbus RTU; 高速脉冲控制; DI/DO; AI/AO; mini USB	PROFINET; DI/DO; mini USB
安全功能	通过终端实现安全转矩关闭（STO 功能）,达到安全标准 EN 61508 中的 SIL 2 级	
控制方式	PTI 脉冲控制; IPOS; 速度控制; 转矩控制	EPOS; 速度控制
组态工具	V-ASSISTANT	V-ASSISTANT; TIA Portal
执行标准	CE、KC、EAC、cULus、RCM	

4. SINAMICS V90 PN 版本的伺服驱动器与外围组件的接线图

在图 6-3-10 中我们可以看到 SINAMICS V90 PN 版本的伺服驱动器与 PLC、高惯量电机、低惯量电机等的连接信息。

四、SIMOTICS S-1FL6 低惯量电机（200 V）

一旦选了 V90 伺服驱动器,就没办法再选择第三方的电机了,只能选择西门子的伺服电机。V90 伺服驱动器有 200 V、400 V 可选,对于电机而言,对应的就是低惯量电机（见图 6-3-11）与高惯量电机。

低惯量电机有以下特点。

（1）有着 8 个功率级别,结构紧凑,动态性能高（更快的加减速,更短的周期时间）,最大速度高达 5000 r/min,适用于快启快停等场合。

（2）具有 3 倍过载能力,具备 IP65 防护等级,有着更小的安装空间。

（3）可选编码器类型（增量编码器 TTL 2500 ppr 和 21 位单圈绝对值编码器）。

（4）可选抱闸,轴端可选光轴或滑键连接。

低惯量电机参数如表 6-3-5 所示。

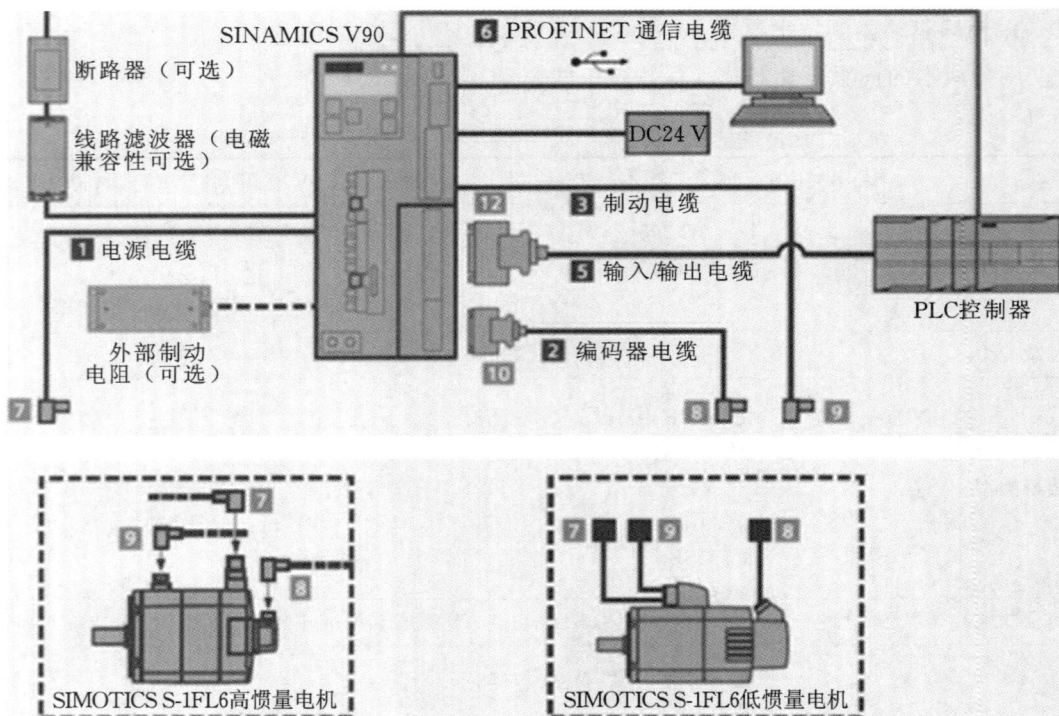

图 6-3-10　SINAMICS V90 PN 版本的伺服驱动器与外围组件的接线图

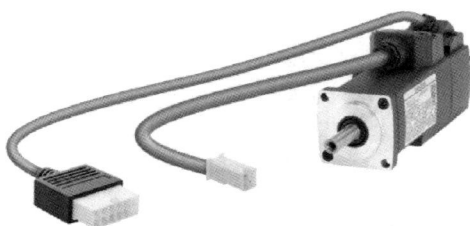

图 6-3-11　低惯量电机图例

表 6-3-5　低惯量电机参数

轴高/mm	功率/kW	扭矩/(N·m)	转速/(r/min)
20	0.05	0.16	3000/5000
	0.1	0.32	
30	0.2	0.64	
	0.4	1.27	
40	0.75	2.39	
	1	3.18	
50	1.5	4.78	
	2	6.37	

五、SIMOTICS S-1FL6 高惯量电机（400 V）

高惯量电机（见图 6-3-12）有以下特点。

（1）有 11 个功率级别，采用可靠性设计，可适应恶劣环境，最大速度高达 4000 r/min。

（2）支持 3 倍过载，具备更高的扭矩精度和极低的速度波动，具备 IP65 防护等级。

（3）可选编码器类型（增量编码器 TTL 2500 ppr 和 20 位＋12 位多圈绝对值编码器，多圈是 4096 圈）。

（4）可选抱闸，轴端为光轴或滑键连接。

高惯量电机参数如表 6-3-6 所示。

图 6-3-12　高惯量电机图例

表 6-3-6　高惯量电机参数

轴高/mm	功率/kW	扭矩/(N·m)	转速/(r/min)
45	0.4	1.27	3000/4000
	0.75	2.39	
65	0.75	3.58	2000/3000
	1.0	4.78	
	1.5	7.16	
	1.75	8.36	
	1.5	4.78	
	2.0	9.55	
90	2.5	11.9	2000/3000
	3.5	16.7	
	5.0	23.9	2000/2500
	7.0	33.4	2000/2000

六、软件调试及编程

（一）V-ASSISTANT

安装好后，单击桌面上的 图标，可以启动 V-ASSISTANT 软件，启动后界面如图 6-3-13 所示。若在设备跟前，已连接设备，则选择"在线"；否则选择"离线"，新建一个工程项目，如图 6-3-14 所示。

接下来选择电机驱动器的型号。实训室现有伺服电机为低惯量电机，型号为 SIMOTCS S-1FL6，额定功率为 0.4 kW，订货号为 1FL6034-2AF21-1AA1。在软件中选择与 0.4 kW 电机对应的伺服驱动器的型号。如图 6-3-15 所示，所选伺服驱动器的订货号为 6SL3210-5FB10-4UF1。

图 6-3-13　V-ASSISTANT 软件界面

图 6-3-14　新建工程项目

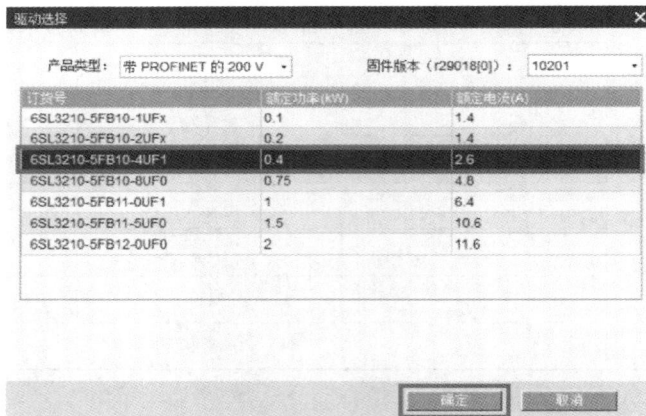

图 6-3-15　V-ASSISTANT 伺服驱动器选型

　　PN 型的 V90 伺服驱动器采用速度控制时,最多能带 8 台伺服电机,采用基本定位器控制(EPOS)的控制方式时不占用 CPU 的工艺轴资源。CPU 把 V90 伺服驱动器当 I/O 接口访问,能连接多少个 PROFINET I/O 接口就能带多少个 V90 伺服驱动器。速度控制较为简单,这里选择速度控制。在在线条件下,打开伺服使能后,可以设置一个转速,对电机进行手动调试,并让电机动起来。速度模式选择如图 6-3-16 所示。

　　报文选择"标准报文 3,PZD-5/9",如图 6-3-17 所示。伺服驱动器的接收实际上也就是 PLC 的发送,所以这里的 5 代表 PLC 中 5 个字(5 个 QW)的发送;伺服驱动器的发送实际上

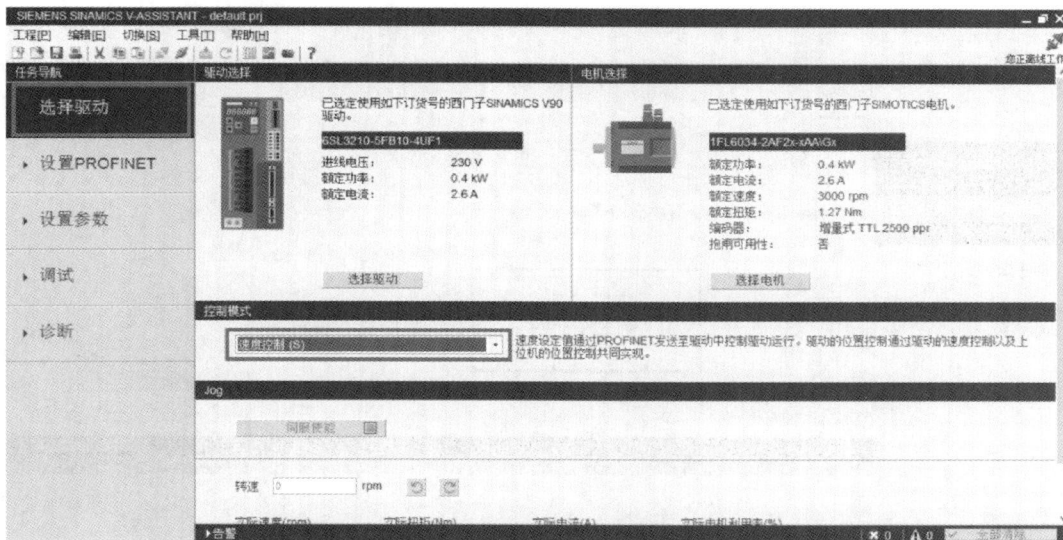

图 6-3-16　控制模式选择

也就是 PLC 的接收，所以这里的 9 代表 PLC 中 9 个字（9 个 IW）的接收。

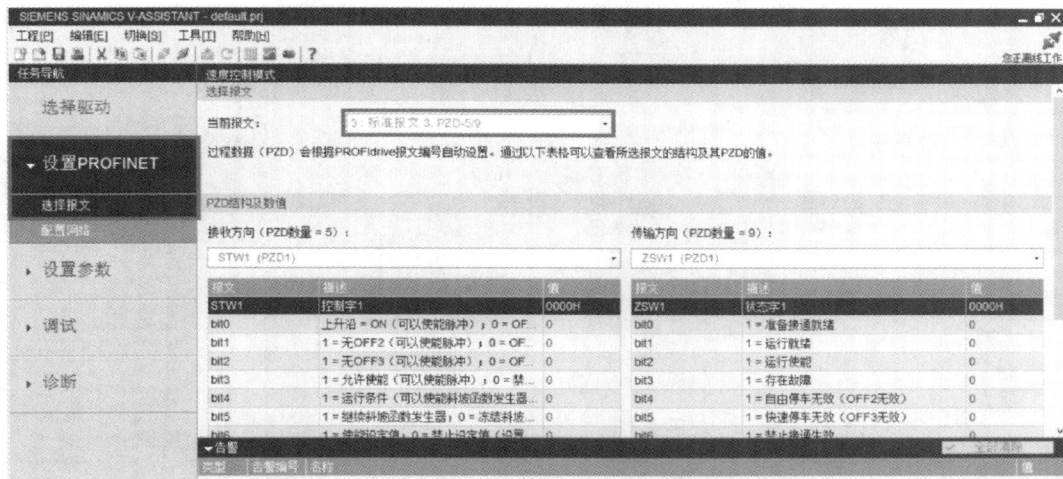

图 6-3-17　报文的选择

在"配置网络"中，给 PN 站点起一个名字，并设置相应的 IP 地址，如图 6-3-18 所示。设置完毕后，单击下载 按钮，就可以将软件配置下载到硬件之中。

（二）TIA 博途软件编程

1. 添加 V90 伺服驱动器

在添加好 CPU 模块后，选中"网络视图"，如图 6-3-19 所示，在右侧"硬件目录"中选择"其它现场设备"→"PROFINET IO"→"Drives"→"SIEMENS AG"→"SINAMICS"→"SINAMICS V90 PN V1.0"。

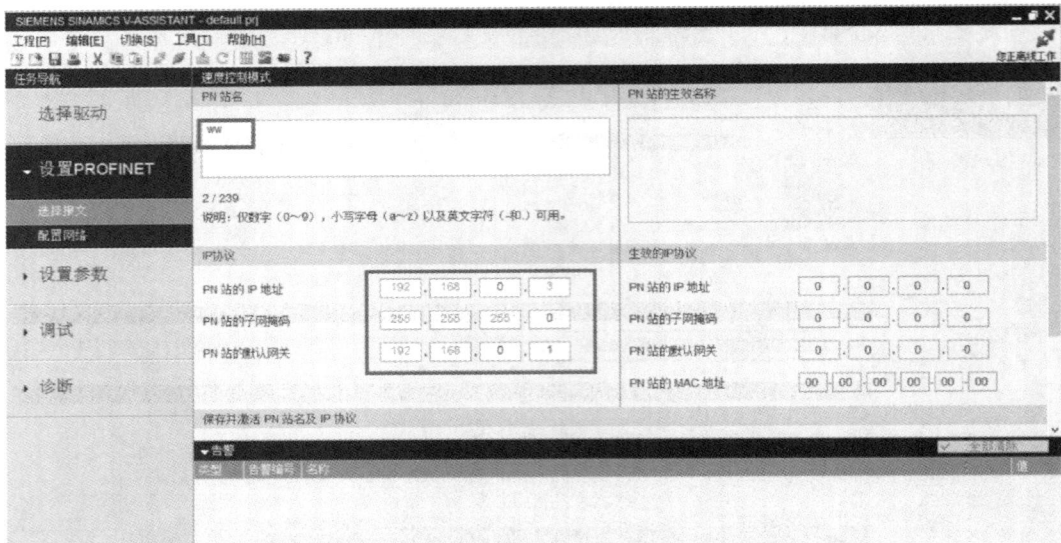

图 6-3-18　配置网络

图 6-3-19　添加 V90 伺服驱动器

在网络视图中,先将 PLC 与 V90 伺服驱动器连接起来,把 IP 地址改为"192.168.0.3",将"自动生成 PROFINET 设备名称"复选框中的钩去掉,直接输入在 V-ASSISTANT 软件中设置的"WW",如图 6-3-20 所示。注意,名称和 IP 地址都要与 V-ASSISTANT 软件中一致。

因为我们在 V-ASSISTANT 软件中选定的是标准报文 3,所以在 TIA 博途软件中也要选择该报文,否则无法实现通信。选中 V90 伺服驱动器,切换到设备视图,在右侧"硬件目录"中选择"子模块"→"标准报文 3,PZD-5/9",将该报文拖到设备概览的 13 号插槽上,如图 6-3-21 所示。由图 6-3-21 可以看到,报文 Q 区有 5 个 Word,I 区有 9 个 Word。

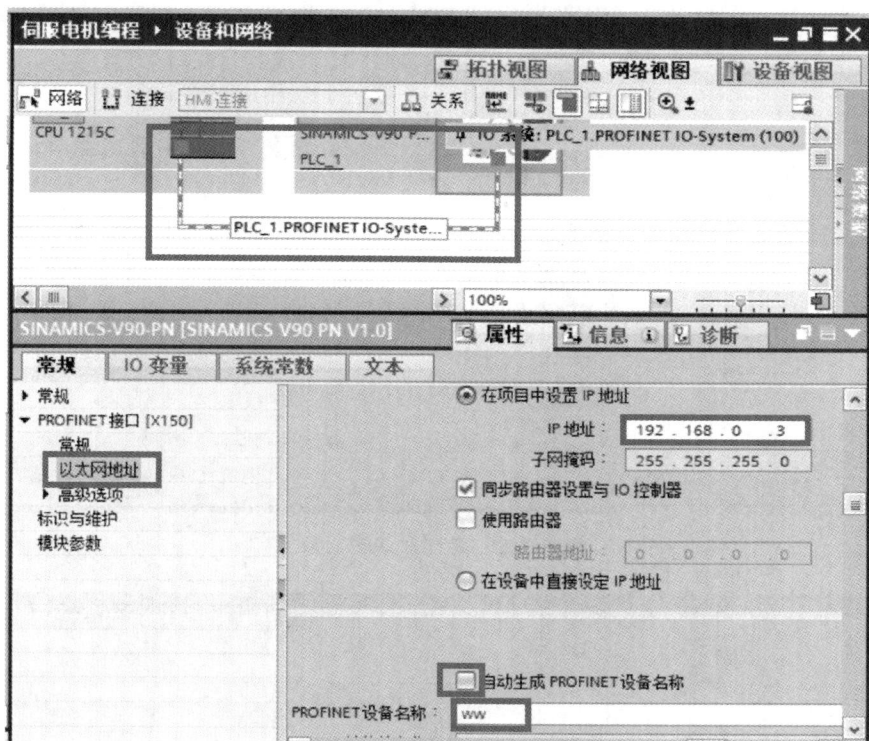

图 6-3-20 名称及 IP 地址设定

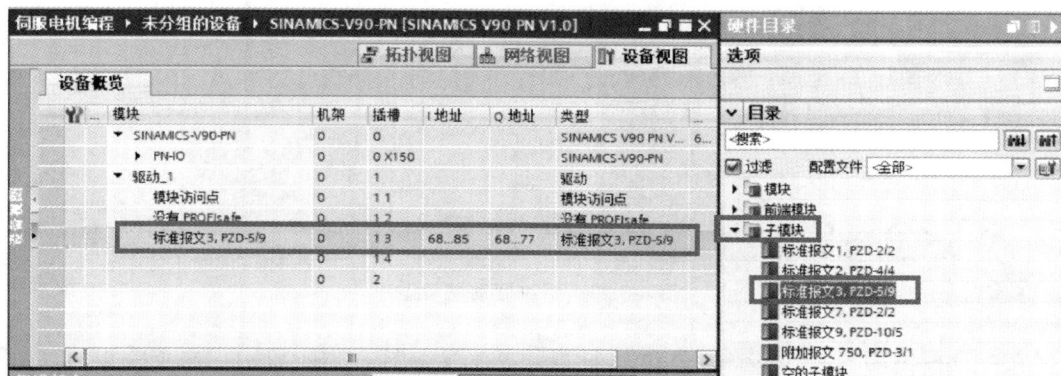

图 6-3-21 报文的选择

2. 工艺组态

新建一个伺服的轴工艺对象,选择"运动控制",再选择"TO_PositioningAxis",如图 6-3-22 所示。

因为采用的是网线连接,伺服驱动器需要切换为"PROFIdrive"(见图 6-3-23)。若外部设备是直线运动部件,单位选择国际单位制 mm;若外部设备是转盘类设备,则选择以度为单位。

图 6-3-22　新增轴工艺对象

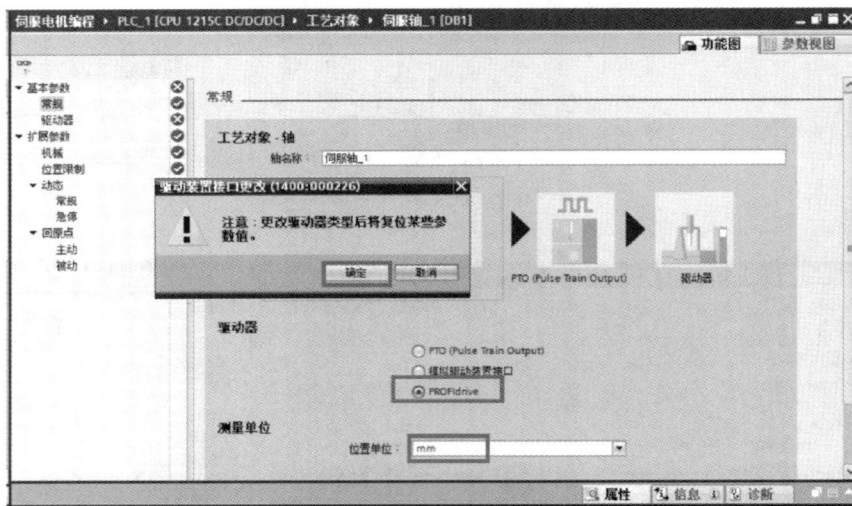

图 6-3-23　更改驱动器类型

在"〈选择驱动器〉"处,选择"驱动 1,标准报文 3",如图 6-3-24 所示。选择完以后,如图 6-3-25 所示,报文信息自动生成。

选用低惯量电机,它的编码器就装在电机末端,所以编码器安装类型选择"在电机轴上"(见图 6-3-26),"电机每转的负载位移"就是电机转一圈,负载运行多少毫米,也就是外接机械部件的螺距。

若选择了模数(见图 6-3-27),则系统会调整位置保证始终在 0°～360°之间,这里我们不启用。模数适用于旋转部件,也就是以度作为单位的旋转部件。

速度设定如图 6-3-28 所示。原点位置开关是一个光电传感器,地址为 I0.5。原点位设定如图 6-3-29 所示。

组态下入以后,可以通过调试面板对伺服电机进行相关调试。

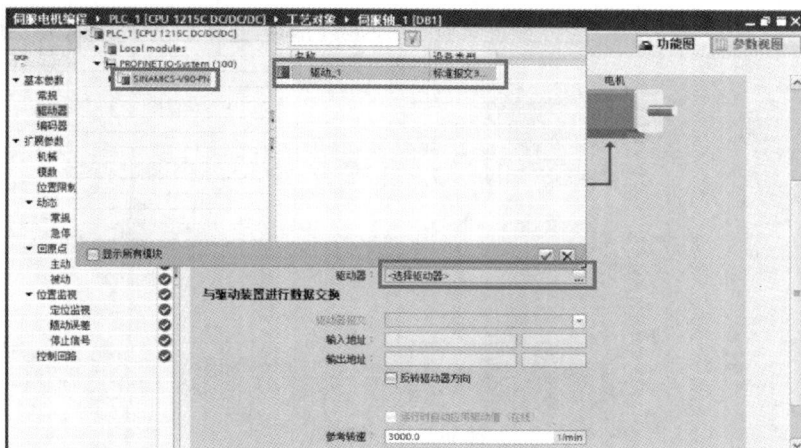

图 6-3-24 驱动器的选择 1

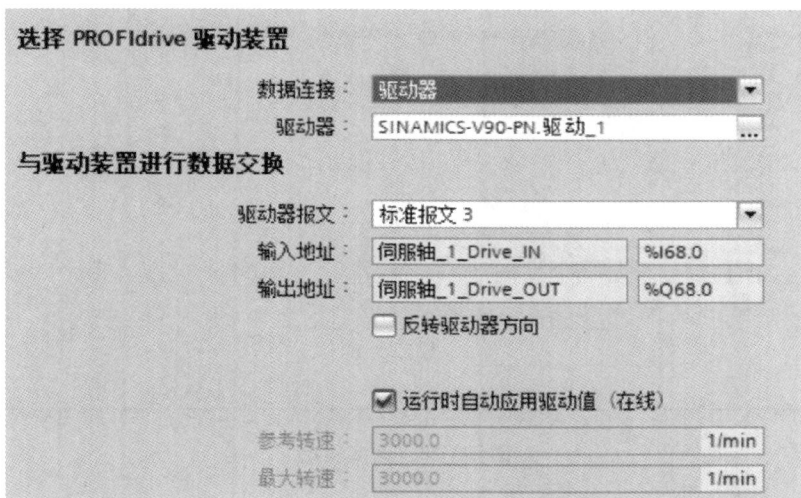

图 6-3-25 驱动器的选择 2

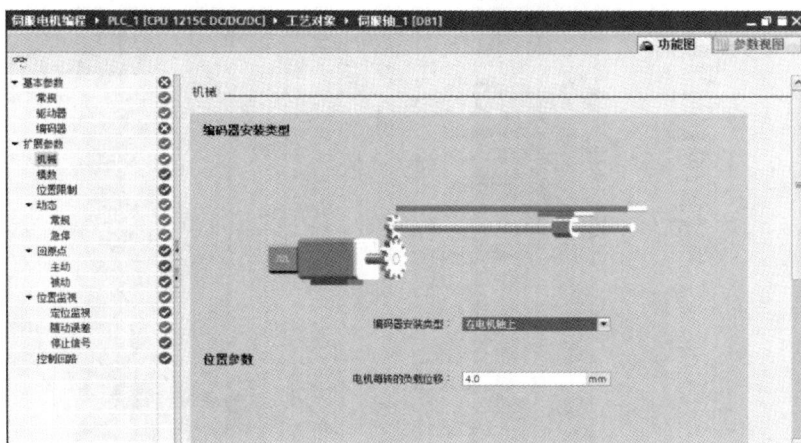

图 6-3-26 编码器安装类型和电机每转负载位移的选择

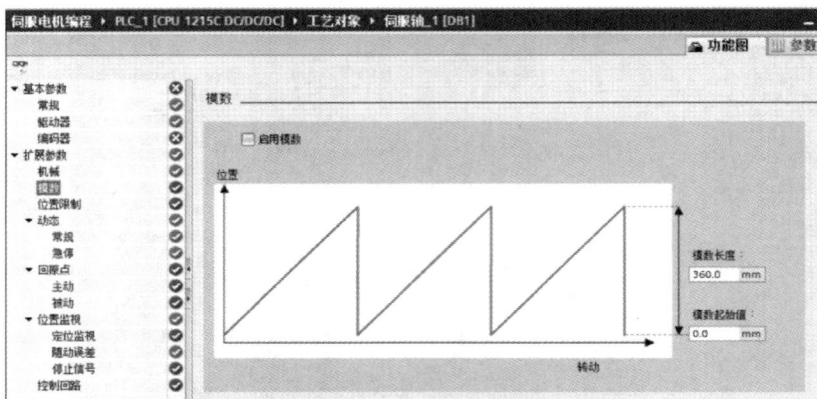

图 6-3-27　模数

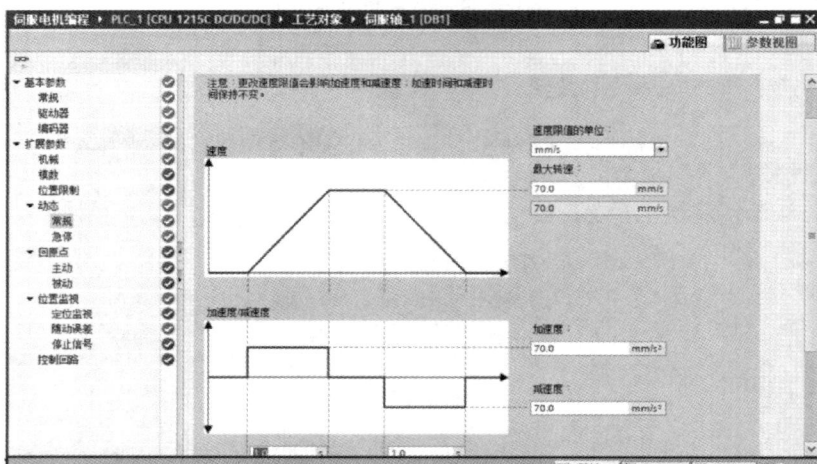

图 6-3-28　速度设定

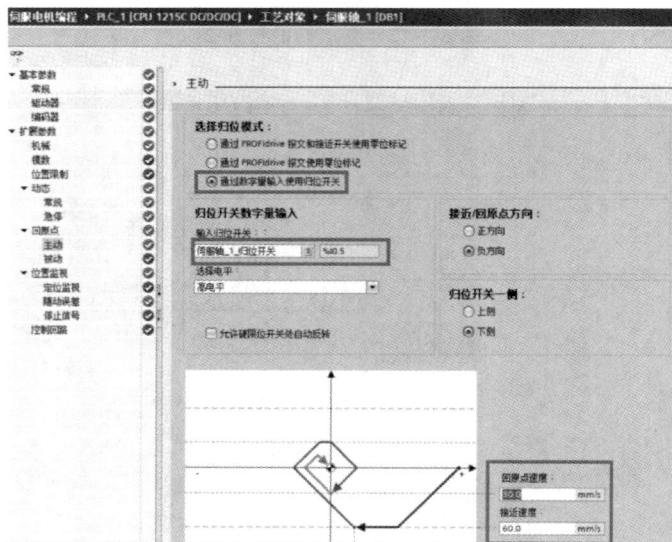

图 6-3-29　原点位设定

3. 程序指令

伺服电机程序指令(见图 6-3-30)与步进电机程序指令相同,由于指令在讲解步进电机时已讲过,此处不再赘述。

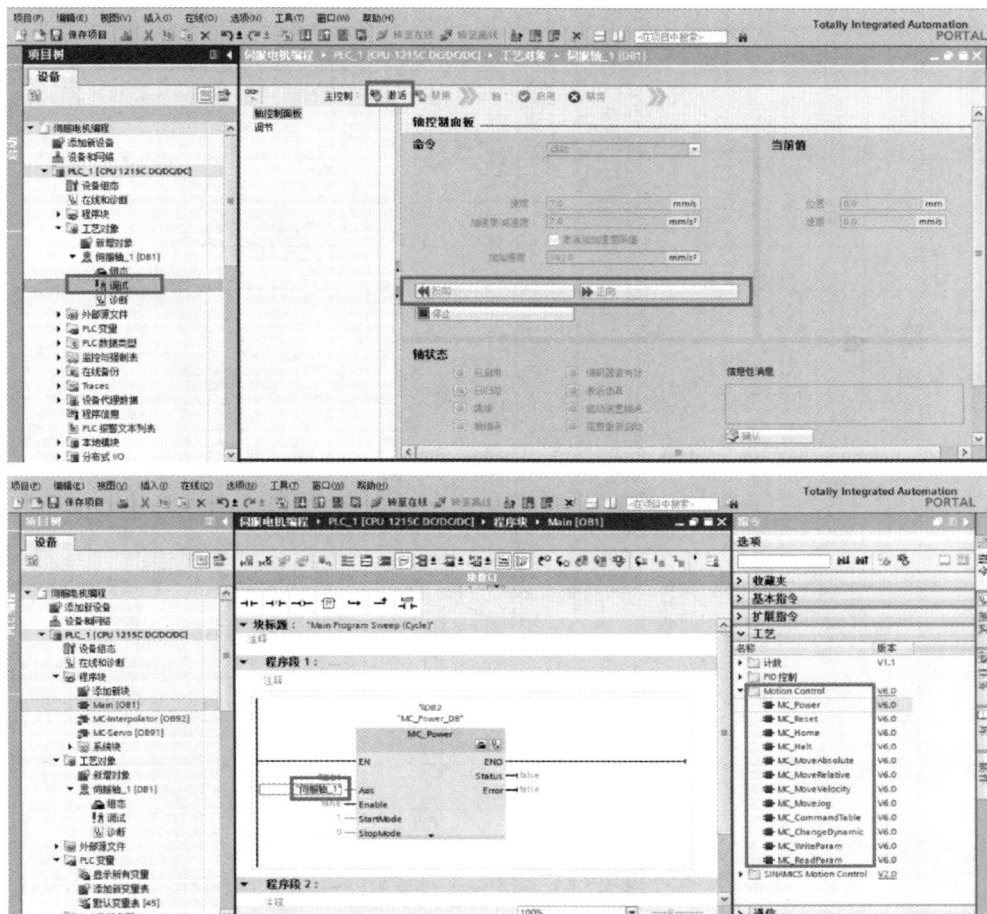

图 6-3-30 程序指令

【实践操作】

一、信息搜集

(1) 观察实训室伺服电机及伺服驱动器的相关信息,填入表 6-3-7。

表 6-3-7 实训室伺服电机及伺服驱动器信息

伺服电机品牌	伺服电机型号	该电机是高惯量电机还是低惯量电机
伺服驱动器品牌	伺服驱动器型号	该型号的伺服驱动器是 PN 型还是 PTI 型

（2）与步进电机相比，伺服电机的优势在哪里？

_____

_____

_____

_____

_____

_____

_____

_____

二、编程调试

（1）在 V-ASSISTANT 软件中调试好伺服电机。

记录操作过程中出现的问题及解决办法。

_____

_____

_____

_____

_____

_____

_____

_____

（2）能用 TIA 博途软件对伺服电机进行组态，并完成快启快停动作，要求该动作循环 5 次。

记录编程过程中出现的问题及解决方案。

_____

_____

_____

_____

_____

_____

_____

_____

【工作评价】

对学生任务实施情况进行评价,评价表见表 6-3-8。

表 6-3-8　伺服电机的调试及编程评价表

评价项目	评价标准	配分	得分
伺服电机及伺服驱动器基本信息	参与小组讨论,积极查找资料	5	
	主动代表小组回答相关问题	5	
	正确记录伺服电机的品牌	2	
	正确记录伺服电机的型号	2	
	正确判断该电机是高惯量电机还是低惯量电机	5	
	正确记录伺服驱动器的品牌	2	
	正确记录伺服驱动器的型号	2	
	正确判断该型号的伺服驱动器是 PN 型还是 PTI 型	5	
用 V-ASSISTANT 调试伺服电机	参与小组讨论,积极查找资料	5	
	主动代表小组回答相关问题	5	
	能够正确选择电机的型号	5	
	能够正确选择报文	5	
	能正确设置 IP 地址并下载	8	
用 TIA 博途软件调试伺服电机	参与小组讨论,积极查找资料	5	
	主动代表小组回答相关问题	5	
	用 TIA 博途软件组态正确	8	
	轴工艺配置正确	10	
	可以用 TIA 博途软件手动调试伺服电机	6	
	可以通过程序控制伺服电机运动	10	
汇总		100	

项目 7
数据处理

◀ 【工作任务】
(1) 掌握常用数据处理指令的用法;
(2) 能够进行基本的人机交互界面制作;
(3) 能够对工业相机传输的数据进行处理。

◀ 【知识目标】
(1) 熟悉组态界面;
(2) 掌握数据处理指令的用法。

◀ 【能力目标】
(1) 具备组态界面创建的能力;
(2) 具备根据需要综合使用数据处理指令的能力。

◀ 【素养目标】
(1) 遵循标准,规范操作;
(2) 工作细致,态度认真;
(3) 团队协作,有创新精神。

◀ 7.1　学习任务:数据处理指令 ▶

【任务描述】

综合使用比较、转换、移动等操作指令设计程序,实现以下功能。

先将 MW2 转换成 MD10,当 MD10 等于 3666 或小于 47 888 时将 M6.6 置位,反之将 M6.6 复位,再将 M6.6 的值传送至 Q0.0(绿色信号灯),使绿灯常亮。

【任务目标】

(1) 掌握比较、转换、移动等操作指令的用法;

(2) 能够使用常用的比较指令解决综合问题。

【小组讨论】

本任务能够分解成几个数据处理步骤? 它们分别是什么?

_____

_____

_____

_____

_____

_____

【计划准备】

(1) CPU 1214C DC/DC/DC 1 台,订货号为 6ES7 214-1AG40-0XB0。

(2) 编程电脑 1 台(已安装 TIA 博途软件 V15.1 版)。

【相关知识】

一、比较操作指令

比较操作指令如图 7-1-1(a)所示。

(一) 基本比较指令

比较指令用来比较数据类型相同的两个数 IN1 和 IN2 的大小,IN1 和 IN2 分别在触点的上面和下面。操作数可以是 I、Q、M、L、D 存储区中的变量或常数。比较两个字符串是否相等时,实际上比较的是它们各对应字符的 ASCII 码的大小,第一个不相同的字符决定了比较的结果。

基本比较指令用于比较数据类型相同的两个有符号数或无符号数 IN1 和 IN2 的大小,进而输出。

基本比较指令有 6 种,比较运算符分别为＝＝、>＝、<＝、>、<和<>。它们的使用

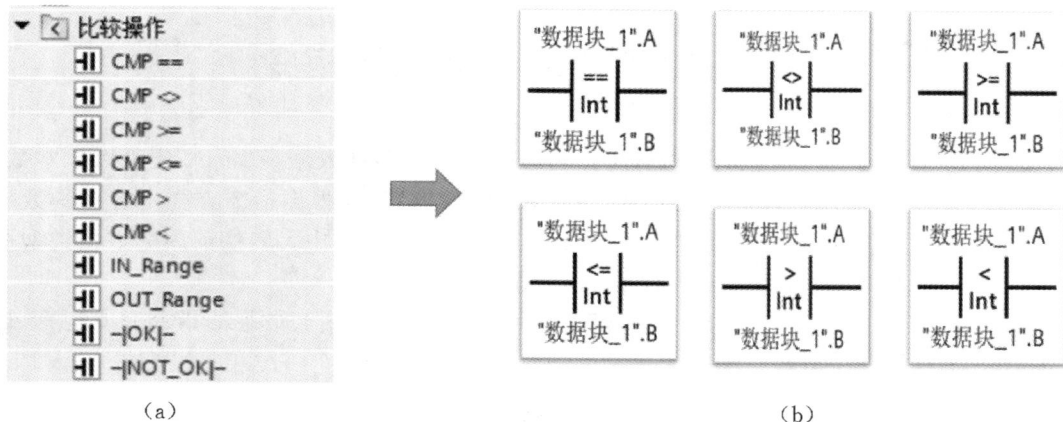

（a）   （b）

图 7-1-1　比较操作指令及基本比较指令的使用示例

示例如图 7-1-1(b)所示。

比较指令支持的数据类型包括字节（有符号、无符号）、字（有符号、无符号）、双字整数（有符号、无符号）、实数、字符和字符串、时间等。

（二）值在范围内与值超出范围指令

范围比较指令用于判断一个数是在区间内还是在区间外。

范围比较指令有两种，即值在范围内指令 IN_RANGE 和值超出范围指令 OUT_RANGE。

范围比较指令支持的数据类型包括字节（有符号、无符号）、字（有符号、无符号）、双字整数（有符号、无符号）、实数、字符和字符串等。

值在范围内指令 IN_RANGE 与值超出范围指令 OUT_RANGE 可以分别等效为一个触点。如果有能流流入指令方框，执行比较操作，反之不执行比较操作。在图 7-1-2 中，IN_RANGE 指令的参数 VAL 满足 MIN≤VAL≤MAX（或 OUT_RANGE 指令的参数 VAL 满足 VAL < MIN 或 VAL>MAX）时，等效触点闭合，指令方框为绿色的实线。若不满足比较条件，则等效触点断开，指令方框为蓝色的虚线。

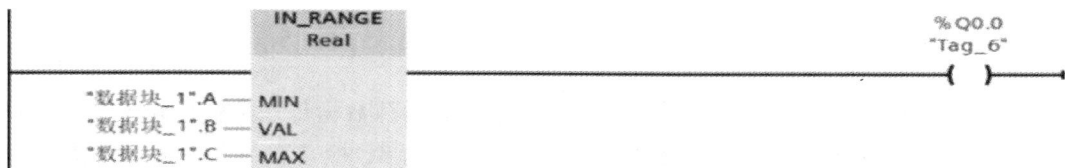

图 7-1-2　值在范围内指令的使用示例

这两条指令中的 MIN、MAX 和 VAL 的数据类型必须相同，可为整数和浮点数，可以是 I、Q、M、L、D 存储区中的变量或常数。

使用值在范围内指令将输入 VAL(B)的值与输入 MIN（A）和 MAX（C）的值进行比较，并将结果发送到功能方框输出中。如果输入 VAL（B）的值满足 MIN(A)<= VAL(B)或 VAL(B)<=MAX(C)比较条件，则功能方框输出的信号状态为"1"。如果不满足比较条件，则功能方框输出的信号状态为"0"。

如果功能方框输入的信号状态为"0"，则不执行值在范围内指令。

二、转换操作指令

（一）转换值指令

转换值指令（CONV）的参数 IN、OUT 可以设置为十多种数据类型，IN 还可以是常数。EN 输入端有能流流入时，CONV 指令读取参数 IN 的内容，并根据指令方框中选择的数据类型对参数 IN 进行转换，转换值存储在输出 OUT 指定的地址中。转换前后的数据类型可以是位字符串、整数、浮点数、CHAR、和 BCD 码等。

图 7-1-3 中首先用 CONV 指令将 IW64 转换为实数，然后用实数乘法指令完成运算，最后用 ROUND 指令将运算结果四舍五入为整数。

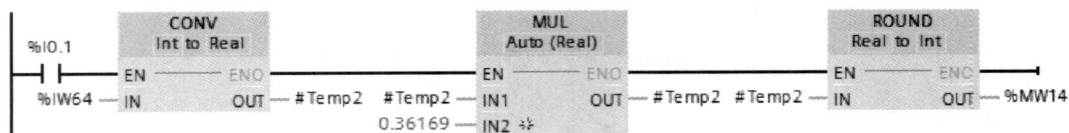

图 7-1-3　转换值指令的使用示例

（二）浮点数转换为双整数指令

浮点数转换为双整数有 4 条指令：取整指令 ROUND 用得最多，用于将浮点数转换为四舍五入的双整数；截尾取整指令 TRUNC 用于仅保留浮点数的整数部分，去掉浮点数的小数部分；浮点数向上取整指令 CEIL 用于将浮点数转换为大于或等于它的最小双整数；浮点数向下取整指令 FLOOR 用于将浮点数转换为小于或等于它的最大双整数。后两条指令极少使用。

因为浮点数的数值范围远远大于 32 位整数，所以有的浮点数不能成功地转换为 32 位整数。如果被转换的浮点数超出了 32 位整数的表示范围，则得不到有效的结果，ENO 处于 0 状态。

三、移动操作指令

（一）移动值指令

移动值指令 MOVE（见图 7-1-4）用于将 IN 输入端的源数据传送给输出端 OUT1 指定的目的，并且转换为 OUT1 允许的数据类型（与是否进行 IC 检查有关），源数据保持不变。IN 和 OUT1 的数据类型可以是位字符串、整数、浮点数、定时器、日期时间、CHAR、WCHAR 等，IN 还可以是常数。

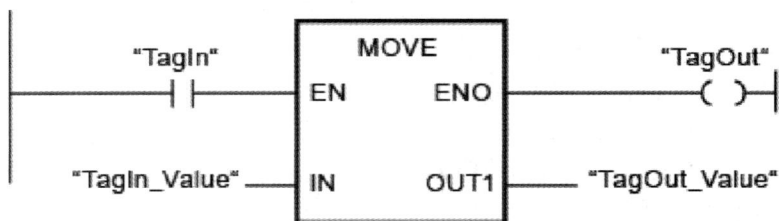

图 7-1-4　移动值指令的使用示例

移动值指令可用于 S7-1200 PLC CPU 不同数据类型之间的数据传送。如果输入 IN 数据类型的位长度超出输出 OUT1 数据类型的位长度,则源数据的高位会丢失。如果输入 IN 数据类型的位长度小于输出 OUT1 数据类型的位长度,则目标值的高位被改写为"0"。

（二）交换指令

IN 和 OUT 的数据类型为 word 时,交换指令 SWAP 交换输入 IN 的高、低字节后,保存到 OUT 指定的地址。IN 和 OUT 的数据类型为 dword 时,交换 4 个字节中数据的顺序,交换后保存到 OUT 指定的地址。

（三）循环移位指令

循环右移指令 ROR、循环左移指令 ROL 分别将输入参数 IN 指定的存储单元的整个内容逐位循环右移若干位、逐位循环左移若干位,即移出来的位又送回存储单元另一端空出来的位,原始的位不会丢失。N 指定移位的位数,移位的结果保存在输出参数 OUT 指定的地址。N 为 0 时不会移位,但将 IN 指定的输入值复制给 OUT 指定的地址。如果参数所指定的存储单元的值大于操作数的位数,输入 IN 中的操作数值仍将循环移动指定的位数。

【实践操作】

一、软硬件设备组态

完成软硬件设备组态并填表 7-1-1。

表 7-1-1　软硬件设备组态表

序号	工作步骤	操作方法	注意事项	使用工具
1				
2	硬件连接			
3				
1				
2	软件组态			
3				

二、程序编写

完成程序编写并填表 7-1-2。

表 7-1-2　程序编写记录表

序号	指令使用	操作方法	注意事项
1			
2			
3			
4			

三、程序结果验证

完成程序结果验证并填表 7-1-3。

表 7-1-3　程序结果验证

	小组	输入值	信号灯现象
第一次	1		
	2		
	3		
	4		
第二次	1		
	2		
	3		
	4		

【工作评价】

对学生任务实施情况进行评价，评价表如表 7-1-4 所示。

表 7-1-4　数据处理指令使用评价表

过程	评价内容	评价标准	配分	得分
数据处理指令认识	小组讨论情况	主动参与小组讨论，积极查阅资料，给出合理的答案	10	
	实践操作	能够口头介绍指令的功能	5	
硬件组态	小组讨论情况	主动参与小组讨论，积极查阅资料，给出合理的答案	5	
	硬件选择	正确进行设备选型	5	
	硬件布置	正确进行设备间接线	5	
软件组态	IP 地址分配	遵循 IP 地址分配原则	5	
程序编写	比较操作指令的使用	按要求使用比较操作指令	15	
	转换操作指令的使用	按要求使用转换操作指令	15	
	移动操作指令的使用	按要求使用移动操作指令	15	
程序运行	程序下载、运行	在教师的监督下，完成程序下载及运行	5	
	数据验证	更改数据，反复进行验证	5	
故障排查	故障分析排除	能够分析数据出错原因，并进行相应的修改	10	
汇总			100	

◀ 7.2 实操任务:西门子人机界面组态与应用 ▶

【任务描述】

设计仓储出仓触摸屏界面,满足以下要求。

有 6 个仓储存货区(2 行 3 列),序号为 1~6,在触摸屏上点击相应仓储单元编号,触摸屏相应图标由红色变为绿色,设备上的相应仓储弹出,再按一次,该仓储缩回,并在显示框中显示当前仓为几号仓。

【任务目标】

(1) 掌握触摸屏的用法;
(2) 能够根据实际需求制作满足相应功能的触摸屏。

【小组讨论】

小组在纸上绘制出满足任务要求的界面,跟大家交流并展示。

_____

_____

_____

_____

【计划准备】

(1) CPU 1214C DC/DC/DC 1 台,订货号为 6ES7 214-1AG40-0XB0。
(2) 编程电脑 1 台(已安装 TIA 博途软件 V15.1 版)。

【相关知识】

一、面板简介

(一)人机界面

从广义上说,人机界面泛指计算机(包括 PLC)与操作人员交换信息的设备。在控制领域,人机界面一般特指用于操作人员与控制系统之间进行对话和相互作用的专用设备。人机界面可以在恶劣的工业环境中长时间连续运行,是 PLC 的最佳搭档。

人机界面可以用字符、图形和动画动态地显示现场数据和状态,操作人员可以通过人机界面来控制现场的被控对象。此外,人机界面还有报警、用户管理、数据记录、趋势图显示、配方管理、显示和打印报表、通信等功能。

随着技术的发展和应用的普及,近年来人机界面的价格已经大幅下降,一个大规模应用人机界面的时代已经到来,人机界面已经成为现代工业控制系统必不可少的设备之一。

（二）触摸屏

触摸屏是人机界面的发展方向，用户可以在触摸屏上生成满足自己要求的触摸式按键。触摸屏使用直观方便，易于操作，画面上的按钮和指示灯可以取代相应的硬件元件，减少PLC 需要的 I/O 点数，降低系统的成本，提高设备的性能和附加价值。

现在的触摸屏一般使用 TFT 液晶显示屏，每一液晶像素点都用集成在其后的薄膜晶体管来驱动，具有色彩逼真、亮度高、对比度和层次感强、反应时间短、可视角度大等优点。

（三）人机界面的工作原理

首先需要用在计算机上运行的组态软件对人机界面进行组态。使用组态软件可以很容易地生成满足用户要求的人机界面的画面，用文字或图形动态地显示 PLC 中位变量的状态和数字量的数值。用各种输入方式，将位变量命令和数字设定值传送到 PLC。人机界面画面的生成是可视化的，使用组态软件来生成人机界面的画面不仅操作方便，而且简单易学。

组态结束后将画面和组态信息编译成人机界面可以执行的文件。编译成功后，将可执行的文件下载到人机界面的存储器中。

在控制系统运行过程中，人机界面和 PLC 之间通过通信来交换信息，从而实现人机界面的各种功能。只需要对通信参数进行简单的组态，就可以实现人机界面与 PLC 的通信。将面面上的图形对象与 PLC 变量的地址联系起来，就可以实现控制系统运行时 PLC 与人机界面之间的自动数据交换。

（四）精简系列面板

精简系列面板主要是指与 S7-1200 PLC 配套的触摸屏。它具有基本的功能，适用于简单应用，具有很高的性能价格比，有功能可以定义的按键。

第二代精简系列面板有尺寸为 4.3 in、7 in、9 in 和 12 in 的高分辨率 64 K 色宽屏显示器（见图 7-2-1），支持垂直安装，用 TIA 博途软件 V13 或更高版本组态。它有一个 RS422/485接口或 RJ45 以太网接口，还有一个 USB 2.0 接口。通过 USB 2.0 接口，可连接键盘、鼠标或条形码扫描仪，可以用 USB 闪存驱动器实现数据归档。

图 7-2-1　第二代精简系列面板

精简系列面板可以使用几十种项目语言，运行时可以使用多达 10 种语言，并且能在线切换语言。精简系列面板的触摸屏操作直观方便，具有报警、配方管理、趋势图显示、用户管理等功能。它的防护等级为 IP65，可以在恶劣的工业环境中使用。

第二代精简系列面板采用 TFT 液晶显示器,通过 RJ45 以太网接口(PROFINET 接口),通信速率达 10/100 Mbit/s,且可与组态计算机或 S7-1200 PLC 通信。它的电源电压额定值为 DC 24 V,且内置有熔断器和实时时钟。另外,它的背光平均无故障工作时间为 20 000 h,用户内存为 10 MB,配方内存为 256 KB。

S7-1200 PLC 与精简系列面板在 TIA 博途软件的同一个项目中组态和编程,它们都采用以太网接口通信。以上特点使精简系列面板成为 S7-1200 PLC 的最佳搭档。

(五)西门子的其他人机界面简介

高性能的精智系列面板有显示器尺寸为 4 in、7 in、9 in、12 in 和 15 in 的按键型和触摸型面板,还有显示器尺寸为 19 in 和 22 in 的触摸型面板。它们都有 PROFINET 接口、PROFIBUS 接口和 USB 接口。

精彩系列面板 Smart Line 是与 S7-200 PLC 和 S7-200 SMART PLC 配套的触摸屏,有 7 in 和 10 in 两种尺寸的显示器,有以太网接口和 RS422/485 接口。

移动面板可以在不同的地点灵活应用,目前常用的有 7 in 和 9 in 的第二代移动面板,以及 7.5 in 的无线移动面板 Mobile Panel 277(F) IWLAN V2。

(六)TIA 博途软件中的 WinCC 简介

编程软件 STEP 7 内含的 WinCC Basic 可以用于精简系列面板的组态。WinCC Basic 具有以下优点:简单、高效,易于上手,功能强大;基于表格的编辑器简化了变量、文本和报警信息等的生成和编辑;通过图形化配置,简化了复杂的组态任务。

TIA 博途软件中的精智版、高级版和专业版 WinCC 可以对精彩系列面板之外的 HMI 设备组态。其中,精彩系列面板可用 WinCC flexible SMART V3 组态。

WinCC 的运行系统可以对西门子的面板仿真,这种仿真功能对于学习精简系列面板的组态方法是非常有用的。

二、精简系列面板组态

(一)画面组态的准备工作

1. 添加 HMI 设备

在项目视图中生成一个名为“PLC_HMI”的新项目。双击项目树中的“添加新设备”,单击打开的对话框中的“控制器”图标(见图 7-2-2),生成名为“PLC1”的 PLC 站点,CPU 为 CPU 1214C。再次双击“添加新设备”,单击“HMI”图标,去掉“启动设备向导”复选框中的“√”,选中尺寸为 4 in 的第二代精简系列面板 KTP400 Basic PN。单击“确定”按钮,生成名为“HMI_1”的面板。

2. 组态连接

CPU 和 HMI 设备默认的 IP 地址分别为 192.168.0.1 和 192.168.0.2,子网掩码均为 255.255.255.0。生成 PLC 和 HMI 设备后,双击项目树中的“设备和网络”,打开网络视图。单击工具栏上的“连接”按钮,它右边的下拉列表显示连接类型为“HMI 连接”。单击选中 PLC 中的以太网接口(绿色小方框),按住鼠标左键,移动鼠标,拖出一条浅蓝色直线。将它拖到 HMI 设备的以太网接口,松开鼠标左键,生成图 7-2-3 中的“HMI_ 连接_1”。

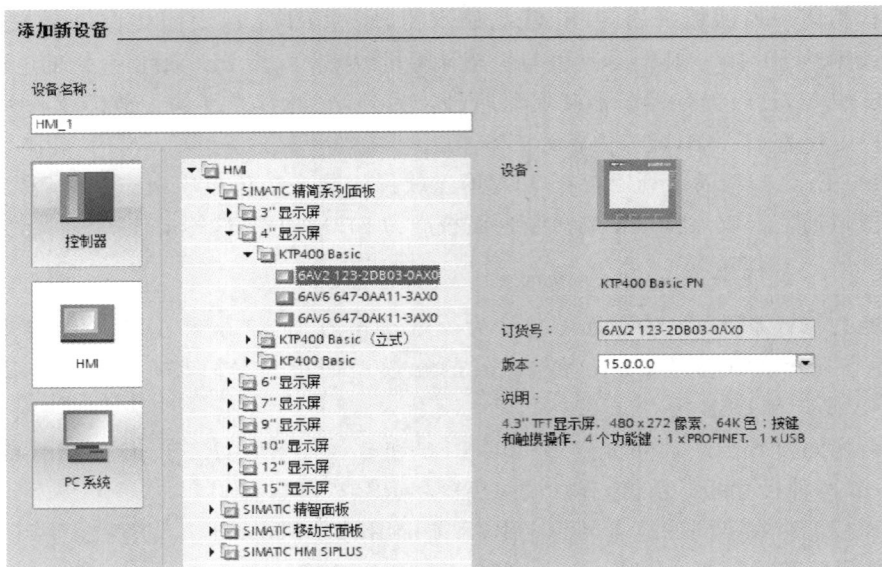

图 7-2-2 添加 HMI 设备

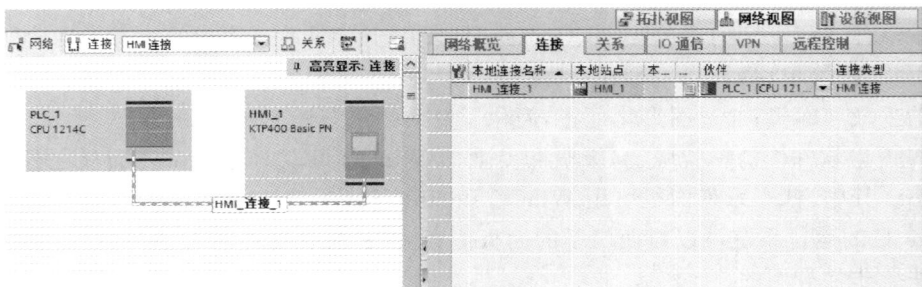

图 7-2-3 组态 HMI 连接

单击图 7-2-3 中竖条上向左的小三角形按钮,打开从右向左弹出的视图中的"连接"选项卡,可以看到生成的 HMI 连接的详细信息。单击图 7-2-3 中竖条上向右的小三角形按钮,关闭弹出的视图。

3. 打开画面

生成 HMI 设备后,将在"画面"文件夹中自动生成一个名为"画面_1"的画面,将该画面的名称改为"根画面"。双击打开该画面,单击图 7-2-4 中工作区下面的"100%"右边的 ![按钮] 按钮,打开放大倍数(25%~400%)下拉列表,通过该下拉列表可以改变画面的显示比例。也可以用该按钮右边的滑块快速设置画面的显示比例。

单击选中工作区中的面面后,再选中巡视窗口中的"属性"→"属性"→"常规",可以用巡视窗口设置画面的名称、编号等参数。单击打开"背景色"下拉列表的 ![按钮] 按钮,设置画面的背景色为白色。

单击"工具箱"中的空白处,勾选出现的"大图标"复选框(见图 7-2-4),用大图标显示工具箱中的元素。勾选"显示描述"复选框,可以在显示大图标的同时显示元素的名称。未勾选"大图标"复选框时,同时显示小图标和元素的名称。

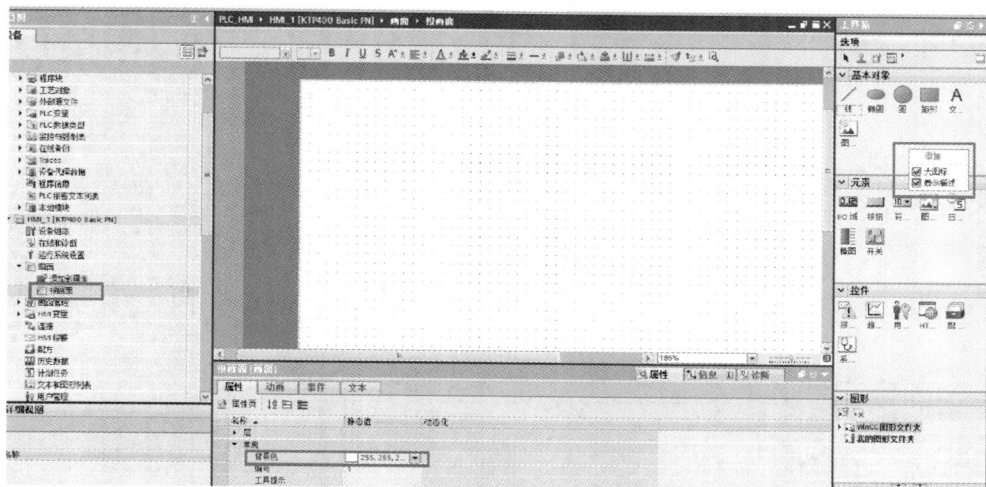

图 7-2-4　画面组态

4. 对象的移动与缩放

将鼠标的光标放到图 7-2-5 左边的按钮上,光标变为图中的十字箭头图形。按住鼠标左键并移动鼠标,将选中的对象拖到希望它在的位置,松开鼠标左键,对象被放在该位置。

单击图 7-2-5 右边的按钮,将鼠标的光标放到某个角的小正方形上,光标变为 45°的双向箭头,按住鼠标左键并移动鼠标,可以同时改变按钮的长度和宽度。单击图 7-2-5 左边的按钮,将鼠标的光标放到 4 条边中点的某个小正方形上,光标变为水平或垂直的双向箭头,按住鼠标左键并移动鼠标,可将选中的对象沿水平方向或垂直方向放大或缩小。可以用类似的方法移动和缩放窗口。

图 7-2-5　对象的移动和缩放

（二）组态指示灯与按钮

1. 生成和组态指示灯

指示灯用来显示 Bool1 变量"指示灯"的状态。将工具箱"基本对象"窗格中的"圆"拖曳到画面上希望它在的位置。用与"对象的移动与缩放"相同的方法,调节圆的位置和大小。选中生成的圆,它的四周出现 8 个小正方形。选中面面下面巡视窗口中的"属性"→"属性"→"外观",设置圆的边框为默认的黑色,样式为实心,宽度为 3 个像素点(与指示灯的大小有关),背景色为红色,填充图案为实心,如图 7-2-6 所示。

一般在画面上直接用鼠标设置画面元件的位置和大小。选中巡视窗口中的"属性"→"属性"→"布局"(见图 7-2-7),可以微调圆的位置和大小。

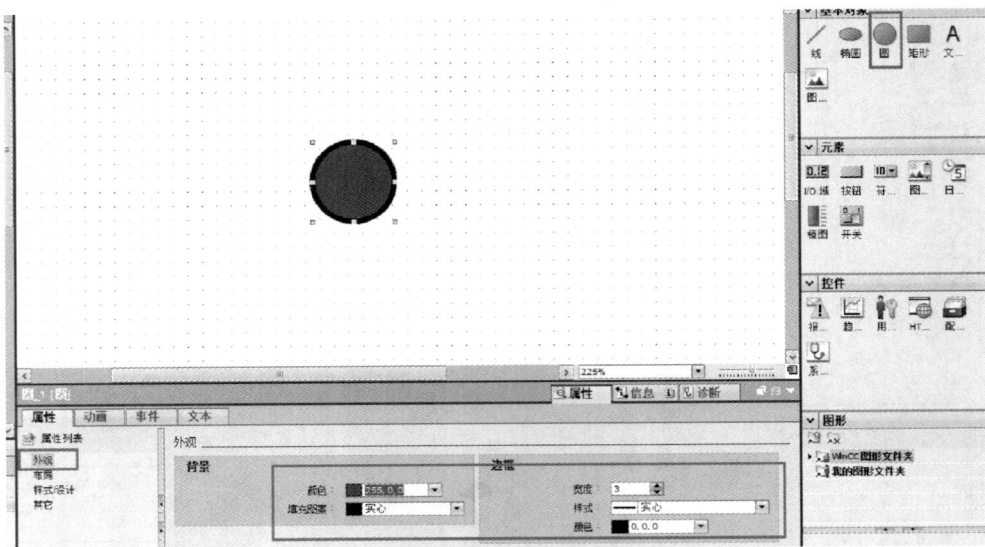

图 7-2-6　组态指示灯外观

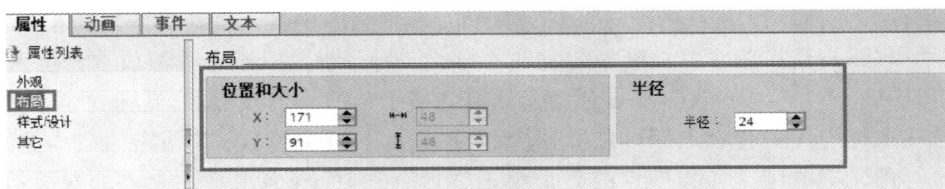

图 7-2-7　布局属性

选中巡视窗口中的"属性"→"动画"→"显示",双击"显示"下的"添加新动画",再双击出现的"添加动画"对话框中的"外观",选中图 7-2-7 左边窗口中出现的"外观",在右边窗口组态外观的动画功能。设置圆连接的 PLC 的变量为位变量"指示灯"(见图 7-2-8),其"范围"为 0 和 1 时,显示的颜色分别为红色和绿色。

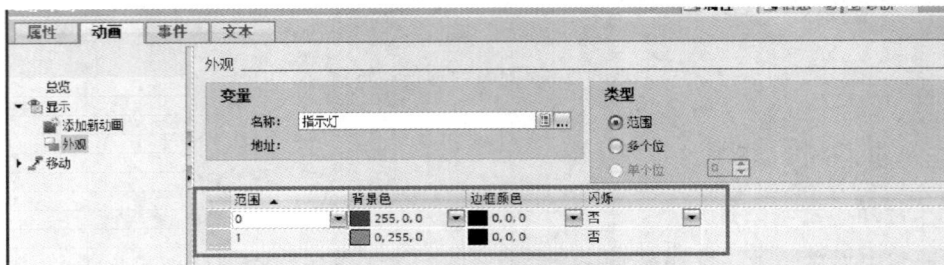

图 7-2-8　组态指示灯的动画功能

2. 生成和组态按钮

画面上的按钮的功能比接在 PLC 输入端的物理按钮的功能强大得多。画面上的按钮用于将各种操作命令发送给 PLC,通过 PLC 的用户程序来控制生产过程。将工具箱"元素"窗格中的"按钮"拖曳到画面上,用鼠标调节按钮的位置和大小。单击选中放置好的按钮,选中巡视窗口中的"属性"→"属性"→"常规",用单选框选中"模式"区域和"标签"区域的"文本",输入按钮未按下时显示的文本"启动按钮1"。

如果勾选了复选框"按钮'按下'时显示的文本",可以分别设置未按下时和按下时显示的文本。未勾选该复选框时,按下时和未按下时按钮上的文本相同。选中巡视窗口中的"属性"→"属性"→"外观",设置背景色为浅灰色,填充图案为实心,"文本"的颜色为黑色。

选中巡视窗口中的"属性"→"属性"→"布局"(见图7-2-9),可以用"位置和大小"区域的输入框微调按钮的位置和大小。如果勾选了复选框"使对象适合内容",将根据按钮上的文本的字数、字体大小和文字边距自动调整按钮的大小。

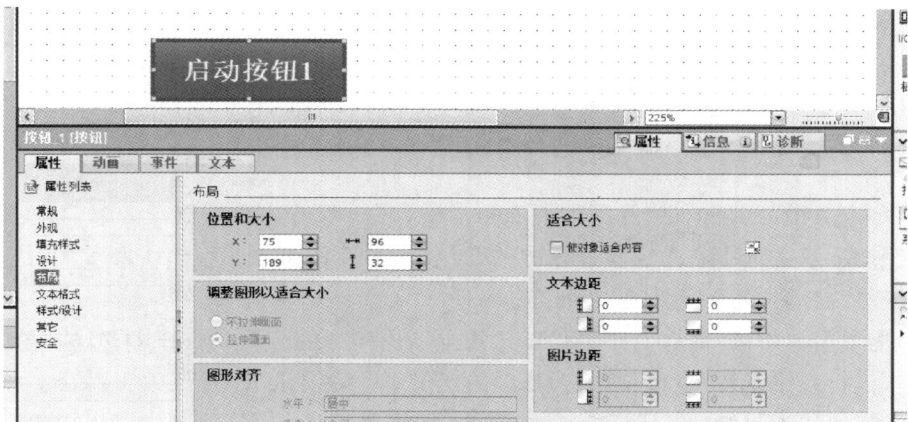

图 7-2-9　组态按钮的布局

选中巡视窗口中的"属性"→"属性"→"文本格式"(见图7-2-10),单击"字体"下拉列表框右边的 ▼ 按钮,可以通过打开的对话框定义以像素点(px)为单位的文字的大小。字体为宋体,不能更改。字形由默认的"粗体"改为"正常",还可以设置下划线、删除线、按垂直方向读取等附加效果。设置对齐方式为水平"居中"、垂直"中间"。

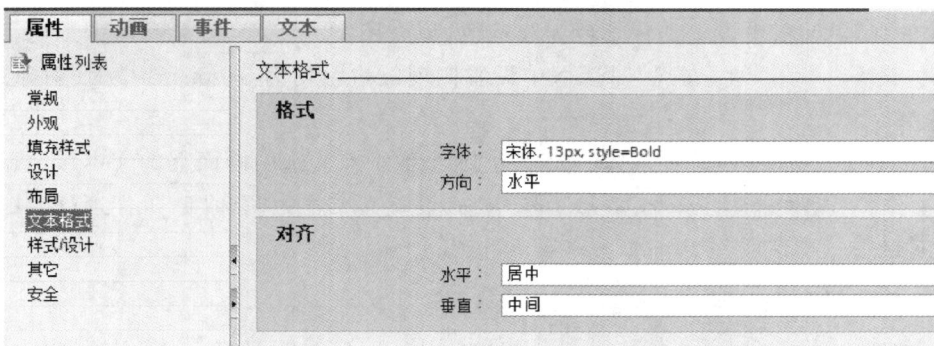

图 7-2-10　组态按钮的文本格式

选中巡视窗口中的"属性"→"属性"→"其它",可以修改按钮的名称,设置对象所在的"层",一般使用默认的第0层。

3. 设置按钮的事件功能

选中巡视窗口中的"属性"→"事件"→"释放"(见图7-2-11),单击视图右边窗口的表格最上面的一行,再单击出现在它的右侧的下三角形键(在单击之前它是隐藏的),在出现的"系统函数"列表中选择"编辑位"文件夹中的函数"复位位"。

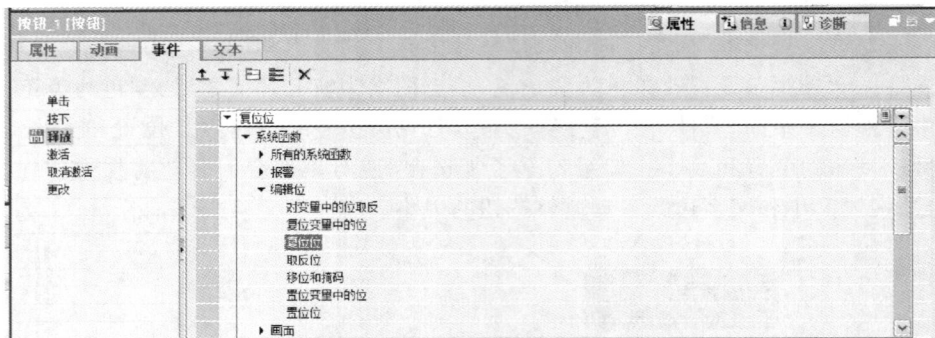

图 7-2-11　组态按钮释放时的系统函数

直接单击表中第 2 行右侧隐藏的下三角形键,在出现的小对话框左边窗口中选中 PLC 的默认变量表,双击选中右边窗口该表中的变量"启动按钮 1"。在 HMI 设备运行时释放该按钮,将变量"启动按钮 1"复位为 0 状态。

选中巡视窗口中的"属性"→"事件"→"按下",用同样的方法设置在 HMI 设备运行时按下该按钮,执行系统函数"置位位",将 PLC 的变量"启动按钮 1"置位为 1 状态。该按钮具有点动功能,即按下时被置位,松开时被复位。如果要设置其他按钮(如停止按钮),可执行复制和粘贴操作。

(三)组态文本域与 I/O 域

1. 生成与组态文本域

将工具箱中的文本域图标拖放到画面上,单击选中它,选中巡视窗口中的"常规",键入文本"当前值"。可以在"常规"属性中设置字体大小和"适合大小"。

在"外观"对话框中设置其背景色为浅蓝色,填充图案为实心,文本颜色为黑色,边框的宽度为 0(没有边框)。在"布局"对话框中设置四周的边距均为 3 mm,选中"使对象适合内容"复选框。

在"文本格式"属性中设置字体的大小为 16 个像素点。选中画面上的文本域,执行复制和粘贴操作。放置好新生成的文本域后选中它,设置其文本为"预设值",背景色为白色,其他属性不变。

2. 生成与组态 I/O 域

有 3 种模式的 I/O 域:①输出域,用于显示 PLC 的变量的数值;②输入域,用于操作员键入数字或字母,并用 PLC 的变量保存它们的值;③输入/输出域,同时具有输入域和输出域的功能。

将工具箱中的 I/O 域图标拖放到画面文本域"当前值"的右边,选中生成的 I/O 域,选中巡视窗口中的"常规",设置 I/O 域为输出域,连接的过程变量为"当前值"。该变量的数据类型为 word(16 位长度)。在"格式"域,采用默认的显示格式"十进制",如图 7-2-12 所示。

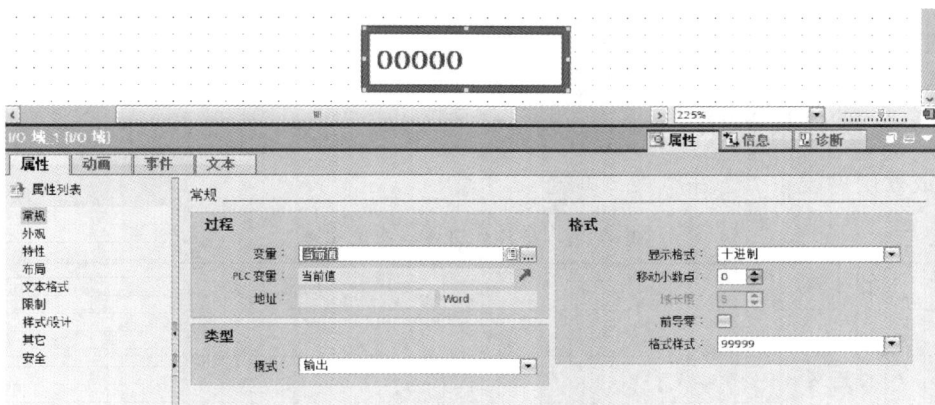

图 7-2-12　组态 I/O 域的常规属性

三、精简系列面板仿真与运行

1. HMI 设备的仿真方法

WinCC 的运行系统(Runtime)用来在计算机上运行用 WinCC 的工程系统组态的项目。在没有 HMI 设备的情况下,可以用运行系统来对 HMI 设备进行仿真。HMI 设备有下列 3 种仿真方法。

(1) 使用变量仿真器仿真。

如果手中既没有 HMI 设备,也没有 PLC,可以用变量仿真器来检查人机界面的部分功能。由于没有运行 PLC 的用户程序,这种仿真方法只能模拟实际系统的部分功能。

(2) 使用 S7-PLCSIM 和运行系统的集成仿真。

可以用 WinCC 的运行系统对 HMI 设备进行仿真,用 S7-PLCSIM 对 S7-300/400/1200/ 1500 PLC 进行仿真。采用这种仿真方法,不需要 HMI 设备和 PLC 硬件,接近真实控制系统的运行情况。

(3) 连接 PLC 硬件的仿真。

如果有 PLC 硬件,在建立起计算机和 S7 PLC 通信连接的情况下,用计算机模拟 HMI 设备的功能。这种仿真的效果与实际系统基本上相同。

2. PLC 与 HMI 设备的变量表

HMI 设备的变量分为外部变量和内部变量。外部变量是 PLC 中定义的存储单元的映像,其值随 PLC 程序的执行而改变。HMI 设备的内部变量存储在 HMI 设备的存储器中,与 PLC 没有连接关系,只有 HMI 设备能访问内部变量。内部变量只有名称,没有地址。

PLC 的默认变量表中的"启动按钮 1"信号来自 HMI 画面上的按钮,用画面上的指示灯显示变量"指示灯"的状态。在组态画面上的按钮时,如果使用了 PLC 的变量表中的变量,该变量将会自动地添加到 HMI 设备的变量表中。

3. PLC 与 HMI 的集成仿真

选中项目树中的 PLC_1,单击工具栏上的"开始仿真"按钮,打开 S7-PLCSIM。将程序下载到仿真 CPU,仿真 PLC 自动切换到 RUN 模式。

选中博途软件中的 HMI_1 站点,单击工具栏上的"开始仿真"按钮,启动 HMI 设备运行系统仿真器,出现仿真面板的根画面。检查画面中的按钮是否能控制指示灯。

【实践操作】

一、软硬件设备组态

完成软硬件设备组态并填表 7-2-1。

表 7-2-1　软硬件设备组态工作表

序号	工作步骤	操作方法	注意事项	使用工具
1	硬件连接			
2				
3				
1	软件组态			
2				
3				

二、程序编写

完成程序编写并填表 7-2-2。

表 7-2-2　程序编写记录表

序号	触摸屏组态过程	操作方法	注意事项
1	按钮		
2	指示灯		
3	显示框		

三、程序结果验证

完成程序结果验证并填表 7-2-3。

表 7-2-3　程序结果验证

	小组	输入仓位号	出仓现象	显示框显示数字
第一次	1			
	2			
	3			
	4			
第二次	1			
	2			
	3			
	4			

【工作评价】

对学生任务实施情况进行评价,评价表如表 7-2-4 所示。

表 7-2-4 触摸屏评价表

过程	评价内容	评价标准	配分	得分
触摸屏 基础认识	小组讨论情况	主动参与小组讨论,积极查阅资料, 给出合理的答案	10	
	实践操作	能够口头介绍触摸屏的功能	5	
硬件组态	小组讨论情况	主动参与小组讨论,积极查阅资料, 给出合理的答案	5	
	硬件选择	正确进行设备选型	5	
	硬件布置	正确进行设备间接线	5	
软件组态	IP 地址分配	遵循 IP 地址分配原则	5	
程序编写	按钮的制作	按要求制作按钮	15	
	指示灯的制作	按要求制作显示灯	15	
	显示框的制作	按要求制作显示框	15	
程序运行	程序下载、运行	在教师的监督下,完成程序下载及运行	5	
	数据验证	更改数据,反复进行验证	5	
故障排查	故障分析排除	能够分析数据出错原因,并进行相应的修改	10	
汇总			100	

◀ 7.3 实操任务:工业相机软件配置及其数据处理 ▶

【任务描述】

设计综合程序,满足以下要求。

使用工业相机对工件轮廓进行识别,将满足轮廓要求的工件定义为标准件,并传输给 PLC 数字 1;将不符合要求的工件定义为残缺件,并传输给 PLC 数字 0。另外,标准件的位置中心分别有 X、Y 值,将 X、Y 值准确传至 PLC 中。

【任务目标】

(1)掌握信捷相机的用法;
(2)能够对相机数据进行高低字节转换,并传送至 PLC 中。

【小组讨论】

小组讨论相机、PLC 在该任务中的工作流程,并跟大家交流。

━━━━━━━━━━━━━━━━━━━━━━━

【计划准备】

（1）CPU 1214C DC/DC/DC 1 台，订货号为 6ES7 214-1AG40-0XB0。

（2）编程电脑 1 台（已安装 TIA 博途软件 V15.1 版）。

【相关知识】

一、硬件介绍

（一）相机构成

1. 光源控制器

光源控制器分为 SIC-242 和 SIC-122 两种型号，内置两路可控光源输出端、两路相机触发端及五路相机数据输出端，AB 端子为 RS485 通信端口，且具有两路光源手动调节开关、预留了七路站号选择。光源控制器的组成如图 7-3-1 所示。

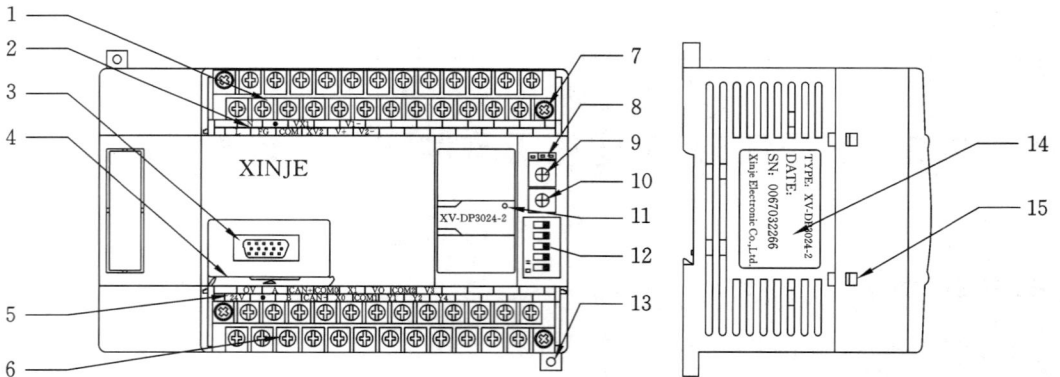

图 7-3-1 光源控制器的组成

1—光源控制端子排；2—光源控制端子标签；3—相机连接串口；4—串口盖板；5—相机输出/输入端子标签；
6—相机输出/输入端子排；7—端子台安装/拆卸螺丝；8—光源控制模式转换开关；9—光源亮度手动调节 1；
10—光源亮度手动调节 2；11—电源指示灯；12—通信波特率/站号拨码开关；13—安装孔（2 个）；
14—机身标签；15—上盖拆卸搭扣

2. 镜头

镜头实物图如图 7-3-2 所示。

（1）根据有效像场的大小划分，镜头可分为 1/3 英寸摄像镜头、1/2 英寸摄像镜头、2/3 英寸摄像镜头、1 英寸摄像镜头。许多情况下，还会使用电影摄影镜头，如 35 mm 电影摄影镜头、135 mm 电影摄影镜头、127 mm 电影摄影镜头、120 mm 电影摄影镜头等。

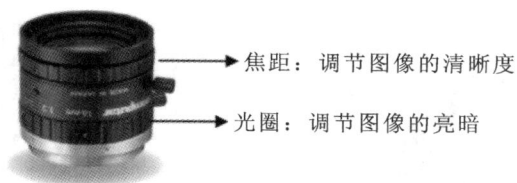

焦距：调节图像的清晰度

光圈：调节图像的亮暗

图 7-3-2　镜头实物图

（2）根据焦距划分，镜头可分为变焦镜头和定焦镜头。变焦镜头有不同的变焦范围；定焦镜头可分为鱼眼镜头、广角镜头、标准镜头、长焦镜头、超长焦镜头等。

另外，镜头还可根据镜头和摄像机之间的接口来分类。工业摄像机常用的接口有 C 接口、CS 接口、F 接口、V 接口、T2 接口、徕卡接口、M42 接口、M50 接口等。接口类型和镜头的性能及质量并无直接关系。当接口不同时，一般可以使用接口转接口进行连接。

除了常规的镜头外，工业视觉检测系统中还常用到很多专用的镜头，如微距镜头、远距镜头、远心镜头、红外镜头、紫外镜头、显微镜头等。

3. 光源

设计机器视觉系统时，选择优先光源。相似颜色（或色系）混合会变亮，相反颜色混合会变暗。如果采用单色 LED 照明，宜使用滤光片隔绝环境干扰，采用几何学原理来考虑样品、光源和相机的位置，并考虑光源的形状和颜色，以加强测量物体和背景的对比度。

（二）相机规格与型号

实施本任务所用相机为智能化一体相机。它通过内含的 CMOS 传感器采集高质量现场图像，内嵌数字图像处理芯片，能脱离电脑对图像进行运算处理，PLC 在接收到相机的图像处理结果后，进行动作输出。智能一体化相机的外形尺寸如图 7-3-3 所示。

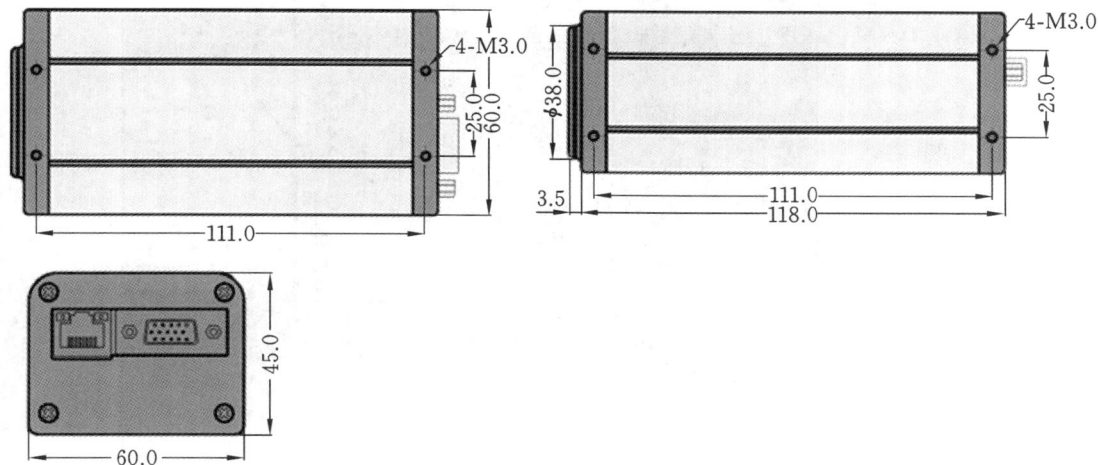

图 7-3-3　智能一体化相机的外形尺寸

（三）连接接口与电缆

该相机有两个接口，分别为 RJ45 接口与 DB15 接口。连接时，用交叉网线连接相机与电脑，用 SW-IO 电缆连接相机与电源控制器。图 7-3-4 所示为 SW-IO 电缆图例与 DB15 接口各针脚的定义图。

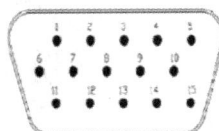

1	X0	棕白色	6	X1	红白色	11	24V	蓝色
2	Y2	棕色	7	Y1	红色	12	24V	紫色
3	Y3	橙色	8	Y0	黑白色	13	24V	黄色
4	RS485-A	粉红色	9	Y4	黑色	14	GND	绿色
5	GND	灰色	10	RS485-B	白色	15	GND	青色

（a）SW-IO电缆图例　　　　　　　　（b）DB15接口各针脚的定义图

图 7-3-4　SW-IO 电缆图例与 DB15 接口各针脚的定义图

二、软件界面

（一）界面的基本构成

工业相机软件界面的基本构成如图 7-3-5 所示。

标题：在X-SIGHT STUDIO后面，显示"智能相机开发软件"

菜单栏：在下拉菜单中选择要进行的操作

常规工具栏：显示打开、保存等基本功能的图标

相机工具箱：显示所有处理工具

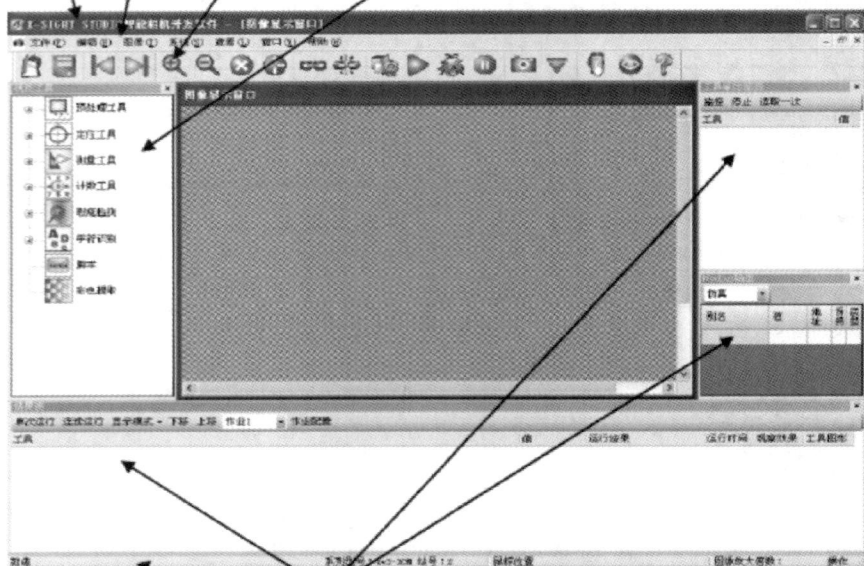

信息栏：显示工具使用结果和输出

状态栏：显示PLC型号、通信方式及PLC的运行状态

图 7-3-5　工业相机软件界面的基本构成

（二）常规工具栏

常规工具栏各图标按钮的功能说明如表 7-3-1 所示。

表 7-3-1　常规工具栏各图标按钮的功能说明

图标按钮		功能说明
	打开	打开所需处理的 BMP 图片
	工程另存为	另存为现在所编辑的工程
	上一张图像	在打开一个图像序列时,浏览上一张图片
	下一张图像	在打开一个图像序列时,浏览下一张图片
	放大	放大现在正在编辑的图片
	缩小	缩小现在正在编辑的图片
	恢复原始图像大小	恢复现在正在编辑的图片至原始大小
	连接服务器	连接智能相机
	断开服务器	中断与智能相机的连接
	采集	选定采集模式,只采集图像,不进行处理
	调试	选定调试模式,可以打开已有的工程图片,并对工程进行调试,相当于仿真
	运行	在成功连接相机的情况下,命令相机运行
	停止	在成功连接相机的情况下,命令相机停止运行
	下载	下载相机配置
	下载	下载作业配置
	Visionserver	图像显示软件
	触发	进行一次通信触发
	显示图像	在成功连接相机的情况下,要求显示相机采集到的图像
	帮助	提供帮助信息

（三）常用功能介绍

常用功能包含保存图像序列、固件升级、相机配置、Modbus 配置、相机工具输出监控、I/O 状态监控、作业配置等。

（1）图像保存序列:操作路径为菜单栏→"图像"→"保存图像序列",如图 7-3-6 所示。

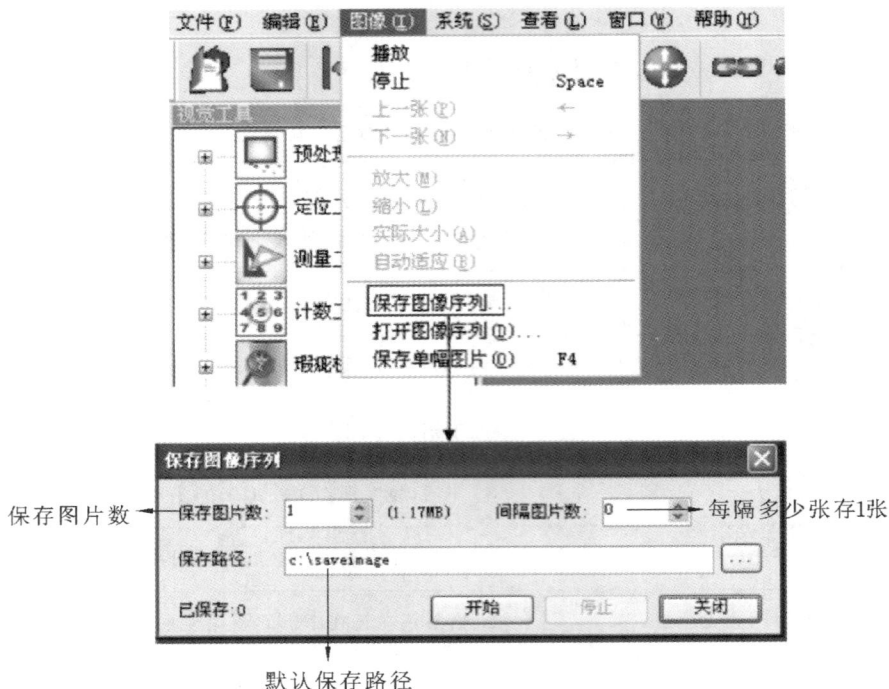

图 7-3-6　图像序列保存操作

（2）相机配置：操作路径为菜单栏→"系统"→"相机配置"，在"相机配置"对话框（见图7-3-7）完成相机配置。

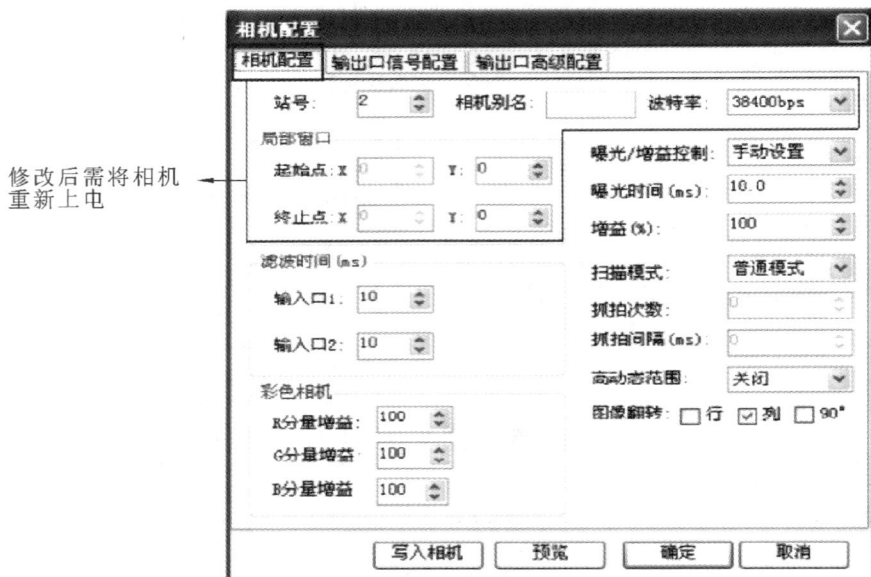

图 7-3-7　"相机配置"对话框

（3）Modbus 配置：操作路径为菜单栏→"窗口"→"Modbus 配置"（当需要通过通信从相机读某些数据时可进行配置），如图 7-3-8 所示。

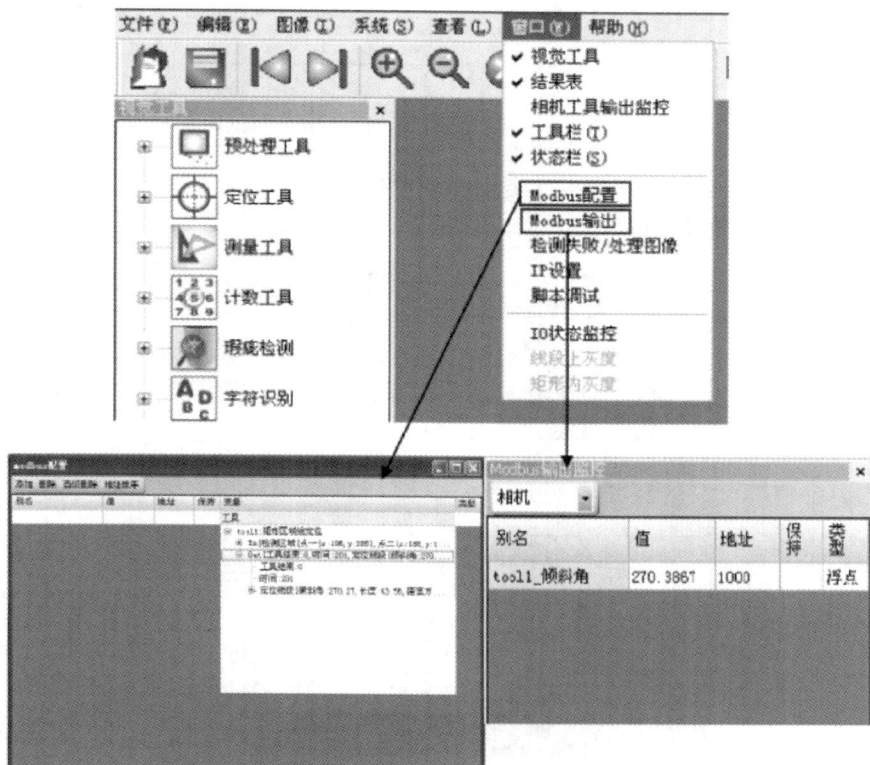

图 7-3-8 Modbus 配置操作

三、数据处理

（一）寻址方式

存储器中的每一个数据都有自己的地址，就像每个人都有一个身份证号一样。PLC 程序在执行的过程中要读写数据，而读写数据的第一步就是寻址。

PLC 的寻址方式有按位寻址、按字节寻址、按字寻址和按双字寻址。

1. 按位寻址

按位寻址就是指一次访问一个存储单元的存储值，示例如图 7-3-9 所示。在图 7-3-9 中，黑色存储单元在 byte2 字节 bit2 位处，对它寻址就是寻址 M2.2，"M"表示存储器的标识符，第一个"2"表示字节号，第二个"2"表示位号。

2. 按字节寻址

按字节寻址就是指一次访问或者读写一个字节大小（8 个 bit 位）的存储区，示例如图 7-3-10 所示。在图 7-3-10 中，黑色区域为 byte3，对它寻址就是寻址 MB3，"M"表示存储器的标识符，"B"表示按字节寻址，"3"表示字节号。

3. 按字寻址

按字寻址就是指一次访问或者读写 2 个字节（16 个 bit 位），示例如图 7-3-11 所示。在图 7-3-11 中，对存储区域①和②寻址就是寻址 MW1 和 MW5，"M"表示存储器的标识符，

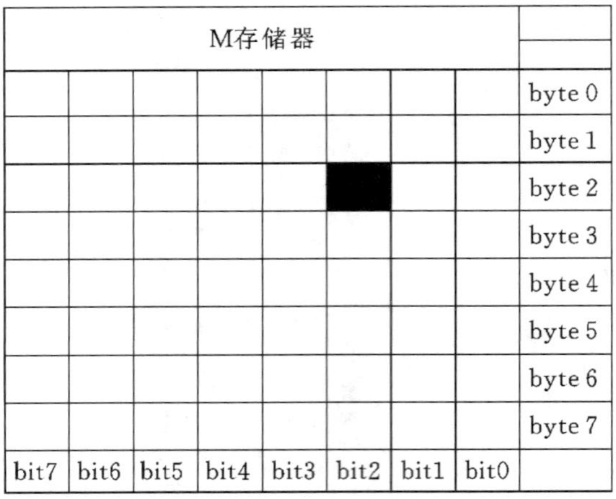

M存储器								
								byte 0
								byte 1
					■			byte 2
								byte 3
								byte 4
								byte 5
								byte 6
								byte 7
bit7	bit6	bit5	bit4	bit3	bit2	bit1	bit0	

图 7-3-9　按位寻址示例

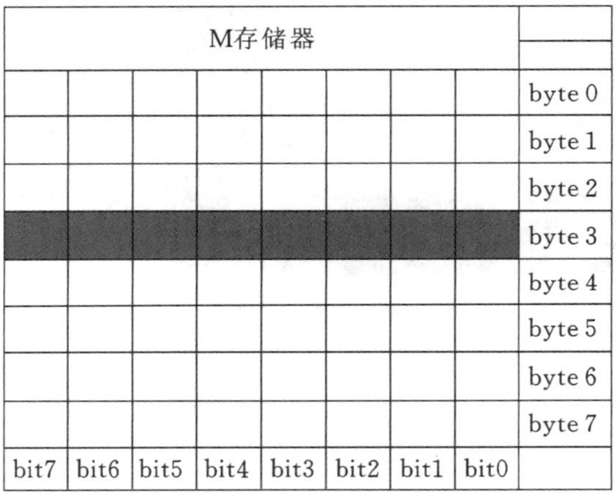

M存储器								
								byte 0
								byte 1
								byte 2
								byte 3
								byte 4
								byte 5
								byte 6
								byte 7
bit7	bit6	bit5	bit4	bit3	bit2	bit1	bit0	

图 7-3-10　按字节寻址示例

"W"表示按字寻址,"1"和"5"表示字节号。

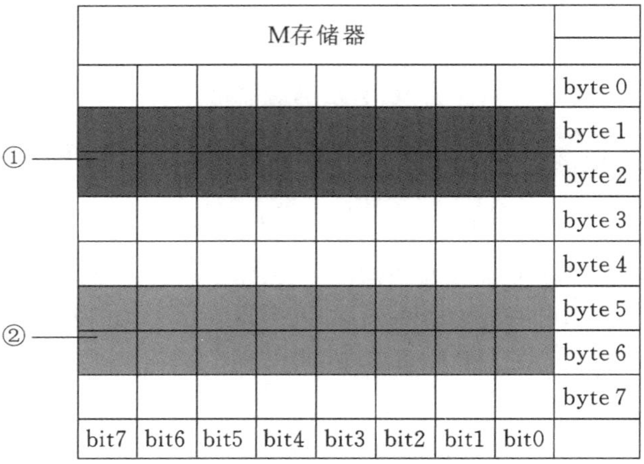

M存储器								
								byte 0
								byte 1
								byte 2
								byte 3
								byte 4
								byte 5
								byte 6
								byte 7
bit7	bit6	bit5	bit4	bit3	bit2	bit1	bit0	

图 7-3-11　按字寻址示例

4. 按双字寻址

按双字寻址就是指一次访问或者读写 4 个字节(32 个 bit 位),示例如图 7-3-12 所示。在图 7-3-12 中,对存储区域①和②寻址就是寻址 MD0 和 MD4,"M"表示存储器的标识符,"D"表示按双字寻址,"0"和"4"表示字节号。

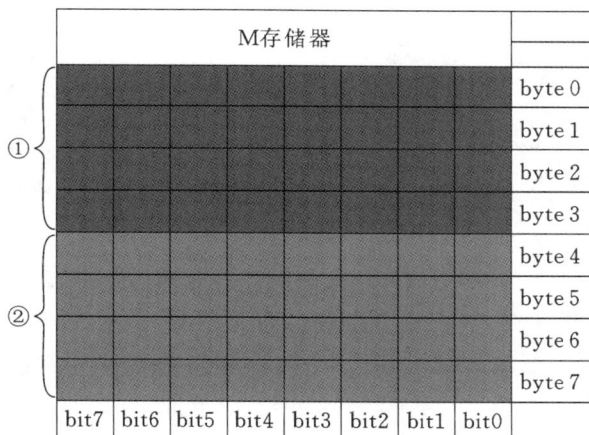

图 7-3-12　按双字寻址示例

(二)高位低字节

西门子 PCL 中的字高 8 位存在低字节、低 8 位存在高字节,如图 7-3-13 所示。

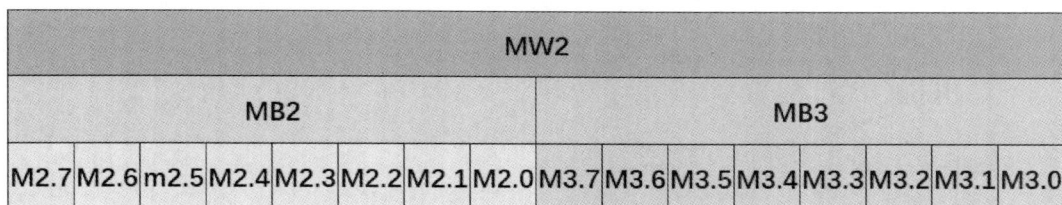

MW2															
MB2								MB3							
M2.7	M2.6	m2.5	M2.4	M2.3	M2.2	M2.1	M2.0	M3.7	M3.6	M3.5	M3.4	M3.3	M3.2	M3.1	M3.0

图 7-3-13　西门子 PLC 中的字

(三)数据处理方法

字节、字和双字示例如图 7-3-14 所示。

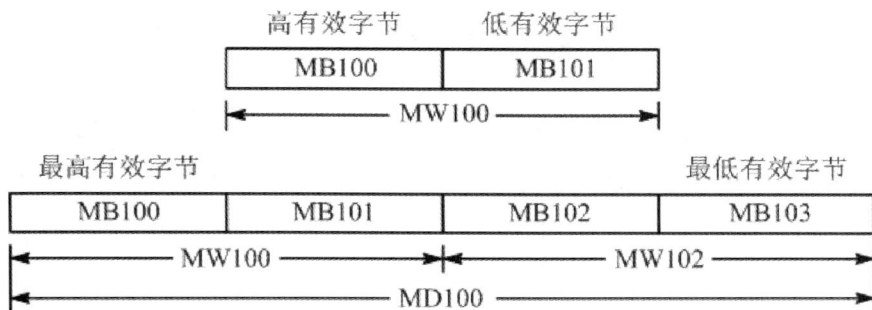

图 7-3-14　字节、字和双字示例

相机数据处理方法如图 7-3-15 所示。

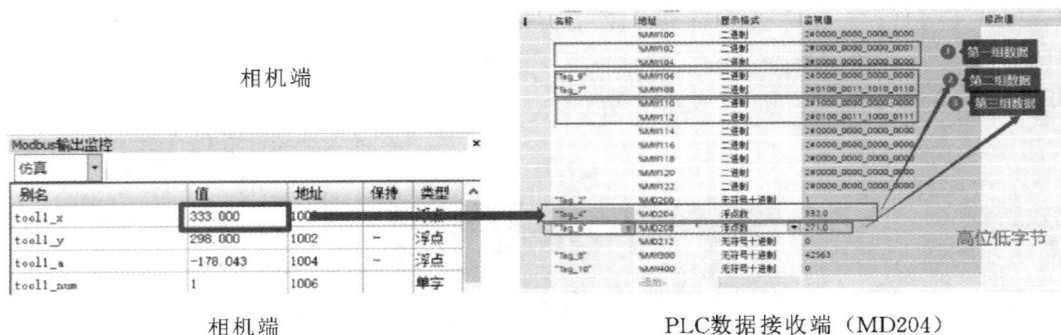

相机端

Modbus输出监控

别名	值	地址	保持	类型
tool1_x	333.000	1000	--	浮点
tool1_y	298.000	1002	--	浮点
tool1_a	-178.043	1004	--	浮点
tool1_num	1	1006	--	单字

相机端   PLC数据接收端（MD204）

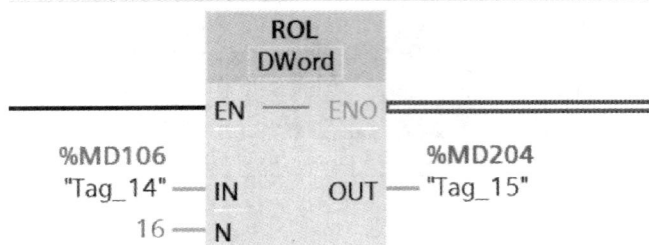

图 7-3-15　相机数据处理方法

【实践操作】

一、相机、PLC 配置

完成相机、PLC 配置并填表 7-3-2。

表 7-3-2　相机、PLC 配置

序号	工作步骤	操作方法	注意事项	使用工具
1				
2	相机配置			
3				
1				
2	PLC 配置			
3				

二、程序编写

完成程序编写并填表 7-3-3。

表 7-3-3　程序编写记录表

序号	工作步骤	操作方法	注意事项
1	相机轮廓学习		
2	相机功能配置		
3	相机结果输出		
4	PLC 获取原始相机数据		
5	PLC 转换数据		
6	PLC 生成准确数据		

三、程序结果验证

完成程序结果验证并填表 7-3-4。

表 7-3-4　程序结果验证

	小组	任意摆好工件	是否正确显示有无	X、Y 值结果
第一次	1			
	2			
	3			
	4			
第二次	1			
	2			
	3			
	4			

【工作评价】

对学生任务实施情况进行评价,评价表如表 7-3-5 所示。

表 7-3-5　工业相机软件配置及其数据处理评价表

过程	评价内容	评价标准	配分	得分
工业相机认识	小组讨论情况	主动参与小组讨论,积极查阅资料,给出合理的答案	10	
	实践操作	能够口头介绍工业相机的功能	5	
相机配置	相机轮廓学习	主动参与小组讨论,积极查阅资料,给出合理的答案	5	
	相机功能配置	正确进行设备选型	5	
	相机结果输出	正确进行设备间接线	5	
PLC 配置	IP 地址分配	遵循 IP 地址分配原则	5	

过程	评价内容	评价标准	配分	得分
程序编写 及调试	PLC 获取原始相机数据	按要求实现该功能	15	
	PLC 转换数据	按要求实现该功能	15	
	PLC 生成准确数据	按要求实现该功能	15	
程序运行	程序下载、运行	在教师的监督下,完成程序下载及运行	5	
	数据验证	更改数据,反复进行验证	5	
故障排查	故障分析排除	能够分析数据出错原因,并进行相应的修改	10	
汇总			100	

项目 8
仓储工作站设计

◀ 【工作任务】

(1) 完成仓储工作站设计;

(2) 掌握仓储工作站框架搭建流程及程序编写方法;

(3) 完成仓储工作站调试及优化。

◀ 【知识目标】

(1) 能够进行工作站环境搭建;

(2) 掌握仓储单元取放料流程的编程方法;

(3) 实现仓储工作站调试及优化。

◀ 【能力目标】

(1) 具备一定的工作站环境搭建能力;

(2) 具备编写仓储自动化程序的能力;

(3) 具备仓储工作站调试及优化能力。

◀ 【素养目标】

(1) 遵循标准,规范操作;

(2) 工作细致,态度认真;

(3) 团队协作,有创新精神。

◀ 8.1 学习任务：仓储工作站机构及组成 ▶

【任务描述】

从机械和电气零部件适配选择、PLC适配、触摸屏适配、传感器适配等方面，对工作站结构进行合理设计，对设备进行合理选型，完成仓储工作站的硬件环境搭建。

【任务目标】

（1）了解周边设备的类型；

（2）了解常用传感器的类型。

【小组讨论】

挑出并适配仓储工作站结构中你最感兴趣的功能，并进行讲解。

_____

_____

_____

_____

_____

_____

【计划准备】

（1）CPU 1214C DC/DC/DC 1 台，订货号为 6ES7 214-1AG40-0XB0。

（2）编程电脑 1 台（已安装 TIA 博途软件 V15.1 版）。

（3）仓储工作站硬件设备。

【相关知识】

本书所述工业机器人集成系统严格意义上讲由一套工业自动化设备组成，而工业自动化设备通常使用PLC进行逻辑控制、运动控制、工业网络通信，使用由触摸屏软件实现对加工过程的可视化监测与控制，使用由电动机驱动的运送装置或滑轨实现自动化上料机工作范围的扩充。本节围绕PLC、触摸屏、电动机、传感器四个典型的周边设备，讲解工业机器人系统集成工作站的周边设备分类与适配方法。

一、PLC 适配

（一）对 PLC 的需求

在工业机器人集成应用平台的方案说明书中，对工作站的整体控制功能提了要求。总控单元的PLC作为总控制器对工作站整体逻辑实施控制，需要满足下列要求。

（1）工作站中设备体系庞大，且物理安装采用分布式，PLC需支持分布式控制且可扩展。

（2）支持数字量和模拟量输入和输出。

（3）支持高速脉冲输出，实现对伺服驱动器和步进电动机的脉冲控制。

（4）需具备支持 PROFINET 通信的接口，并支持通信模块的扩展。

（5）响应及时和稳定。

（6）支持与触摸屏、上位机的通信，实现上位机对工作站设备的实施状态监测与控制。

（7）选用主流品牌，使用面广，便于调试人员调试、院校教学。

（二）PLC 适配

根据工作站的 PLC 控制需求分析，选择的 PLC 应满足模块化、可拓展性强、灵活度高的要求。PLC 需要与上位机通信，并且要支持分布式的总线通信，具有支持 PROFINET 通信的 PROFINET 接口。目前市场上具备这些功能的 PLC 厂家众多，不同公司在进行方案适配时，会根据自身情况将比较熟悉的厂家作为优先考虑对象，以便工程师快速使用和调试 PLC。本书选择西门子 PLC 主要是因为西门子 PLC 的软硬件相对成熟并且稳定性好，西门子中小型 PLC 具有通信能力强、集成度高等优势。

西门子 S7-1200 PLC、S7-1500 PLC 均符合工作站功能要求，支持模块化编程，并且支持在线监控、诊断，编程软件集成度较高，操作使用方便。

S7-1200 PLC 属于中低端紧凑型控制器，主要面向简单的高精度自动化任务。S7-1200 PLC 的设计紧凑、组态灵活，且具有功能强大的指令集。S7-1500 PLC 的信号处理更快，系统响应时间短，适合大型复杂的控制应用，但是价格比 S7-1200 PLC 高。从经济适用的角度分析，S7-1200 PLC 的功能已经满足要求，所以本书优先选用 S7-1200 PLC。

二、触摸屏适配

（一）对触摸屏的功能需求

工作站中的触摸屏需满足下列要求。

（1）具备支持以太网通信的接口，支持 PROFINET 通信协议。

（2）触摸屏尺寸适中（过小则不利于操作，过大则会超出设备安装位置极限）。

（3）使用面广，编程操作简单，便于调试人员调试、院校教学。

（二）触摸屏适配

西门子触摸屏的型号众多，在进行触摸屏的适配时，还需要从性价比、适用性等方面考虑。常用的西门子触摸屏有三种类型，分别是精简面板触摸屏、精智面板触摸屏、移动面板触摸屏。

精简面板触摸屏集成有 PROFINET 接口，可进行 PROFINET 通信，屏幕尺寸为 3～15 in，且价格较低、功能适用。精智面板触摸屏不仅具备以太网接口，还带有 PROFIBUS DP 接口，支持多种通信协议，功能较齐全，价格比精简面板触摸屏高。移动面板触摸屏是移动式的，不适合固定在工作站上使用，价格也相对较高。

综上所述，在进行触摸屏的适配时，在满足功能要求的情况下，优先选择经济适用的精简面板触摸屏。

三、电动机适配

在工作站的多个场合中均需要用到电动机,如机器人的外部轴移动、分拣单元的产品传送等,不同场合对电动机的功能需求各不相同。

(一)执行单元

在工作站的执行单元中,工业机器人的外部轴动作是通过电动机驱动滚珠丝杠和滑台而实现的。

执行单元对电动机的要求如下:执行单元工业机器人在工作站中起到衔接各个工艺的作用,由电动机驱动的导轨带动工业机器人频繁在各个模块之间移动,对导轨的零点有精度要求,要求每次开机时,工业机器人及伺服滑台都处于零点位置;运行平稳,由于工业机器人的来回移动靠滑台带动,因此,由此所导致的机械振动等问题都可能造成工业机器人精度的变化,所以需要尽量保证在额定速度下转矩平稳。

(二)压装单元

在工作站的压装单元中,直线运动机构要实现压装工位的移动,需要由电动机带动。

压装单元对电动机的要求如下:电动机要实现带动压装工位的托盘精确到达 4 个定点工位;压装工位负载较小;压装单元由电动机驱动的滑台主要负责带动轮毂工件及车轮移动,低速运行即可;压装单元仅作为工作站的一个工艺环节,不要求频繁启停,对原点位置没有要求。

(三)分拣单元

在工作站的分拣单元中,需要由电动机带动皮带轮运转。

分拣单元对电动机的要求如下:皮带能实现多段速度运行,不需要精准地定位停留。

四、传感器适配

(一)视觉传感器适配

(1)对视觉传感器的功能需求。

在工作站中,需要检测的内容如下:

① 检测汽车车标图案;

② 检测轮毂二维码编号信息;

③ 检测颜色;

④ 检测轮毂外形尺寸;

⑤ 检测车标安装定位等。

同时,要求视觉传感器可以快速识别不同的检测特征,且响应快,灵敏度高;能与外部PLC 设备或机器人设备进行并行、串行的开放式协议通信,实现检测结果的反馈;要求视觉软件操作简单,以图形化编程为主,以代码编程为辅。

(2)视觉传感器适配。

视觉传感器的选择,一般以能实现项目功能要求为前提,并从精度、价格、产品质量等方面综合考虑。

工作站中的视觉检测精度要求高,如车标轮廓检测对图像成形要求高。为了更加准确地进行检测,进行视觉传感器适配时,选用 CCD 传感器更好。

由于工作站并未涉及立体检测物的检测,因此不必考虑 3D 视觉。基于 PC(个人计算机)的视觉结构和智能相机均能满足功能要求,但是基于 PC 的视觉结构复杂且开发周期长,所以此处优先选择使用智能相机。

(二)力觉传感器适配

(1)对力觉传感器的功能需求。

在工作站中,力觉传感器应用在压装单元中,用于检测冲压过程中冲压力的大小,当冲压力超过量程设定时会报错。

(2)力觉传感器适配。

在压装单元中,主要是检测压力的大小,使用电阻应变式传感器可以满足要求。

根据实际情况,汽车轮胎及车标冲压是自上而下进行的,且轮毂为圆形。环式、轮辐式、S 形力觉传感器多应用于称重场合,而柱式力觉传感器在轧压场合应用较广泛。所以,对力觉传感器进行适配时,优先选择柱式力觉传感器。

(三)接近开关适配

在工作站的执行单元中,需要设置相应的限位开关以及原点开关,实现伺服滑台的精确行程限位及到位检测,此时需要用到光电传感器。同时,还需要考虑伺服滑台的安装位置狭小等因素。

在工作站仓储单元中,为了检测每个仓储工位是否有工件存在,需要使用光电传感器进行检测。检测仓储工位是否有工件存在所用的光电传感器,应在检测灵敏性、检测稳定性、检测距离调节范围方面满足一定的要求。

【实践操作】

一、PLC 适配

完成 PLC 适配并填表 8-1-1。

表 8-1-1　PLC 适配记录表

序号	备选方案	优点	缺点
1			
2			
3			
4			
5			
6			

最终方案：_____

_____

二、触摸屏适配

完成触摸屏适配并填表 8-1-2。

表 8-1-2　触摸屏适配记录表

序号	备选方案	优点	缺点
1			
2			
3			
4			
5			
6			

最终方案：_____

_____

三、电动机适配

完成电动机适配并填表 8-1-3。

表 8-1-3　电动机适配记录表

序号	备选方案	优点	缺点
1			
2			
3			
4			
5			
6			

最终方案：_____

_____

传感器适配略。

【工作评价】

对学生任务实施情况进行评价，评价表如表 8-1-4 所示。

表 8-1-4　仓储工作站机构及组成评价表

过程	评价内容	评价标准	配分	得分
设备整体认识	小组讨论情况	主动参与小组讨论,积极查阅资料,给出合理的答案	10	
	实践操作	能够口头介绍各模块的功能	10	
硬件适配	PLC 适配	主动参与小组讨论,积极查阅资料,给出合理的答案	10	
		正确进行设备选型	10	
	触摸屏适配	主动参与小组讨论,积极查阅资料,给出合理的答案	10	
		正确进行设备选型	10	
	电动机适配	主动参与小组讨论,积极查阅资料,给出合理的答案	10	
		正确进行设备选型	10	
故障排查	故障分析排除	能够分析数据出错原因,并进行相应的修改	20	
汇总			100	

◀ 8.2　实操任务:仓储工作站程序编写 ▶

【任务描述】

通过工业机器人搬运的典型工作任务分解程序开发过程,实现工业机器人搬运轮毂的工艺流程。

【任务目标】

(1) 能够根据案例功能完成工艺流程规划、程序规划以及运动路径和点位规划;

(2) 熟练使用工业机器人的指令并根据需求编写搬运程序。

【小组讨论】

工业机器人搬运轮毂需要进行哪些流程规划?它们分别是什么?

_____

_____

_____

【计划准备】

(1) CPU 1214C DC/DC/DC 1 台,订货号为 6ES7 214-1AG40-0XB0。

(2) 编程电脑 1 台(已安装 TIA 博途软件 V15.1 版)。

【相关知识】

一、搬运轮毂工艺流程规划

仓储单元的 6 个料仓处均放有正面朝上的轮毂,如图 8-2-1 所示。

图 8-2-1 仓储单元外观示意图

通过仓储单元手动控制界面可控制指定料仓弹出,工业机器人收到料仓已弹出的信号后,将移动到工具单元处,装载 1 号夹爪工具,然后移动至弹出的料仓处取出轮毂,将轮毂放置到压装单元的上料工位,而后将 1 号夹爪工具放回工具架。工业机器人搬运轮毂工艺流程如图 8-2-2 所示。

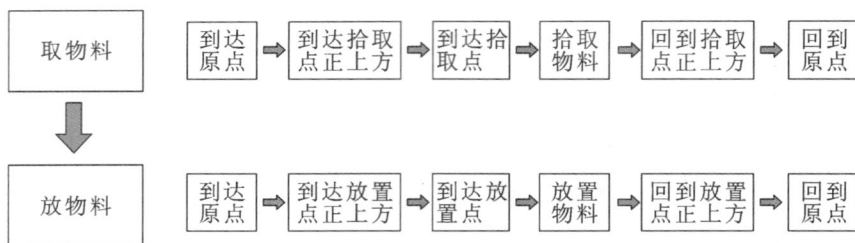

图 8-2-2 轮毂搬运动作流程

二、搬运轮毂程序规划

搬运轮毂工艺流程程序 PCarryHtub 包含的各个子程序的功能如下。

(一)取工具程序 MGetTool

该程序为带参数的例行程序,改变工具参数号(工具参数号对应工具架上工具的编号顺序)后,工业机器人取工具架上对应工具编号的工具。

（二）伺服滑台移动程序 FRobotslide

该程序为带参数的例行程序，输入位置和移动速度参数后，可以控制伺服滑台以设定的速度在导轨上移动到指定位置。

（三）取料仓轮毂程序 MGetHub

工业机器人接收到在触摸屏上设置的对应料仓已弹出信号之后，沿着滑台移动至此料仓位置处，取出轮毂。

（四）放工具程序 MPutTool

该程序为带参数的例行程序，改变工具参数号，工业机器人可以将工具放回到工具架上对应工具编号的位置。

三、运动路径规划

经过分析工艺流程可知，仅取工具、放工具、取料仓轮毂和将轮毂放置到压装单元上料工位涉及工业机器人的运动路径。运动路径具体规划如下。

（1）工业机器人以工作原点 Home 的姿态随滑台运动到工具单元附近，然后进行 1 号夹爪工具（可取正面朝上的轮毂）的装载。

（2）工业机器人随滑台移动到仓储单元附近，调整姿态到 HomeRight 或 HomeLeft（位置由弹出仓位决定），取出弹出料仓中的轮毂零件。

（3）工业机器人随滑台移动到工具单元附近，调整姿态到工作原点 Home，将 1 号夹爪工具放回到工具架上。

四、搬运轮毂工艺流程程序编写与调试

（一）程序编写

1. 编写初始化程序 Initiallize

工业机器人搬运轮毂工艺流程程序的初始条件包括工业机器人运动速度、加速度初始化，工业机器人需要回到 Home 原点安全位姿，伺服滑台需要回到原点，压装单元滑台需要回到原点，伺服滑台速度初始化，复位伺服滑台自动/手动模式切换信号，复位控制压装单元滑台移动到上料工位信号，定义动作触发指令的触发事件、变量的初始化。

2. 编写伺服滑台移动程序 FRobotSlide

伺服滑台移动程序是一个带参数的例行程序，包含位置和速度 2 个参数。将这 2 个参数分别命名为 Position 和 Velocity。伺服滑台的移动范围为 0～760 mm，伺服滑台移动的速度范围为 0～25 mm/s。

在这里，使用 8 个数字量输出信号组成 1 个组信号 ToPGroPosition（组信号的取值范围为 0～255），用于向 PLC 3 发送伺服滑台移动位置数据，从而控制伺服滑台的移动范围，此时伺服滑台移动的范围只能在 0～255 之间。为了使伺服滑台满足移动距离范围在 0～760 mm 之间，在 PLC 程序中会对工业机器人实际传输过去的组信号 ToPGroPosition 的值进行换算处理。需要提请注意的是，在工业机器人编程中应当设置位置参数输入区间，避免输入超行程的运动位置参数。

为保证程序控制时位置参数输入的直观性,在进行工业机器人编程时,对于 Position 参数输入实际位置值,然后在程序中对输入参数值进行换算操作,并保存在中间变量 NumPosition 中,再将中间变量 NumPosition 赋值给位置组信号 ToPGroPosition,并发送至 PLC。

速度参数可直接赋值给模拟量输出信号 ToPAnaVelocity,并发送到 PLC。

3. 编写取、放工具程序

取、放工具程序都采用带参数的例行程序的形式。在参数中输入工具架上的工具编号后,运行程序即可以拾取或放置对应编号的工具。

（二）程序调试

在手动调试工业机器人搬运轮毂工艺流程程序前,需先确定设备调试前的初始状态;确保工业机器人本体未安装末端工具;工具架的 1 号工位上放有夹爪工具(取正面朝上的轮毂);仓储单元的各仓位均放有正面朝上的轮毂;压装单元的轮毂上料位置空闲,可以安放轮毂。

【实践操作】

一、软硬件设备组态

完成软硬件设备组态并填表 8-2-1。

表 8-2-1　软硬件设备组态记录表

序号	工作步骤	操作方法	注意事项	使用工具
1				
2	硬件连接			
3				
1				
2	软件组态			
3				

二、程序编写

完成程序编写并填表 8-2-2。

表 8-2-2　程序编写记录表

序号	子程序编写	操作方法	注意事项
1			
2			
3			
4			

三、程序结果验证

完成程序结果验证并填表 8-2-3。

表 8-2-3　程序结果验证

	小组	抓取仓位号	动作流畅度记录
第一次	1		
	2		
	3		
	4		
第二次	1		
	2		
	3		
	4		

【工作评价】

对学生任务实施情况进行评价,评价表如表 8-2-4 所示。

表 8-2-4　仓储工作站程序编写评价表

过程	评价内容	评价标准	配分	得分
工艺流程认识	小组讨论情况	主动参与小组讨论,积极查阅资料,给出合理的答案	10	
	实践操作	能够口头介绍工艺流程	5	
软件组态	IP 地址分配	遵循 IP 地址分配原则	5	
程序编写	子程序"取工具程序"的使用	按要求使用该子程序	15	
	子程序"伺服滑台移动程序"的使用	按要求使用该子程序	15	
	子程序"取料仓轮毂程序"的使用	按要求使用该子程序	15	
	子程序"放工具程序"的使用	按要求使用该子程序	15	
程序运行	程序下载、运行	在教师的监督下,完成程序下载及运行	5	
	数据验证	更改数据,反复进行验证	5	
故障排查	故障分析排除	能够分析数据出错原因,并进行相应的修改	10	
汇总			100	

◀ **8.3 实操任务：仓储工作站调试及优化** ▶

【任务描述】

本任务包括工业机器人运动轨迹优化、工作站联机调试和工作站生产节拍优化三部分内容。完成工业机器人运动轨迹优化、选择合理的工作站布局后，完成工作站的准备工作，进行联机调试；处理并解决调试过程中遇到的各类问题，直到工作站满足生产需求；在工作站联机调试达到生产需求后，再进行生产节拍的优化，以有效缩短生产周期，提高工作站的生产效率。

【任务目标】

（1）能够正确完成工作站的联机调试；

（2）能够依照操作手册中的步骤优化工业机器人运动轨迹；

（3）能够依照操作手册中的步骤优化工作站生产节拍。

【小组讨论】

仓储工作站调试及优化可以从哪些方面进行？

_____

_____

_____

【计划准备】

（1）CPU 1214C DC/DC/DC 1 台，订货号为 6ES7 214-1AG40-0XB0。

（2）编程电脑 1 台（已安装 TIA 博途软件 V15.1 版）。

【相关知识】

一、工业机器人运动轨迹优化

在分拣单元实现轮毂智能分拣的工艺流程如图 8-3-1 所示。应根据工艺流程进行工作站各单元的布局，以保证工作站能实现轮毂车标装配及分拣的生产任务。

仓储工作站中的工业机器人运动轨迹包括两部分，一部分是实现单个工艺流程的工作轨迹，另一部分是工业机器人在伺服滑台上移动实现各工艺流程衔接的工作轨迹。其中，轮毂搬运工艺流程、车标装配工艺流程和智能分拣工艺流程中的工业机器人运动轨迹已在离线仿真软件中完成优化。

工作站各单元的布局会影响工业机器人衔接各工艺流程的运动轨迹，进而影响工作站的生产节拍。在实际工业应用中，工作站会考虑生产场地和生产节拍等因素进行布局。在

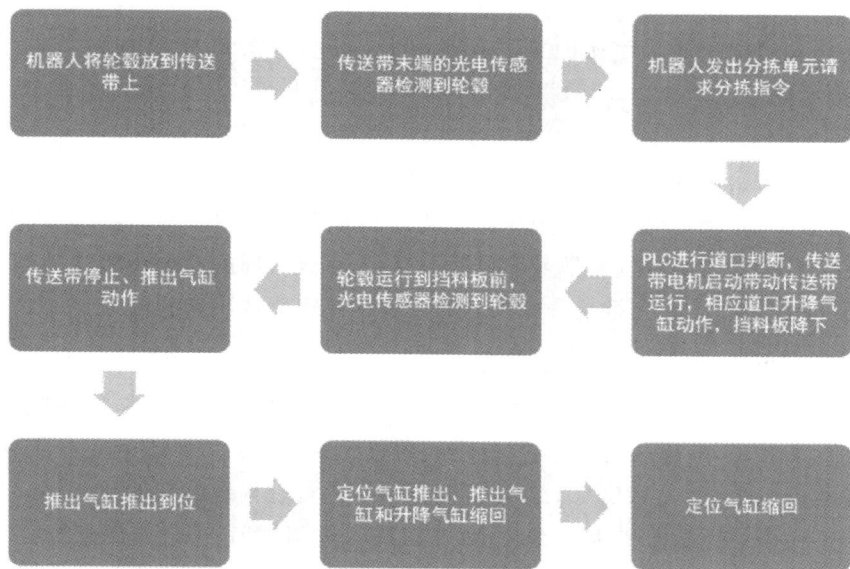

图 8-3-1 分拣单元工作流程

生产场地不受限制的情况下,将从生产节拍最优出发决定工作站的布局。下面将围绕图 8-3-1中所展示的仓储工作站运行形式,介绍衔接各工艺流程时工业机器人运动轨迹优化的考量方向。

仓储工作站工业机器人运动轨迹优化,从单元布局是否满足工业机器人有效工作范围条件、工业机器人沿伺服滑台(导轨)的运动轨迹两个方面考虑。

从单元布局是否满足工业机器人有效工作范围条件方面来看,使工具单元处于工业机器人背部(存在工作盲区),将受到工业机器人有效工作范围的限制,在示教工具装载点位时容易出现极限位置。因此建议将工具单元布置在工业机器人正面,实现优化。

从工业机器人沿伺服滑台的运动轨迹方面考虑,若工作站工艺单元布局不合理,如连续的工艺单元布置在工业机器人同一伺服滑台轨迹位置的两侧,在工业机器人衔接各工艺流程时容易造成与工艺单元的碰撞。因此,建议优化工作站单元布局,以避免工业机器人邻近工艺流程的工作轨迹上下交错而发生机械碰撞。

在实际现场应用中可参考上述优化思路对工作站进行合理的布局,保障工作站的生产需求。

二、工作站联机调试

工作站各单元满足应用要求后,将各工艺流程所对应的工业机器人程序导入工业机器人系统中运行,并根据实际运行情况进行分析,完成工作站的联机调试。

1. 联机调试前期准备

仓储工作站的生产任务包括轮毂搬运、车标装配和智能分拣。在这里,我们根据工艺流程需求自行示教编程。联机调试是将生产任务中的各个工艺联合起来运行并调试。工作站联机调试前,为满足实现轮毂搬运、车标装配和智能分拣联合作业的需求,应从工作站设备程序和工作站设备初始运行状态两个方面开展准备工作。

工作站设备程序的准备工作如下：仓储工作站的 PLC 程序已正确下载至对应的设备中；视觉检测系统中已正确建立相应的视觉检测模板；工业机器人程序已正确导入工业机器人系统。

工作站设备初始运行状态的准备工作如下：确认工业机器人本体是否安装有末端执行器（工具）；检查、核对仓储单元料仓中轮毂是否装填正确（正面朝上）；各工艺流程所用的末端执行器在工具单元的摆放位置是否正确；压装单元存放车标的料仓中是否填满车标；对轮毂搬运工艺、车标装配工艺和智能分拣工艺的流程程序完成调试和验证。

2. 联机调试的流程

在完成工作站联机调试的准备工作后，在手动控制模式下进行工作站的联机调试。联机调试应达到的效果是：程序衔接位置无碰撞，各单元设备的初始状态满足各工艺流程程序的需求。轮毂搬运工艺、车标装配工艺和智能分拣工艺均有相应的初始化程序，以便满足对应工艺流程的初始运行状态要求。因此，在工作站联机调试前，需针对轮毂搬运工艺、车标装配工艺和智能分拣工艺的初始运行状态（信号、变量灯）进行分析和总结，完成联机调试初始化程序的改写。

三、工作站生产节拍优化

下面以前文中完成的工作站布局为例，通过调整工业机器人的运动参数和周边设备参数，实现工作站生产节拍的优化。工作站的生产任务是完成轮毂的搬运、轮毂上车标的装配和轮毂的分拣，在生产过程中，影响工作站有效生产时间的重要因素是工作站每搬运、装配、分拣一个轮毂所需的工作时间。

在工作站，可通过调整工业机器人的运动参数或者周边设备的运动参数，缩短车标装配所需时间。减少有效生产时间的消耗，是提高工作站生产效率、优化工作站生产节拍的有效措施。

1. 调整工业机器人的运动参数

生产节拍的优化是通过减少有效生产时间的消耗实现的，而调整工业机器人的运动参数可提高工业机器人的运动速度，从而达到减少有效生产时间消耗的目的。一般在工业机器人程序中进行工业机器人运动参数的调整。一般在初始化程序中，工业机器人的运动加速度被限制为正常值的 50%，所有的编程速率被降至指令中值的 70%，且工业机器人末端（简称 TCP）移动的最大速率不允许超过 800 mm/s（下文称工业机器人运动参数一）。

若将工业机器人的运动加速度调整为正常值，将程序指令中的编程速率按实际设置，同样使 TCP 移动的最大速率不超过 800 mm/s，在保证工作站其余设备参数均不改变的情况下，对比工业机器人运动参数一的设置，这样的设置使得运动消耗的时间减少，工作站每搬运、装配、分拣一个轮毂消耗的工作时间减少，从而实现了生产节拍的优化。

上述方法是整体调整工业机器人运动参数的方法。除此之外，还可通过根据现场实际需求精简工业机器人的运动轨迹（如减少不必要的过渡轨迹点）和修改特定运动指令语句中的编程速率，来改善工业机器人的运动情况，实现生产节拍的优化。

2. 调整工业机器人周边设备的运动参数

生产节拍的优化是通过减少有效生产时间的消耗来实现的。调整周边设备的运动参数可提高周边设备与工业机器人的互动效率，从而达到减少有效生产时间消耗的目的。例如，仓储工作站执行单元的伺服滑台（滑块导轨机构）由伺服电动机驱动，伺服滑台移动带动工业机器人工作位置（工位）的改变。改变伺服滑台的移动速度，减少工业机器人在工位之间移动所需的时间，也可实现生产节拍的优化。

【实践操作】

一、轨迹优化

完成轨迹优化并填表 8-3-1。

表 8-3-1　轨迹优化记录表

序号	轨迹优化环节	操作方法	达到的效果
1			
2			
3			
4			

二、联机调试

完成联机调试并填表 8-3-2。

表 8-3-2　联机调试记录表

序号	联机调试	操作方法	达到的效果
1			
2			
3			
4			

三、生产节拍优化

完成生产节拍优化并填表 8-3-3。

表 8-3-3　生产节拍优化记录表

序号	生产节拍优化环节	操作方法	达到的效果
1			
2			
3			
4			

【工作评价】

对学生任务实施情况进行评价,评价表如表 8-3-4 所示。

表 8-3-4　仓储工作站调试及优化评价表

过程	评价内容	评价标准	配分	得分
对工作站调试及优化的整体认识	小组讨论情况	主动参与小组讨论,积极查阅资料,给出合理的答案	10	
	实践操作	能够口头介绍调试及优化流程	10	
调试及优化环节	轨迹优化	主动参与小组讨论,积极查阅资料,给出合理的答案	10	
	联机调试	能够设计出合理的联机调试流程	10	
		能够实现调试效果	20	
	节拍优化	能正确进行运动参数修改	10	
		能够正确调整工业机器人周边设备的运动参数	10	
故障排查	故障分析排除	能够分析数据出错原因,并进行相应的修改	20	
汇总			100	

参考文献 CANKAOWENXIAN

[1] 向晓汉.西门子 S7-1500 PLC 完全精通教程[M].北京:化学工业出版社,2018.

[2] 向晓汉.西门子 S7-1200 PLC 学习手册——基于 LAD 和 SCL 编程[M].北京:机械工业出版社,2018.

[3] 廖常初.S7-1200 PLC 编程及应用[M].3 版.北京:机械工业出版社,2017.

[4] 段礼才.西门子 S7-1200 PLC 编程及使用指南[M].北京:机械工业出版社,2018.

[5] 韩鸿鸾,张林辉,孙海蛟.工业机器人操作与应用一体化教程[M].西安:西安电子科技大学出版社,2020.